教育部高等学校电子信息类专业教学指导委员会规划教材

高等学校电子信息类专业系列教材·新形态教材

光电信息技术实践教程

（第2版）

陈梦苇 杨应平 编著

清华大学出版社

北京

内 容 简 介

本实验教材从光电信息技术的基础理论知识出发,讲述了基于光电系统所需掌握的光电探测器、光电信号处理、光电信号的数据采集和光电系统设计的实验,主要内容包括光电信息技术实验理论基础、光电探测器基础实验、光电信号处理实验、光电信号的数据采集与计算机接口技术实验、光电系统设计与应用实验、光电器件制备及性能测试虚拟仿真实验。

本书可作为高等院校光电信息科学与工程、应用物理、测控技术与仪器、电子科学与技术、电子信息科学与技术等专业本科生及研究生的实验教材,也可供其他相关专业师生和工程技术人员参考。

图书在版编目(CIP)数据

光电信息技术实践教程/陈梦苇,杨应平编著.—2版.—北京:清华大学出版社,2024.1
高等学校电子信息类专业系列教材.新形态教材
ISBN 978-7-302-65371-4

Ⅰ.①光… Ⅱ.①陈… ②杨… Ⅲ.①光电子技术-信息技术-高等学校-教材 Ⅳ.①TN2

中国国家版本馆 CIP 数据核字(2024)第 039428 号

策划编辑:盛东亮
责任编辑:钟志芳
封面设计:李召霞
责任校对:时翠兰
责任印制:刘海龙

出版发行:清华大学出版社
      网　　　址:https://www.tup.com.cn,https://www.wqxuetang.com
      地　　　址:北京清华大学学研大厦 A 座　　　邮　　编:100084
      社 总 机:010-83470000　　　邮　　购:010-62786544
      投稿与读者服务:010-62776969,c-service@tup.tsinghua.edu.cn
      质量反馈:010-62772015,zhiliang@tup.tsinghua.edu.cn
      课件下载:https://www.tup.com.cn,010-83470236
印 装 者:三河市人民印务有限公司
经　　销:全国新华书店
开　　本:185mm×260mm　　印　张:13.5　　　　字　　数:329 千字
版　　次:2016 年 2 月第 1 版　2024 年 3 月第 2 版　　印　　次:2024 年 3 月第 1 次印刷
印　　数:1～1500
定　　价:69.00 元

产品编号:098747-01

高等学校电子信息类专业系列教材

序
FOREWORD

我国电子信息产业占工业总体比重已经超过 10%。电子信息产业在工业经济中的支撑作用凸显,更加促进了信息化和工业化的高层次深度融合。随着移动互联网、云计算、物联网、大数据和石墨烯等新兴产业的爆发式增长,电子信息产业的发展呈现了新的特点,电子信息产业的人才培养面临着新的挑战。

(1)随着控制、通信、人机交互和网络互联等新兴电子信息技术的不断发展,传统工业设备融合了大量最新的电子信息技术,它们一起构成了庞大而复杂的系统,派生出大量新兴的电子信息技术应用需求。这些"系统级"的应用需求,迫切要求具有系统级设计能力的电子信息技术人才。

(2)电子信息系统设备的功能越来越复杂,系统的集成度越来越高。因此,要求未来的设计者应该具备更扎实的理论基础知识和更宽广的专业视野。未来电子信息系统的设计越来越要求软件和硬件的协同规划、协同设计和协同调试。

(3)新兴电子信息技术的发展依赖于半导体产业的不断推动,半导体厂商为设计者提供了越来越丰富的生态资源,系统集成厂商的全方位配合又加速了这种生态资源的进一步完善。半导体厂商和系统集成厂商所建立的这种生态系统,为未来的设计者提供了更加便捷却又必须依赖的设计资源。

教育部 2020 年颁布了新版《高等学校本科专业目录》,将电子信息类专业进行了整合,为各高校建立系统化的人才培养体系,培养具有扎实理论基础和宽广专业技能的、兼顾"基础"和"系统"的高层次电子信息人才给出了指引。

传统的电子信息学科专业课程体系呈现"自底向上"的特点,这种课程体系偏重对底层元器件的分析与设计,较少涉及系统级的集成与设计。近年来,国内很多高校对电子信息类专业课程体系进行了大力度的改革,这些改革顺应时代潮流,从系统集成的角度,更加科学合理地构建了课程体系。

为了进一步提高普通高校电子信息类专业教育与教学质量,推动教育与教学高质量发展,教育部高等学校电子信息类专业教学指导委员会开展了"高等学校电子信息类专业课程体系"的立项研究工作,并启动了"高等学校电子信息类专业系列教材"(教育部高等学校电子信息类专业教学指导委员会规划教材)的建设工作。其目的是推进高等教育内涵式发展,提高教学水平,满足高等学校对电子信息类专业人才培养、教学改革与课程改革的需要。

本系列教材定位于高等学校电子信息类专业的专业课程,适用于电子信息类的电子信息工程、电子科学与技术、通信工程、微电子科学与工程、光电信息科学与工程、信息工程及其相近专业。经过编审委员会与众多高校多次沟通,初步拟定分批次建设约 100 门核心课程教材。本系列教材将力求在保证基础的前提下,突出技术的先进性和科学的前沿性,体现创新教学和工程实践教学；将重视系统集成思想在教学中的体现，鼓励推陈出新，采用"自顶向下"的方法编写教材；将注重反映优秀的教学改革成果，推广优秀的教学经验与理念。

为了保证本系列教材的科学性、系统性及编写质量，本系列教材设立顾问委员会及编审委员会。顾问委员会由教学指导委员会高级顾问、特约高级顾问和国家级教学名师担任，编审委员会由教育部高等学校电子信息类专业教学指导委员会委员和一线教学名师组成。同时，清华大学出版社为本系列教材配置优秀的编辑团队，力求高水准出版。本系列教材的建设，不仅有众多高校教师参与，也有大量知名的电子信息类企业支持。在此，谨向参与本系列教材策划、组织、编写与出版的广大教师、企业代表及出版人员致以诚挚的感谢，并殷切希望本系列教材在我国高等学校电子信息类专业人才培养与课程体系建设中发挥切实的作用。

吕志伟 教授

前言
PREFACE

光电技术是一门以光电子学为基础,将光学技术、电子技术、精密机械及计算机技术紧密结合的新技术,是获取光信息或借助光信息提取其他信息的重要手段。它将电子学中的许多基本概念与技术移植到光频段,解决光电信息系统中的工程技术问题。这一先进技术使人类能更有效地扩展自身的视觉能力,使视觉的长波延伸到亚毫米波,短波延伸到紫外线、X射线、γ射线乃至高能粒子,并可在飞秒级记录超快现象的变化过程。光电技术在现代科技、经济、军事、文化、医学等领域发挥着极其重要的作用,是当今世界争相发展的支柱产业,是竞争激烈、发展较快的信息技术产业的主力军。随着光电技术的迅速发展,各种新型半导体激光器、国产一亿五千万像素的固体图像传感器和新型的光电探测器等在工业与民用领域已随处可见,热成像技术也已广泛应用于军事和工业领域。光电信息技术实验是"光电技术"课程的重要组成部分。

为适应新技术发展对光电人才培养的需要,作者总结十多年讲授"光电信息技术实验"课程的教学经验,参阅了大量国内外优秀教材和文献,依据教育部高等学校光电信息科学与工程专业教学指导分委会对"光电技术实验"课程的要求及教育部关于《高等学校课程思政建设指导纲要》的精神修订了本教材。

全书共6章。第1章主要讲述光电信息技术实验的物理理论基础,光电探测器的主要特性参数与噪声。第2章为光电探测器基础实验,主要讲述了光电探测器的基本原理与特性参数测试实验,包括主要的光电探测器,如光敏电阻、光电池、光敏二极管、光敏三极管、雪崩光敏二极管、色敏探测器、位置敏感探测器、四象限探测器、电荷耦合器件(CCD)的原理和特性参数测试实验,通过这些基础实验可以加深读者对各类光电探测器原理及特性参数的掌握。第3章为光电信号处理实验,一部分为微弱光电信号处理所采用的低噪声放大器和有源滤波器,另一部分则是几种主要光电探测器信号的处理方法。第4章为光电信号的数据采集与计算机接口技术实验,主要以电荷耦合器件、位置敏感探测器、四象限探测器为主介绍光电信号的数据采集与计算机接口技术。第5章为光电系统设计与应用实验,是综合应用模拟电路、数字电路、光电技术、微控制器、计算机技术完成一个简单光电系统的设计与实现实验,以达到综合应用光电技术知识的目的。第6章为光电器件制备及性能测试虚拟仿真实验,采用虚拟的半导体光电器件制造工厂,对光电器件的制备工艺、光电特性进行虚拟仿真实验,可作为真实实验的有效补充。

本书第2章、第3章、第5章、第6章由陈梦苇编写,第1章、第4章由杨应平编写,全书由陈梦苇负责统稿工作。

本书在编写过程中得到武汉理工大学物理系许多老师和石城、蒋爱湘、彭榆伟、于亚男、范平、万小强、张菁、程杰杰等研究生的大力支持和帮助,在此特向他们表示诚挚的谢意。本书的编写工作得到了"武汉理工大学本科教材建设专项基金项目"的资助。

由于作者水平有限,书中难免存在一些不足之处,希望读者指正。

作　者

2023 年 12 月

目 录
CONTENTS

视频目录
VIDEO CONTENTS

视 频 名 称	时长/min	位 置
第 1 集　光电导效应	22	1.1.1 节
第 2 集　光伏效应	28	1.1.2 节
第 3 集　光电子发射效应	12	1.1.3 节
第 4 集　热探测器的基本原理	11	1.2 节
第 5 集　光电探测器的噪声	18	1.3 节
第 6 集　光电探测器的特性参数	28	1.4 节
第 7 集　光敏电阻：亮(暗)电阻、亮(暗)电流	11	2.1 节
第 8 集　光敏电阻：伏安特性	12	2.1 节
第 9 集　光敏电阻：光谱响应特性	6	2.1 节
第 10 集　光敏电阻：光照特性	14	2.1 节
第 11 集　光电池：短路电流、开路电压	19	2.2 节
第 12 集　光电池：伏安特性	22	2.2 节
第 13 集　光电池：光谱特性	3	2.2 节
第 14 集　光电池：光照特性	18	2.2 节
第 15 集　光电池：零偏、反偏光照-电流特性	8	2.2 节
第 16 集　光敏二极管：光照特性	18	2.3 节
第 17 集　光敏二极管：伏安特性	9	2.3 节
第 18 集　光敏二极管：光谱特性	3	2.3 节
第 19 集　光敏三极管：光照特性	20	2.3 节
第 20 集　光敏三极管：伏安特性	11	2.3 节
第 21 集　光敏三极管：光谱特性	4	2.3 节
第 22 集　光电倍增管特性参数测量实验	20	2.5 节
第 23 集　彩色线阵 CCD 工作原理与驱动实验(1)原理讲解	8	2.6 节
第 24 集　彩色线阵 CCD 工作原理与驱动实验(2)实验操作	15	2.6 节
第 25 集　线阵 CCD 特性测量实验	13	2.7 节
第 26 集　PSD 位置敏感探测器实验	27	2.10 节
第 27 集　QPD 四象限探测器实验(1)原理讲解	5	2.11 节
第 28 集　QPD 四象限探测器实验(2)实验操作	10	2.11 节
第 29 集　四象限探测器定向与位置数据处理实验(1)原理讲解	3	3.4 节
第 30 集　四象限探测器定向与位置数据处理实验(2)实验操作	16	3.4 节

视 频 名 称	时长/min	位 置
第 31 集　光电控制电路设计与调试	4	5.1 节
第 32 集　基于光敏电阻的声光控制开关设计与调试	11	5.2 节
第 33 集　光电子器件制备及性能测试虚拟仿真实验：简介视频	3	6.1 节
第 34 集　光电子器件制备及性能测试虚拟仿真实验：教学引导视频	4	6.1 节

<table>
<tr><td>

第 1 章

CHAPTER 1

</td><td>

光电信息技术实验理论基础

</td></tr>
</table>

1.1 光电效应

入射光辐射与光电材料中的电子互相作用,改变了电子的能量状态,从而引起各种电学参量变化,这种现象统称为光电效应(Photoelectric Effect)。光电效应包括光电导效应(Photoconductive Effect)、光伏效应(Photovoltaic Effect)、光电发射效应(Photoemissive Effect)、光子牵引效应和光电磁效应等。本节重点讲解光电信息技术实验中最常用的光电导效应、光伏效应和光电子发射效应的基本原理。

1.1.1 光电导效应

第 1 集
微课视频

当半导体材料受到光照时,它对光子的吸收引起载流子浓度的变化,导致材料电导率的变化,这种现象称为光电导效应。当光子能量大于材料禁带宽度时,价带中的电子被激发到导带,使价带中留下自由空穴,从而引起材料电导率的变化,称为本征光电导效应;在杂质半导体中,被束缚在杂质能级上未被激发的载流子吸收光子能量后,使电子从施主能级跃迁到导带或从价带跃迁到受主能级,产生光生自由电子或空穴,从而引起材料电导率的变化,则称为杂质光电导效应。

由于杂质原子数比晶体本身的原子数小很多个数量级,因此和本征光电导相比,杂质光电导是很微弱的。尽管如此,杂质半导体作为远红外波段的探测器仍具有重要的作用。

1. 附加光电导率

无光照时,半导体材料中电子、空穴的浓度分别为 n_0、p_0,迁移率分别为 μ_n 和 μ_p。其暗电导率为

$$\sigma_d = e(n_0\mu_n + p_0\mu_p) \tag{1-1}$$

当入射光子能量大于材料禁带宽度时,样品中发生本征光电导效应,产生光生电子-空穴对。设光生非平衡载流子浓度分别为 Δn 和 Δp,则光照稳定情况下的半导体总电导率为

$$\sigma = e[(n_0 + \Delta n)\mu_n + (p_0 + \Delta p)\mu_p] \tag{1-2}$$

由式(1-1)和式(1-2)可得附加光电导率(简称为光电导)为

$$\Delta\sigma = \sigma - \sigma_d = e(\Delta n\mu_n + \Delta p\mu_p) \tag{1-3}$$

杂质光电导效应中,导带中的光生电子和价带中的光生空穴对光电导率都有贡献。当入射光子能量大于杂质电离能,但不足以使价带中的电子跃迁到导带时,样品中发生杂质光

电导效应,只产生一种光生载流子,即光生自由电子(N 型半导体)或光生空穴(P 型半导体)。同理,得到光电导率为

$$\Delta\sigma_n = \sigma - \sigma_{\rm d} = e(\Delta n\mu_n)(\text{N 型}) \tag{1-4}$$

$$\Delta\sigma_p = \sigma - \sigma_{\rm d} = e(\Delta p\mu_p)(\text{P 型}) \tag{1-5}$$

非本征光电导效应中,对于 N 型半导体来说,只有导带中的光生电子对光电导有贡献;对于 P 型半导体来说,只有价带中的光生空穴对光电导有贡献。

由式(1-1)和式(1-3)可得到光电导率的相对值为

$$\frac{\Delta\sigma}{\sigma_{\rm d}} = \frac{\Delta n\mu_n + \Delta p\mu_p}{n_0\mu_n + p_0\mu_p}$$

对于本征光电导,$\Delta n = \Delta p$。引入 $b = \mu_n/\mu_p$,得

$$\frac{\Delta\sigma}{\sigma_{\rm d}} = \frac{(1+b)\Delta n}{bn_0 + p_0} \tag{1-6}$$

由式(1-6)可知,要制成光电导率相对高的器件,应该使 n_0 和 p_0 有较小数值。因此,光电导器件一般由高阻材料制成或者在低温下使用。

2. 定态光电导、弛豫过程及定态光电流

定态光电导(Steady State Photoconductive)是指在恒定光照下产生的光电导。由式(1-3)可知,$\Delta\sigma$ 的变化反映了光生载流子 Δn 和 Δp 的变化。

如图 1-1 所示,频率为 ν,辐通量为 $\Phi_{e,\lambda}$ 的光均匀照射到长为 l,横截面积为 A 的半导体上,假若半导体的量子效率为 η,这样单位时间、单位体积中产生的电子-空穴对数为

$$G = \eta\frac{\Phi_{e,\lambda}}{h\nu}\frac{1}{Al} \tag{1-7}$$

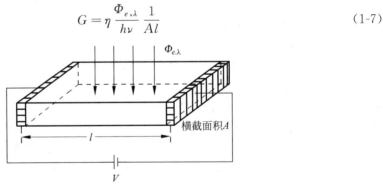

图 1-1　光电导效应

经过 t 秒后,光生载流子浓度为

$$\Delta p = \Delta n = \eta\frac{\Phi_{e,\lambda}}{h\nu}\frac{1}{Al}t \tag{1-8}$$

由式(1-8)可知:如果光照保持不变,光生载流子浓度将随 t 线性增大,如图 1-2 虚线所示。但事实上,在有电子-空穴对产生时,还存在复合过程。因此光生载流子浓度变化如图 1-2 中实线所示。Δn 最后达到一个稳定值 $\Delta n_{\rm s}$,附加光电导率 $\Delta\sigma$ 也达到稳定值 $\Delta\sigma_{\rm s}$,这就是定态光电导。达到定态光电导时,电子-空穴的复合率等于产生率,即 $R = G$。

设光生电子和空穴的寿命分别为 τ_n 和 τ_p,令 $N_0 = \frac{\Phi_{e,\lambda}}{h\nu}\frac{1}{Al}$,这样定态光生载流子浓度为

$$\Delta n_{\rm s} = \eta N_0\tau_n, \quad \Delta p_{\rm s} = \eta N_0\tau_p \tag{1-9}$$

由式(1-3)可得定态光电导率为

$$\Delta\sigma_s = e\eta N_0(\mu_n\tau_n + \mu_p\tau_p) \qquad (1\text{-}10)$$

当光照停止后,光生载流子也逐渐消失,如图1-3所示。这种在光照下光电导率逐渐上升和光照停止后光电导率逐渐下降的现象,称为光电导的弛豫现象(Relaxation Phenomena)。

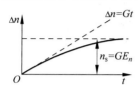

图1-2　光生载流子浓度随时间变化

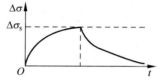

图1-3　光电导的弛豫过程

1) 弱光照射下的光电导和输出光电流

如图1-1所示,设样品为N型材料(P型材料的分析完全相同),V为外加偏置电压,长为l,横截面积为A,辐通量$\Phi_{e,\lambda}$垂直入射到半导体上。

设$t=0$时开始光照,入射辐通量为$\Phi_{e,\lambda}$,光生载流子寿命为τ,复合率$R=\Delta n/\tau$,在光照过程中,Δn的增加率为

$$\frac{\mathrm{d}\Delta n}{\mathrm{d}t} = G - R = \eta N_0 - \frac{\Delta n}{\tau} \qquad (1\text{-}11)$$

分离变量积分,利用初始条件:$t=0$时,$\Delta n=0$,式(1-11)的解为

$$\Delta n = \eta N_0 \tau(1 - e^{-t/\tau}) \qquad (1\text{-}12)$$

弱光照射下,光生载流子浓度按指数规律上升,即图1-3的上升部分。

光照停止后,即$G=0$,光生载流子下降的方程应为

$$\frac{\mathrm{d}\Delta n}{\mathrm{d}t} = -\frac{\Delta n}{\tau} \qquad (1\text{-}13)$$

利用初始条件解方程得

$$\Delta n = \Delta n_s e^{-t/\tau} \qquad (1\text{-}14)$$

这样在弱光照射情况下,光电导上升和下降方程为

$$光电导上升:\Delta\sigma = \Delta\sigma_s(1 - e^{-t/\tau}) \qquad (1\text{-}15)$$

$$光电导下降:\Delta\sigma = \Delta\sigma_s e^{-t/\tau} \qquad (1\text{-}16)$$

在弱光照射下,只有非平衡电子时,$\Delta p=0$,稳态光电导为

$$\Delta\sigma = \Delta\sigma_s = e\eta N_0 \mu_n\tau_n = e\eta\frac{\Phi_{e,\lambda}}{h\nu}\frac{1}{Al}\mu_n\tau \qquad (1\text{-}17)$$

于是,在弱光作用下的漂移电流密度(单位为A/m^2)大小为

$$J = e\eta\frac{\Phi_{e,\lambda}}{h\nu}\frac{1}{Al}\mu_n\tau E \qquad (1\text{-}18)$$

光电导探测器输出的平均光电流为

$$I_p = JA = e\eta\mu_n\tau\frac{\Phi_{e,\lambda}}{h\nu}\frac{E}{l} \qquad (1\text{-}19)$$

假设在半导体两端的电压为V,则电场强度$E=V/l$,则平均光电流可以表示为

$$I_p = e\eta\mu_n\tau\frac{\Phi_{e,\lambda}}{h\nu}\frac{V}{l^2} \qquad (1\text{-}20)$$

由式(1-20)可知,在电压一定的条件下,光电导探测器为受控恒流源,电流大小由辐通量决定。

2) 强光照射下的光电导和输出光电流

在强光照射下,$\Delta n \gg n_0$ 和 p_0 情况下,光生载流子寿命不再是定值。可以推导出浓度为

$$光电导上升:\Delta n = \left(\frac{\eta N_0}{r}\right)^{1/2} \tanh\left[(\eta N_0 r)^{1/2}\right] \tag{1-21}$$

$$光电导下降:\Delta n = \frac{1}{\left(\frac{r}{\eta N_0}\right)^{1/2} + rt} \tag{1-22}$$

1.1.2 光伏效应

光照使不均匀半导体或均匀半导体产生电子和空穴在空间分开而产生电势差的现象称为光伏效应。

1. PN 结形成

PN 结按制作工艺可以分为合金结和扩散结,按结区性质可以分为突变结和缓变结。如图 1-4 所示为合金结(Metallurgical Junction),P 型区域中施主杂质浓度为 N_A,N 型区域受主浓度为 N_D,都是均匀分布。在交界处,杂质浓度由 N_A 突变为 N_D,具有这种杂质分布的 PN 结也称为突变结(Abrupt Junction)。实际情况的突变结,两边的杂质浓度相差很多。如:P 区的受主杂质浓度为 $10^{19}\,\mathrm{cm}^{-3}$,N 区的施主杂质浓度为 $10^{16}\,\mathrm{cm}^{-3}$,这种结为单边突变结 P^+N。

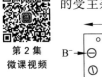

第 2 集
微课视频

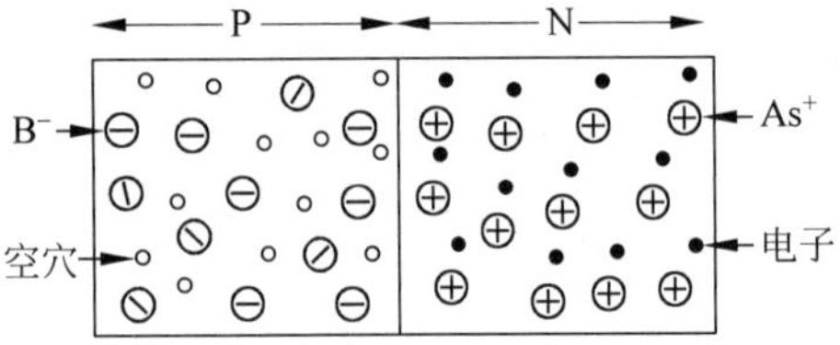

图 1-4 合金结(突变结)

有两块半导体单晶,P 型半导体中,多子是空穴,少子是电子;而 N 型半导体中,电子很多而空穴很少。单独的 N 型半导体和 P 型半导体都是电中性的。当 P 型、N 型半导体结合在一起形成 PN 结时,由于存在载流子的浓度梯度,因此引起扩散运动:P 区的空穴向 N 区扩散,剩下带负电的受主离子;N 区的电子向 P 区扩散,剩下带正电的施主离子。从而在 PN 结附近 P 区一侧出现一个负电荷区,在 N 区一侧出现一个正电荷区域。通常将 PN 结附近的这些电离施主和电离受主所带电荷称为空间电荷(Space Charge)。将这个区域称为空间电荷区域(Space Charge Region,SCR),也称耗尽区(Depletion Region),如图 1-5 所示。空间电荷区里载流子很少,是高阻区,电场的方向由 N 区指向 P 区,称为内建电场(结电场)(Built-in Field)。在内建电场的作用下,载流子将产生漂移,漂移运动的方向与扩散运动的方向相反。漂移运动与扩散运动将会达到动态平衡,结区内建立了相对稳定的内建电场。这就是 PN 结的形成过程。

当 PN 结达到动态平衡后,P 区的空间总净电荷(Net Charge)与 N 区的空间总净电荷相等,即

$$N_A W_P = N_D W_N \tag{1-23}$$

图 1-5 任意假设施主浓度(N_D)小于受主浓度(N_A)。由式(1-23)有 $W_N > W_P$。这也就是说掺杂少的 N 区要比掺杂多的 P 区的耗尽层宽。事实上,如果 $N_D \ll N_A$,耗尽层绝大部分在 N 区域。通常用 P^+ 表示受主杂质重掺杂区域。

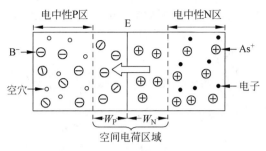

图 1-5　PN 空间电荷区域与内建

2. PN 结能带与势垒

图 1-6 给出了 P 型和 N 型半导体的能带图,其中,E_c 表示导带底能级,E_A 表示电子亲和势,E_v 表示价带顶能级。费米能级受各自掺杂的影响,E_f 在能带图中高低位置不一致。当 P 型和 N 型半导体结合成为 PN 结时,按费米能级的意义,电子将从费米能级高的 N 区流向费米能级低的 P 区,空穴则从 P 区流向 N 区,因而 E_{fN} 不断下移,且 E_{fP} 不断上移,直至 $E_{fN} = E_{fP}$ 为止。这时 PN 结中有统一的费米能级 E_f,PN 结处于平衡状态,但处于 PN 结区外的 P 区与 N 区中的费米能级 E_{fP} 和 E_{fN},相对于价带和导带的位置保持不变,这就导致 PN 结能带发生弯曲,如图 1-7 所示。能带弯曲实际上是 PN 结区内建电场作用的结果,也就是说,电子从 N 区到 P 区要克服电场力做功,越过一个"能量高坡",这个势能"高坡"eV_D 通常称为 PN 结势垒(Barrier),V_D 为平衡 PN 结的空间电荷两端的电势差,称为接触电势差或内建电势差(Built-in Potential)。势垒高度正好补偿了 N 区和 P 区费米能级之差,使平衡 PN 结的费米能级处处相等,因此有

$$eV_D = E_{fN} - E_{fP} \tag{1-24}$$

利用载流子浓度与费米能级关系可以解得

$$V_D = \frac{1}{e}(E_{fN} - E_{fP}) = \frac{kT}{e}\left(\ln \frac{N_D N_A}{n_i^2}\right) \tag{1-25}$$

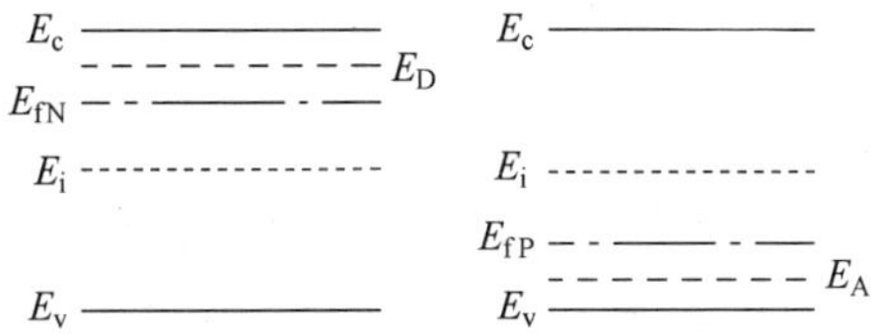

图 1-6　N 型和 P 型半导体能带图 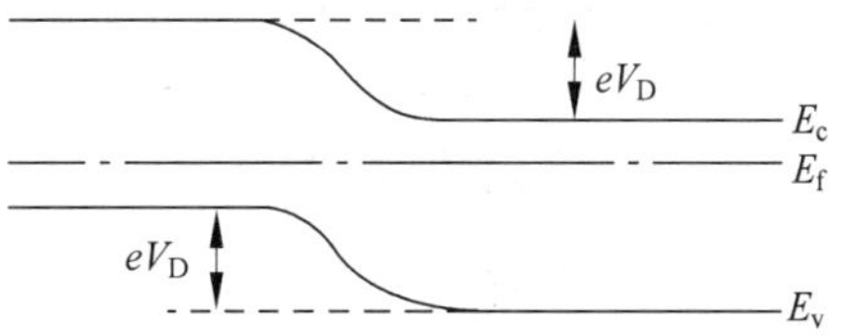　　　　图 1-7　平衡 PN 结能带图

式(1-25)表明,V_D 和 PN 结两边的掺杂浓度、温度、材料的禁带宽度有关。在一定的温度下,突变结两边杂质浓度越高,接触电势差越大;禁带宽度越大,n_i 越小,接触电势差也越大。

3. PN 结中的电荷、电场、电势和电势能分布

在突变 PN 结势垒区中,杂质完全电离的情况下,空间电荷由电离施主和电离受主组成。势垒区靠近 N 区一侧的电荷密度完全由施主浓度决定,靠近 P 区一侧的电荷密度完全由受主浓度决定。

势垒区的电荷密度为

$$\begin{cases} \rho(x) = eN_A, & -W_P < x < 0 \\ \rho(x) = -eN_D, & 0 < x < W_N \end{cases} \tag{1-26}$$

由于整个半导体呈电中性,因此势垒区内正负电荷总量相等,即

$$Q = eN_AW_P = eN_DW_N \tag{1-27}$$

突变结势垒区的泊松方程为

$$\begin{cases} \dfrac{\mathrm{d}^2V_1(x)}{\mathrm{d}x^2} = -\dfrac{eN_A}{\varepsilon}, & -W_P < x < 0 \\[3mm] \dfrac{\mathrm{d}^2V_2(x)}{\mathrm{d}x^2} = \dfrac{eN_D}{\varepsilon}, & 0 < x < W_N \end{cases} \tag{1-28}$$

利用边界条件解式(1-28)可以得到空间电场强度和电势分别为

$$\begin{cases} E_1(x) = \dfrac{eN_A(x + W_P)}{\varepsilon}, & -W_P < x < 0 \\[3mm] E_2(x) = -\dfrac{eN_D(x - W_N)}{\varepsilon}, & 0 < x < W_N \end{cases} \tag{1-29}$$

由式(1-29)可以看出,在平衡突变结势垒区中,电场强度是位置 x 的线性函数。

对式(1-26)积分,得到势垒区中各点的电势为

$$\begin{cases} V_1(x) = \dfrac{eN_A(x^2 + W_P^2)}{2\varepsilon} + \dfrac{eN_AxW_P}{\varepsilon}, & -W_P < x < 0 \\[3mm] V_2(x) = V_D - \dfrac{eN_D(x^2 + W_N^2)}{2\varepsilon} + \dfrac{eN_DxW_N}{\varepsilon}, & 0 < x < W_N \end{cases} \tag{1-30}$$

由式(1-30)可看出,在平衡 PN 结的势垒区中,电势分布是抛物线形式,如图 1-8 所示。

4. PN 结电流方程

热平衡下,PN 结中的漂移运动等于扩散运动,结界面的区域存在一定宽度的耗尽区,净电流为零,如图 1-9(a)所示。但是,有外加电压时,结内的平衡被破坏,耗尽区宽度会发生变化;依照外加电压的大小和方向,可形成流过 PN 结的正向电流或反向电流。

若 P 区接正端、N 区接负端,则称为正向偏压(正向偏置电压),如图 1-9(b)所示。因势垒区载流子浓度很小,电阻很大,势垒区外的 P 区和 N 区中载流子浓度很大,电阻很小,所以外加正向偏压基本降落在势垒区。正向偏压在势垒区中产生了与内建电场方向相反的电场,因而减弱了势垒区中的电场强度,这表明空间电荷相应减少。势垒区的宽度也减小,同时势垒高度从 eV_D 下降为 $e(V_D - V)$,如图 1-10(a)所示。势垒区电场的减弱,破坏了载流子的扩散运动和漂移运动之间原有的平衡,削弱了漂移运动,使扩散流大于漂移流。在正向偏压的作用下,P 区的多子空穴和 N 区的多子自由电子向结区运动。结区靠 P 区一侧的部分负离子获得空穴,而靠 N 区一侧的部分正离子获得电子,二者都还原为中性的原子,从而耗尽区宽度(结势垒)减小,并且随着正向偏压增大耗尽区

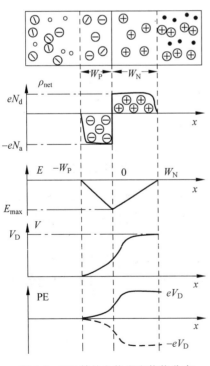

图 1-8　PN 结的电势和电势能分布

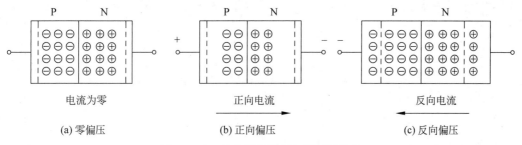

图 1-9　PN 结耗尽区宽度与偏压的关系

宽度越来越小。当正向偏压等于 PN 结的接触电势差 V_D 时,耗尽区宽度为零。这时,如果正向偏压继续增大,P 区的空穴和 N 区的自由电子就会越过 PN 结,形成正向电流,方向由 P 区指向 N 区。这种由于外加正向偏压的作用使非平衡载流子进入半导体的过程称为非平衡载流子的电注入。

若 N 区接正端、P 区接负端,则称为反向偏压,如图 1-9(c)所示。当 PN 结加反向偏压 V 时,反向偏压在势垒区产生的电场与内建电场方向一致,势垒区的电场增强,势垒区也变宽,势垒高度从 eV_D 增加到 $e(V_D+V)$,如图 1-10(b)所示。P 区的少子-自由电子漂移到 N 区,N 区的少子-空穴漂移到 P 区,从而形成反向电流,方向由 N 区指向 P 区。

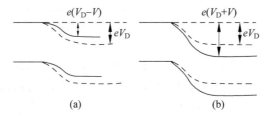

图 1-10　正向、反向偏压下 PN 结能带图

对于理想的 PN 结,可以证明,在外加电压 V 作用下,流过 PN 结的电流密度矢量大小为

$$\boldsymbol{J} = J_s(e^{eV/kT} - 1) = J_s(e^{V/V_T} - 1) \tag{1-31}$$

也可以写成

$$I = I_s(e^{eV/kT} - 1) = I_s(e^{V/V_T} - 1) \tag{1-32}$$

式(1-32)叫肖克莱方程(Shockley Equation)。式中,I 为流过 PN 结的电流;J_s 为反向饱和电流密度,$J_s = \dfrac{eD_N n_0}{W_N} + \dfrac{eD_P p_0}{W_P}$;$V$ 为外加电压;$V_T = kT/e$ 为温度的电压当量,其中 $k = 1.38 \times 10^{-23}$ J/K,$e = 1.6 \times 10^{-19}$ C。在常温(300K)下,求得 $V_T = 26$ mV。

5. PN 结耗尽区宽度

应用电场基本理论知识可以得到耗尽区宽度 W。

1) PN 结无偏压时

$$W = \sqrt{V_D \frac{2\varepsilon}{e}\left(\frac{N_A + N_D}{N_A N_D}\right)} \tag{1-33}$$

对于 P^+N 结,由于 $N_A \gg N_D$,$W_N \gg W_P$,则有

$$W \approx W_N, \quad V_D = eN_D W_N^2/2\varepsilon$$

$$W = \sqrt{\frac{2\varepsilon V_D}{eN_D}} \tag{1-34}$$

对于 N^+P 结，由于 $N_D \gg N_A, W_P \gg W_N$，则有

$$W \approx W_P, \quad V_D = qN_A W_P^2/2\varepsilon$$

$$W = \sqrt{\frac{2\varepsilon V_D}{eN_A}} \tag{1-35}$$

2）PN 结正向偏压时

$$W = \sqrt{(V_D - V)\frac{2\varepsilon(N_A + N_D)}{eN_A N_D}} \tag{1-36}$$

3）PN 结反向偏压时

$$W = \sqrt{(V_D + V)\frac{2\varepsilon(N_A + N_D)}{eN_A N_D}} \tag{1-37}$$

式中，V_D 为接触电势差；ε 为材料的介电常数；N_A 和 N_D 分别为 P 型半导体和 N 型半导体掺杂浓度。这就是说，外加偏置电压 V 对耗尽区 W 有影响。V 为正时，W 变窄；V 为负时，W 变宽。

6. PN 结电容

PN 结电容包括势垒电容（Barrier Capacitance）和扩散电容（Diffusion Capacitance）两部分。

当 PN 结加正向偏压时，势垒区的电场随正向偏压的增加而减弱，势垒区宽度变窄，空间电荷数量减少。由于空间电荷是由不能移动的杂质离子组成的，所以空间电荷的减少是由于 N 区的电子和 P 区的空穴过来中和了势垒区中一部分电离施主和电离受主，也就是说外加正向偏压增加时，将有一部分电子和空穴存入势垒区。反之，当正向偏压减小时，势垒区的电场增强，势垒区宽度增加，空间电荷数量增多，也就是说有一部分电子和空穴从势垒区中取出。这种 PN 结电容效应称为势垒电容，用 C_T 表示。同时，当外加电压变化时，N 区扩散区内积累的非平衡空穴也增加，与它保持电中性的电子也相应增加。同样，P 区扩散区内积累的非平衡电子与它保持电中性的空穴也要增加。这种由于扩散区的电荷数量随外加电压的变化所产生的电容效应，称为 PN 结的扩散电容，用 C_D 表示。

实验发现，PN 结的势垒电容和扩散电容都随外加电压而变化，表明它们是可变电容。定义微分电容来表示 PN 结的电容，即

$$C = \frac{dQ}{dV} \tag{1-38}$$

根据式（1-38），可以得到突变 PN 结势垒电容为

$$C_T = \frac{dQ}{dV} = A\left(\frac{\varepsilon e N_A N_D}{2(N_A + N_D)(V_D - V)}\right)^{1/2} \tag{1-39}$$

式（1-39）表明，外加正向偏置电压，结电容变大；外加反向偏置电压，结电容变小。这个结论对于如何减小结电容并提高光伏探测器的响应速度有着重要的意义。

同样，根据式（1-38），可以得到线性缓变 PN 结势垒电容为

$$C_T = \frac{dQ}{dV} = A\left[\frac{\varepsilon^2 e\alpha_j}{12(V_D - V)}\right]^{3/2} \tag{1-40}$$

式(1-40)表明,线性缓变结的势垒电容和结面积及杂质浓度梯度的立方根成正比,因此减小结面积和降低杂质浓度梯度 α_j 有利于减小势垒电容。

7. PN 结光电效应

设入射光照射在 PN 结的光敏面 P 区。当入射光子能量大于材料禁带宽度时,P 区的表面附近将产生电子-空穴对。二者均向 PN 结区方向扩散。光敏面一般做得很薄,其厚度小于载流子的平均扩散长度 (L_P,L_N),以使电子和空穴能够扩散到 PN 结区附近。由于结区内建电场的作用,空穴只能留在 PN 结区的 P 区一侧,而电子则被拉向 PN 结区的 N 区一侧。这样就实现了电子-空穴对的分离,如图 1-11 所示。结果是,耗尽区宽度变窄,接触势差减小。这时的接触势差与热平衡时的电势差相比,其减小量即是光生电势差,入射的光能就转变成了电能。当外接电路时,就有电流流过 PN 结。这个电流称为光电流 I_P,其方向是从 N 端经过 PN 结指向 P 端。对比图 1-11,光电流 I_P 的方向与 PN 结的正向电流方向相反。可得到光照下 PN 结的电流方程为

$$I = I_s(e^{eV/kT} - 1) - I_p \tag{1-41}$$

由此可见,光伏效应是基于两种材料相接触形成的内建势垒,光子激发的光生载流子(电子、空穴)被内建电场拉向势垒两边,从而形成了光生电动势。因为所用材料不同,这个内建势垒可以是半导体 PN 结、PIN 结、金属和半导体接触形成的肖特基势垒及异质结势垒等,它们的光电效应也略有差异,但基本原理都是相同的。

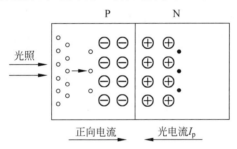

图 1-11　PN 结光电效应

1.1.3　光电子发射效应

当光照射某种物质时,若入射的光子能量足够大,它与物质的电子相互作用,致使电子逸出物质表面,这种现象称为光电子发射效应,又称外光电效应,由赫兹在 1887 年发现,后来他又发现了外光电效应的两个定律。

1. 爱因斯坦定律

从材料表面逸出的光电子的最大动能 E_{max} 与入射光的频率 ν 成正比,而与入射光的强度无关。

$$E_{max} = h\nu - W \tag{1-42}$$

式中,E_{max} 是光电子的最大动能;W 是逸出功;h 为普朗克常数。

光电子最大动能随光子能量增加而线性增加,但入射光频率低于 ν_0 时,无论光照强度如何、照射时间多长,都不会有光电子产生。光频率 ν_0 对应的波长为 λ_0,称为长波阈值或红阈波长。当入射光波长 λ 大于 λ_0 时,无论光照强度如何、照射时间多长,都不会有光电子产生。λ_0 由下式确定:

$$\lambda_0 = \frac{hc}{W} = \frac{1.24}{W} (\mu\text{m})$$ (1-43)

2. 斯托列托夫定律

当入射光的频率不变时，饱和光电流（即单位时间内发射的光电子数目）与入射光的强度成正比。

$$I_\text{p} = e\eta \frac{\Phi_{e,\lambda}}{h\nu} = e\eta \frac{\Phi_{e,\lambda}\lambda}{hc}$$ (1-44)

式中，I_p 为饱和光电流；e 为电子电量；η 为光激发出电子的量子效率；$\Phi_{e,\lambda}$ 为光通量。

3. 半导体光电发射过程

半导体光电发射的物理过程如下：①半导体中的电子吸收入射光子的能量而从价带跃迁到导带上；②跃迁到导带中的电子在向表面运动的过程中受到散射而损失掉一部分能量；③到达表面的电子克服表面电子势而逸出。

1）半导体对光子的吸收

半导体中价带上的电子、杂质能级上的电子、自由电子都可以吸收入射光子能量而跃迁到导带上去。相应光电子发射体可以称为本征发射体、杂质发射体、自由载流子发射体。本征发射体的吸收系数很高，线吸收系数达 10^5cm^{-1}，本征发射的量子效率也很高，达 $10\%\sim 30\%$。锑铯阴极、锑钾钠铯阴极、负电子亲和势光电阴极都属于本征发射体。而杂质发射，因其杂质浓度一般不超过 1%，所以量子效率较低，约为 1%。关于自由电子发射，因其在半导体中的浓度很低，对光电发射的贡献与前两种相比是微不足道的。

2）光电子向表面运动的过程

被激发光电子在向表面运动的过程中，因散射要损失掉一部分能量。对于一个光电发射体，这种能量损失当然越小越好。金属因其自由电子浓度大，光电子受到很强的电子散射，在运动很短的距离内就达到热平衡，这样只有靠近表面的光电子才能逸出表面，即逸出深度很浅，因此金属不是良好的光电发射体。

对于半导体，它的自由电子很少，光电子受到的电子散射可以忽略不计，而造成光电子能量损失的主要原因是晶格散射、光电子与价键中电子的碰撞，这种碰撞电离产生了二次电子-空穴对。

半导体的本征吸收系数很大（$3\times 10^5\sim 10^6 \text{cm}^{-1}$），光电子只能在距表面 $10\sim 30\text{nm}$ 的深度内产生，而这个深度在半导体的光电子逸出深度之内。在这个距离内随吸收系数增大，光电子数增加，发射效率提高。实验证明，半导体吸收系数大于 10^6cm^{-1} 时，所产生的光电子几乎全部都能以足够的能量到达表面。当光电子与价带上的电子发生碰撞电离时，便产生二次电子-空穴对，它将损耗较多的能量。引起碰撞电离所需的能量一般为禁带能级 E_g 的 $2\sim 3$ 倍，因此作为一个良好的光电发射体，应适当选择 E_g 以避免二次电子-空穴对的产生。

3）克服表面势垒而逸出

到达表面的光电子能否逸出还取决于它的能量是大于表面势垒还是小于表面势垒。对于大多数半导体而言，吸收光子的电子主要是在价带顶附近。如图 1-12 所示为三种半导体的能带图。图中 E_0 为真空中静止电子能量，称为真空能级。电子亲和势 E_A 为

$$E_A = E_0 - E_c \qquad (1\text{-}45)$$

半导体价带电子吸收光子后能量转换公式为

$$h\nu = \frac{1}{2}mv^2 + E_A + E_g \qquad (1\text{-}46)$$

$$\frac{1}{2}mv^2 = h\nu - (E_A + E_g) \qquad (1\text{-}47)$$

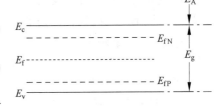

图 1-12　三种半导体的能带图

其中，v 为电子的速度。如果 $h\nu < E_g$，则电子不能从价带跃迁到导带；如果 $E_g \leqslant h\nu < E_A + E_g$，则电子吸收光子能量后只能克服禁带跃入导带，而没有足够能量克服电子亲和势逸入真空；只有当 $h\nu \geqslant E_A + E_g$ 时，电子吸收光子能量后才能克服禁带跃入导带并逸出。所以 $E_A + E_g$ 称为半导体光电发射的阈能量，$E_{th} = E_A + E_g$。光子的最小能量必须大于光电发射阈值，这个最小能量对应的波长称为阈值（或称为长波限）λ_{th}，只有波长 $\lambda \leqslant \lambda_{th}$ 的光才能产生光电子发射。

$$h\nu = \frac{hc}{\lambda} \geqslant E_{th} = E_A + E_g \qquad (1\text{-}48)$$

$$\lambda_{th} = \frac{1.24}{E_{th}(eV)}(\mu m) \qquad (1\text{-}49)$$

实际的半导体表面在一定深度内，其能带是可以弯曲的，这种弯曲影响了体内导带中的电子逸出表面所需的能量，也改变了它的逸出功。半导体光电逸出功随表面能带弯曲的不同而有所增减，并不是由于表面电子亲和势 E_A 有什么变化，而是由于体内导带底能级 E_c 与真空能级 E_0 之间的能量差发生了变化，即 $E_A + \Delta E$ 或 $E_A - \Delta E$。把电子从体内导带底逸出真空能级所需的最低能量称为有效电子亲和势 E_{Aeff}，以区别于表面电子亲和势 E_A，如

第 4 集
微课视频

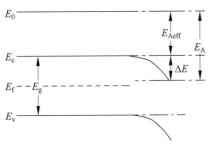

图 1-13　表面能带弯曲的能级图

图 1-13 所示，ΔE 为能带弯曲量。一个良好的光电发射体，需要能带向下弯，为此应该选择 P 型半导体表面上吸收 N 型半导体材料，这样不仅可以得到向下弯曲的表面能带以减少 $\Phi_{e,\lambda}$，而且由于 P 型半导体的费米能级处于较低的价带附近，所以其热发射也比较小。通过改变表面的状态，可获得有效电子亲和势为负值的光电材料，这就是通常所讲的负电子亲和势（Negative Electron Affinity，NEA）光电材料。

1.2　热探测器基本原理

热探测器根据原理可分为两类：一类是直接利用辐射能所产生的热效应，当探测器吸收辐射后，将其转换成热，根据探测器温度的变化来探测辐射的大小；另一类是利用辐射产生热、热产生电或磁效应，通过对电或磁的度量来探测辐射的大小。

1.2.1　温度变化方程

在没有受到外界辐射作用的情况下，探测器与环境温度处于热平衡状态，其温度为 T_0。

当辐通量为 Φ_e 的电磁辐射入射到器件时，器件吸收的热辐通量为 $\alpha\Phi_e$，α 为器件的吸收系数。器件吸收的能量一部分使器件的温度升高 ΔT，另一部分补偿器件与环境热交换所损失的能量。设单位时间器件的内能增量为 ΔE，则有

$$\Delta E = C\frac{\mathrm{d}(\Delta T)}{\mathrm{d}t} \tag{1-50}$$

式中，C 称为热容（Thermal Capacity），它是探测器温度每升高 1℃ 所要吸收的热能，单位为 J/K。式(1-50)表明内能的增量为温度变化的函数。

设单位时间通过传导损失的能量为

$$\Delta Q = G\Delta T \tag{1-51}$$

式中，G 为器件与环境的热传导系数（Thermal Conductivity Coefficient），它是单位时间内探测器和导热体间交换的能量，单位为 W/K。根据能量守恒定律，器件吸收的辐射功率应等于器件内能的增量与热交换能量之和，即

$$\alpha\Phi_e = C\frac{\mathrm{d}(\Delta T)}{\mathrm{d}t} + G\Delta T \tag{1-52}$$

设入射辐射为正弦辐通量 $\Phi_e = \Phi_0 e^{j\omega t}$，则式(1-52)变为

$$C\frac{\mathrm{d}(\Delta T)}{\mathrm{d}t} + G\Delta T = \alpha\Phi_0 e^{j\omega t} \tag{1-53}$$

若选取刚开始辐射时的时间为初始时间，此时器件与环境处于热平衡状态，即 $t=0$，$\Delta T = 0$。利用初始条件并假设 $t\to\infty$ 时达到热平衡状态，则式(1-53)的解为

$$\Delta T(t) = \frac{\alpha\Phi_0 \exp(j\omega t)}{G(1+j\omega\tau_T)} \tag{1-54}$$

式中，$\tau_T = \dfrac{C}{G}$ 为热探测器的热时间常数（Thermal Time Constant），热探测器的热时间常数一般为毫秒到秒的数量级，它与器件的大小、形状和颜色等参数有关。

由式(1-54)可以求得温度的变化幅值为

$$|\Delta T| = \frac{\alpha\Phi_0\tau_T}{C(1+\omega^2\tau_T^2)^{1/2}} = \frac{\alpha\Phi_0}{G(1+\omega^2\tau_T^2)^{1/2}} \tag{1-55}$$

由热平衡方程的解式(1-54)和式(1-55)可知：

(1) 热探测器吸收交变辐射能所引起的温升与吸收系数 α 成正比。因此，几乎所有的热探测器都被涂黑。

(2) 温度变化与工作频率 ω 有关，ω 增高，其温升下降，在低频时（$\omega\tau_T \ll 1$），它与热导 G 成反比，式(1-55)可写为

$$|\Delta T| = \frac{\alpha\Phi_0}{G} \tag{1-56}$$

可见，减小热导是提高温升、提高灵敏度的好方法，但是热导与热时间常数成反比，提高温升将使器件的惯性增大，时间响应变坏。

(3) 当 ω 很高时，$\omega\tau_T \gg 1$，式(1-55)可近似为

$$|\Delta T| = \frac{\alpha\Phi_0}{\omega C} \tag{1-57}$$

可见，温升与热导无关，而与调制频率和热容成反比，且随频率的增高而衰减，因而热探测器

适合电磁辐射为低频的情况。

（4）当 $\omega = 0$ 时，利用初始条件求解式(1-53)得

$$\Delta T(t) = \frac{\alpha \Phi_0}{G} (1 - e^{-\frac{t}{\tau_T}}) \tag{1-58}$$

ΔT 由初始零值开始随时间 t 增加，当 $t \to \infty$ 时，ΔT 达到稳定值 $\alpha \Phi_0 / G_0$。当 t 等于 τ_T 时，ΔT 上升到稳定值的 63%，故 τ_T 被称为器件的热时间常数。

1.2.2 热探测器的最小可探测功率

热探测器的主要噪声是温度噪声，热探测器与周围环境进行热流交换，周围环境的热入射到探测器上，同时探测器要向周围辐射热量，通过散热体将热流导走。

在一定时间内，系统维持平衡时，探测器处于温度 T。探测器与周围环境的热交换具有随机性、起伏性，从而引起温度的起伏。这种由于探测器与周围环境热交换而引起探测器温度起伏的现象称为温度噪声。

理论证明当热探测器与环境温度处于热平衡时，在频带宽度 Δf 内，热探测器的温度起伏引起的温度噪声值为

$$\overline{\Delta T_n^2} = \frac{4kT^2 \Delta f}{G(1 + \omega^2 \tau_T^2)} \tag{1-59}$$

如果 $\omega \tau_T \ll 1$，$\overline{\Delta T_n^2} = 4kT^2 \Delta f / G$，则温度噪声功率为

$$\overline{\Delta W_T^2} = G^2 \overline{\Delta T_n^2} = 4kT^2 G \Delta f \tag{1-60}$$

如果探测器的其他噪声与温度噪声相比可以忽略，那么温度噪声将限制热探测器的极限探测率。热探测器和环境的热交换通常有热传导、热对流和热辐射，当探测器光敏面被悬挂在支架上并真空封装时，总热导取决于辐射热导。

若热探测器的温度为 T，接收面积为 A，热探测器的侧面积远小于接收面，可以忽略不计，探测器发射系数为 ε，当它与环境处于热平衡时，根据斯特潘-玻耳兹曼定律，单位时间所辐射的能量为

$$\Phi_e = A \varepsilon \sigma T^4 \tag{1-61}$$

由热导的定义可得探测器的热导为

$$G = \frac{\mathrm{d}\Phi_e}{\mathrm{d}T} = 4A \varepsilon \sigma T^3 \tag{1-62}$$

式中，σ 为斯特潘-玻耳兹曼常数，$\sigma = 5.67 \times 10^{-3} \, \mathrm{W/m^2 K^4}$，则在 $\omega \tau_T \ll 1$ 的情况下，热辐射探测器在理想情况下，热辐射温度噪声功率的方均根值为

$$\Delta W_T = \sqrt{\overline{\Delta W_T^2}} = 2T \sqrt{kG \Delta f} \tag{1-63}$$

将式(1-62)代入式(1-63)，有

$$\Delta W_T = 4T^{5/2} \sqrt{kA \varepsilon \sigma \Delta f} \tag{1-64}$$

考虑热平衡时的基尔霍夫定律，即 $\alpha = \varepsilon$，由式 $\alpha \Phi_0 = G|\Delta T|$、$\alpha \mathrm{NEP} = \Delta W_T$ 和式(1-64)可以得出热探测器的噪声等效功率，即最小可探测功率为

$$\mathrm{NEP} = 4T^{5/2} \sqrt{kA \sigma \Delta f / \alpha} \tag{1-65}$$

由式(1-65)很容易得到热敏器件的比探测率为

$$D^* = \frac{(A\Delta f)^{\frac{1}{2}}}{\text{NEP}} = \left(\frac{\alpha}{16\sigma k T^5}\right)^{\frac{1}{2}} \tag{1-66}$$

例如,在常温环境下($T = 300$K),对于黑体($\alpha = 1$),热敏器件的面积为100mm^2,频带宽度$\Delta f = 1$Hz,斯特潘-玻耳兹曼系数$\sigma = 5.67 \times 10^{-12}\text{W}/(\text{cm}^2 \cdot \text{K}^4)$,玻耳兹曼常数$k = 1.38 \times 10^{-23}\text{J}/\text{K}$,则由式(1-66)可以得到常温下热敏器件的最小可探测功率为5×10^{-11}W左右,比探测率D^*为$1.81 \times 10^{10}\text{cm} \cdot \text{Hz}^{1/2}/\text{W}$。

1.3　光电探测器的噪声

光电系统是光信号的变换、传输及处理的系统,包含光学系统、光电探测器、电子系统。系统在工作时,总会受到一些无用信号的干扰,如光电变换中光电子随机起伏的干扰、辐射光场在传输过程中受到通道背景光的干扰、放大器引入的干扰等。这些非信号的成分统称为噪声。对于光电系统,影响其工作的噪声主要有光子噪声、探测器噪声和信号放大及处理电路噪声。

噪声是随机的、瞬间的、幅度不能预知的起伏。如图1-14所示电流,其平均值可以表示为

$$\bar{i} = \frac{1}{T}\int_0^T i(t)\,\mathrm{d}t \tag{1-67}$$

由于噪声是在平均值附近的随机起伏,其长时间的平均值为零,因此一般用均方噪声来表示噪声的大小,其表达式为

$$\overline{i_n^2} = \frac{1}{T}\int_0^T [i(t) - \bar{i}]^2\,\mathrm{d}t \tag{1-68}$$

第5集
微课视频

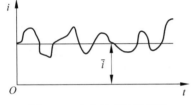

图1-14　电信号的随机起伏

当光电探测器中存在多个噪声源时,只要这些噪声是独立的、互不相关的,其噪声功率就可以进行相加,有

$$\overline{i_{n\text{总}}^2} = \overline{i_1^2} + \overline{i_2^2} + \cdots + \overline{i_n^2} \tag{1-69}$$

通常把噪声这个随机的时间函数进行傅里叶频谱分析,得到噪声功率随频率变化的关系,即噪声的功率谱密度$S_n(f)$,其定义为

$$S_n(f) = \lim_{\Delta f \to 0} \frac{\overline{i_n^2}}{\Delta f} \tag{1-70}$$

常见的有两种典型的情况:一种是功率谱大小与频率无关的噪声,称为白噪声;另一种是功率谱与$1/f$成正比的噪声,称为$1/f$噪声,如图1-15所示。

光电探测器噪声包括散粒噪声、热噪声、产生-复合噪声、$1/f$噪声和温度噪声等。本节仅简要地介绍它们的产生机理、特点和表达式。关于噪声表达式的推导过程,读者可参阅文献。

1. 热噪声

热噪声(Thermal Noise)是由于载流子的热运动而引起

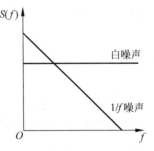

图1-15　白噪声和$1/f$噪声

的电流或电压的随机起伏。它的均方电流 $\overline{i_{nr}^2}$ 和均方电压 $\overline{v_{nr}^2}$ 由下式决定：

$$\overline{i_{nr}^2}=\frac{4kT\Delta f}{R}, \quad \overline{v_{nr}^2}=4kT\Delta fR \tag{1-71}$$

式中，k 为玻耳兹曼常量；T 为热力学温度（K）；R 为器件电阻值；Δf 为测量的频带宽度。

热噪声存在于任何导体与半导体中，它属于白噪声。降低温度和压缩频带宽度，可减少噪声功率。

例如，对于一个 $R=4\text{k}\Omega$ 的电阻，在室温下，工作带宽为 1Hz 时，热噪声均方根约为 4nV；而工作带宽增加到 500Hz 时，对应的热噪声均方根电压值增加到 89nV。由此可知，检测电路通频带对白噪声输出电压有很强的抑制作用。在微弱光信号探测中，如何减小热噪声的影响是光电技术中的一个重要问题。

2. 散粒噪声

光电探测器的散粒噪声（Shot Noise）是光电探测器在光辐射作用或热激发下，光电子或载流子随机产生所造成的。由于随机起伏是由一个一个的带电粒子或电子引起的，因此称为散粒噪声。散粒噪声的表达式为

$$\overline{i_{ns}^2}=2eI\Delta f \tag{1-72}$$

式中，e 为电子电荷；I 为器件输出平均电流；Δf 为测量的频带宽度。

散粒噪声存在于所有真空发射管和半导体器件中，在低频下属于白噪声；高频时，散粒噪声与频率有关。

3. 产生-复合噪声

产生-复合噪声（Generation Recombination Noise）又称为 g-r 噪声，是由于半导体中载流子产生与复合的随机性而引起的载流子浓度的起伏。这种噪声与散粒噪声本质是相同的，都是由载流子随机起伏所致，所以有时也将这种噪声归并为散粒噪声。产生-复合噪声的表达式为

$$\overline{i_{ngr}^2}=\frac{4eMI\Delta f}{1+\omega^2\tau_c^2} \tag{1-73}$$

式中，I 为总的平均电流；M 为光电导增益；Δf 为测量的频带宽度；$\omega=2\pi f$，f 为测量系统的工作频率；τ_c 为载流子平均寿命。式（1-73）表明产生-复合噪声不再是"白"噪声，而是低频限带噪声。这是它与一般散粒噪声不同的地方。

当 $\omega\tau_c\ll 1$ 时，式（1-73）简化为

$$\overline{i_{ngr}^2}=4eMI\Delta f \tag{1-74}$$

产生-复合噪声是光电导探测器的主要噪声源。

4. $1/f$ 噪声

$1/f$ 噪声通常又称为电流噪声（有时也称为闪烁噪声或过剩噪声）。它是一种低频噪声，几乎所有探测器中都存在这种噪声。实验发现，探测器表面的工艺状态（缺陷或不均匀）对这种噪声的影响很大。这种噪声的功率谱近似与频率成反比，故称为 $1/f$ 噪声，其噪声电流的均方值可近似表示为

$$\overline{i_{nf}^2}=\frac{cI^\alpha}{f^\beta}\Delta f \tag{1-75}$$

式中，I 为器件输出平均电流；f 为器件工作频率；α 接近 2；β 取 0.8～1.5；c 是比例常数。

$1/f$ 噪声主要出现在 1kHz 以下的低频区，当工作频率大于 1kHz 时，它与其他噪声相比可忽略不计。在实际使用中，常用较高的调制频率避免或大大减小电流噪声的影响。

5. 温度噪声

温度噪声（Temperature Noise）是热探测器本身吸收和传导等热交换引起的温度起伏。它的均方值为

$$\overline{T_n^2} = \frac{4kT^2\Delta f}{G[1+(2\pi f\tau_T)^2]} \tag{1-76}$$

式中，k 为玻耳兹曼常量；T 为热力学温度（K）；G 为器件的热导；f 为器件工作频率；$\tau_T = C/G$ 为器件的热时间常量，C 为器件的热容。

在低频时，$(2\pi f\tau_T)^2 \ll 1$，式（1-76）可简化为

$$\overline{T_n^2} = \frac{4kT^2\Delta f}{G} \tag{1-77}$$

因此，热功率起伏的均方值或温度噪声功率为

$$\overline{\Delta W_T^2} = G^2\overline{T_n^2} = 4GkT^2\Delta f \tag{1-78}$$

第 6 集
微课视频

若综合上述各种噪声源，其功率谱分布可用图 1-16 表示。由图可见，在频率很低时，$1/f$ 噪声起主导作用；当频率达到中间频率范围时，产生-复合噪声比较显著；当频率较高时，只有白噪声占主导地位，其他噪声的影响很小了。

至此，已经讨论了光辐射探测器的主要噪声源。此外，还有一些与具体器件有关的噪声源，例如，光电倍增管的倍增噪声、雪崩光敏二极管的雪崩噪声等，这些噪声将在讨论有关器件时再介绍。

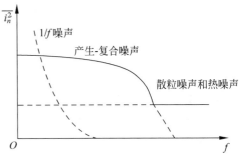

图 1-16　光电探测器噪声功率谱综合示意图

1.4　光电探测器的特性参数

光电探测器的种类很多，功能各异，在不同的光电系统中要选择不同的光电探测器，掌握不同光电探测器的特性参数是在实际应用中正确选择器件的关键。光电探测器的主要特性参数如下。

1. 灵敏度（Sensitivity）

灵敏度也常称为响应度（Responsivity），是描述探测器灵敏度的参量。它表征探测器输出信号与输入辐通量之间关系的参数，用 S 或 R 表示。定义为光电探测器的输出信号电压 V_s 或电流 I_s 与入射到光电探测器上的辐通量之比，即

$$S_v(R_v) = V_s/\Phi_e, \quad S_i(R_i) = I_s/\Phi_e \tag{1-79}$$

式中，S_v 为光电探测器的电压灵敏度，单位为（V/W）；S_i 为光电探测器的电流灵敏度，单位为（A/W）。测量灵敏度时采用不同的辐射源，其发射的光谱功率分布是不相同的，因此

测得的灵敏度的值也不一样。通常,在光电探测器中,辐射源一般采用国际照明委员会(CIE)规定的色温为 2856K 的标准照明体。在热探测器中,通常采用色温为 500K 的黑体。

若入射到光电探测器上的是光通量,则对应的就是光照灵敏度。S_v 为光电探测器的光照电压灵敏度,单位为(V/lm);S_i 为光电探测器的光照电流灵敏度,单位为(A/lm)。

2. 光谱灵敏度(Spectral Sensitivity)

如果入射辐射使用的是波长为 λ 的单色辐射源,则称为光谱灵敏度,用 S_λ 或 R_λ 表示。光谱灵敏度又叫光谱响应度,是光电探测器的输出电压或输出电流与入射到探测器上单色辐通量之比,即

$$S_{v,\lambda} = \frac{V_s}{\Phi_{e,\lambda}}, \quad S_{i,\lambda} = \frac{I_s}{\Phi_{e,\lambda}} \tag{1-80}$$

式中,$\Phi_{e,\lambda}$ 为入射的单色辐通量或光通量。如果 $\Phi_{e,\lambda}$ 为光通量,则 $S_{v,\lambda}$ 的单位为 V/lm。

如果 S_λ 为常数,则对应的探测器为无选择性探测器(如光热探测器)。为了便于比较,对其归一化,通常引入相对光谱灵敏度,定义为

$$S_{相\lambda} = \frac{S_\lambda}{S_{\lambda max}} \tag{1-81}$$

式中,$S_{\lambda max}$ 是最大灵敏度,相应波长为峰值波长。

3. 量子效率(Quantum Efficiency)

量子效率是某一特定波长的光照射到光电探测器上每秒钟内产生的光电子数 $N_{e,\lambda}$ 与入射光子数 $N_{p,\lambda}$ 之比,用 η_λ 或 $Q_{e,\lambda}$ 表示,即

$$\eta_\lambda = \frac{N_{e,\lambda}}{N_{p,\lambda}} \tag{1-82}$$

波长为 λ 的光子的能量为 $h\nu = hc/\lambda$,单位波长的辐通量为 $\Phi_{e,\lambda}$,则单位时间、单位波长间隔内的光子数为

$$N_{p,\lambda} = \frac{\Phi_{e,\lambda}}{h\nu} = \frac{\lambda\Phi_{e,\lambda}}{hc} \tag{1-83}$$

如果波长间隔为 dλ,则单位时间内光子数为 $dN_p = N_{p,\lambda}d\lambda$,$dN_p$ 通常称为量子流速率,即为每秒入射的光量子数。这样波长在 $\lambda_1 \sim \lambda_2$ 内的量子流速度为

$$N_p = \int_{\lambda_1}^{\lambda_2} \frac{\Phi_{e,\lambda}}{h\nu}d\lambda = \int_{\lambda_1}^{\lambda_2} \frac{\lambda}{hc}\Phi_{e,\lambda}d\lambda \tag{1-84}$$

单位时间、单位波长间隔内的光电子数为

$$N_{e,\lambda} = \frac{I_s}{e} = \frac{S_\lambda\Phi_{e,\lambda}}{e} \tag{1-85}$$

式中,I_s 为信号电流;e 为电子电荷量。由式(1-83)和式(1-85)得量子效率为

$$\eta_\lambda = \frac{N_{e,\lambda}}{N_{p,\lambda}} = \frac{S_\lambda hc}{e\lambda} = \frac{1.24S_\lambda}{\lambda} \tag{1-86}$$

式中,λ 单位为 μm;S_λ 单位为 A/W。

若 $\eta_\lambda = 1$,则入射一个光量子就能发射一个电子或产生一对电子-空穴对;实际上,$\eta_\lambda < 1$。一般 η_λ 反映的是入射辐射与最初的光敏元的相互作用。

4. 响应时间（Response Time）

响应时间是描述光电探测器对入射辐射响应快慢的一个参数。当入射到光电探测器上的辐射为阶跃辐射时，探测器的瞬间输出信号不能完全跟随输入的变化。辐射停止时也是如此。探测器的响应如图 1-17 所示。通常将光电探测器的输出上升到稳定值或下降到照射前的值所需时间称为响应时间。为衡量其长短，常用时间常数 τ 表示。

当用一个辐射脉冲照射光电探测器，如果这个脉冲的上升时间和下降时间很短，如方波，则光电探测器的输出由于器件的惰性而有延迟。将输出信号从 10％上升到 90％峰值处所需的时间称为探测器的上升响应时间，用 τ_r 表示；而将输出信号从峰值的 90％下降到 10％处所需的时间称为下降响应时间，用 τ_f 表示。一般光电探测器 $\tau_r = \tau_f$。

5. 频率响应（Frequency Response）

由于光电探测器信号的产生和消失存在着一个滞后过程，所以入射光辐射的频率对光电探测器的响应将会有较大的影响。光电探测器的灵敏度随入射辐射调制频率变化的特性称为频率响应。利用时间常数可得到光电探测器灵敏度与入射辐射调制频率的关系，其表达式为

$$S(f) = \frac{S_0}{\left[1 + (2\pi f \tau)^2\right]^{1/2}} \tag{1-87}$$

式中，$S(f)$ 为频率是 f 时的灵敏度；S_0 为频率是零时的灵敏度；τ 为时间常数（等于 RC）。当 $S(f)/S_0 = 1/\sqrt{2} = 0.707$ 时，可得光电探测器的上限截止频率如图 1-18 所示。

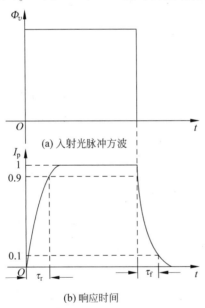

(a) 入射光脉冲方波

(b) 响应时间

图 1-17 探测器的响应（上升响应时间和下降响应时间）

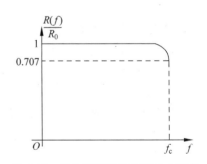

图 1-18 光电探测器的上限截止频率

$$f_c = \frac{1}{2\pi\tau} = \frac{1}{2\pi RC} \tag{1-88}$$

显然，时间常数决定了光电探测器频率响应的带宽。

6. 信噪比（Signal to Noise Ratio）

信噪比是判定噪声大小常用的参数之一，定义为在负载电阻 R_L 上产生的信号功率与

噪声功率之比,即

$$\frac{S}{N}=\frac{P_s}{P_n}=\frac{i_s^2 R_{\rm L}}{i_n^2 R_{\rm L}}=\frac{i_s^2}{i_n^2}\tag{1-89}$$

若用分贝(dB)表示,则为

$$\left(\frac{S}{N}\right)_{\rm dB}=10\lg\frac{i_s^2}{i_n^2}\tag{1-90}$$

利用 S/N 评价两种光电探测器性能时,必须在信号辐射功率相同的情况下才能比较。但对单个光电探测器,其 S/N 的大小与入射信号辐射功率及接收面积有关。如果入射辐射强,接收面积大,S/N 就大,但性能不一定就好。因此用 S/N 评价器件性能有一定的局限性。

7. 等效噪声输入(Equivalent Noise Input,ENI)

等效噪声输入定义为一定条件下光电探测器在特定带宽内(1Hz)产生的均方根信号电流恰好等于均方根噪声电流值时的输入通量。这个参数在确定光电探测器件的探测极限(以输入通量为瓦或流明表示)时使用。

8. 噪声等效功率(Noise Equivalent Power,NEP)或称最小可探测功率 $P_{\rm min}$

噪声等效功率定义为探测器输出的信号电流(电压)等于探测器本身的噪声电流(电压)均方根值时,即信号功率与噪声功率之比为1($S/N=1$)时,入射到探测器上的辐通量,即

$$\text{NEP}=\frac{\varPhi}{S/N}\tag{1-91}$$

NEP 的单位为 W 或 lm。当测量带宽归一化时,NEP 的单位为 $\text{W/Hz}^{\frac{1}{2}}$ 或 $\text{lm/Hz}^{\frac{1}{2}}$。显然,NEP 越小,噪声越小,灵敏度越高,器件的探测能力越强。

式(1-91)也可表示为

$$\text{NEP}=\frac{\sqrt{i_n^2}}{S_i}\quad\text{或}\quad\text{NEP}=\frac{\sqrt{v_n^2}}{S_v}\tag{1-92}$$

9. 探测率(Detectivity)D 与比探测率 D^*

NEP 参数不适于作为探测器探测能力的一个指标,它与人们的习惯不一致。为此,引入两个新的性能参数——探测率 D 与比探测率 D^*。

探测率 D 定义为 NEP 的倒数,即

$$D=\frac{1}{\text{NEP}}=\frac{S_i}{\sqrt{i_n^2}}\tag{1-93}$$

D 的单位为 1/W 或 1/lm。显然,D 越大,光电探测器的性能就越好。探测率 D 所提供的信息与 NEP 一样,也是一项特征参数。不过它所描述的特性是:光电探测器具有在它的噪声之上产生了一个可观测的电信号的本领,即光电探测器能响应的入射光功率越小,则其探测率越高。但是仅根据探测率 D 还不能比较不同的光电探测器的优劣,这是因为如果两只光电探测器都是由相同材料制成的,尽管内部结构完全相同,但光敏面 $A_{\rm d}$ 不同,测量带宽不同,则 D 值也不相同。为了能方便地对不同来源的光电探测器进行比较,需要把探测率 D 标准化(归一化)到测量带宽为 1Hz,光电探测器光敏面积为 1cm^2,这样就能方便地比较

不同测量带宽对不同光敏面积的光电探测器测量得到的探测率。

实验测量和理论分析表明，对于许多类型的光电探测器来说，NEP 通常与探测器面积和测量系统带宽 Δf 乘积的平方根成正比，即 $\mathrm{NEP} \propto \sqrt{A_\mathrm{d} \Delta f}$。探测器的面积 A_d 越大，测量带宽越宽，其接收到的背景噪声功率也越大。为了比较各种探测器的性能，需除去 A_d 和 Δf 的差别所带来的影响，通常归一化到测量带宽为 $1\mathrm{Hz}$，光探测器光敏面积为 $1\mathrm{cm}^2$。归一化探测率一般称为比探测率，用 D^* 表示，即

归一化等效噪声功率为

$$\mathrm{NEP}^* = \frac{\mathrm{NEP}}{\sqrt{A_\mathrm{d} \Delta f}} = \frac{\sqrt{i_n^2}}{\sqrt{A_\mathrm{d} \Delta f}\, S_i} \tag{1-94}$$

$$D^* = \frac{1}{\mathrm{NEP}^*} = \frac{S_i}{\sqrt{i_n^2}} \sqrt{A_\mathrm{d} \Delta f} = D\sqrt{A_\mathrm{d} \Delta f} \tag{1-95}$$

式中，A_d 单位为 cm^2；Δf 单位为 Hz；S_i 单位为 $\mathrm{A/W}$；$\sqrt{i_n^2}$ 单位为 A；D^* 单位为 $\mathrm{cm} \cdot \mathrm{Hz}^{1/2} \cdot \mathrm{W}^{-1}$。$D^*$ 与灵敏度 S_v 的关系可以表示为

$$D^* = \frac{S_v}{\sqrt{v_n^2}} \sqrt{A_\mathrm{d} \Delta f} \tag{1-96}$$

第 2 章
CHAPTER 2

光电探测器基础实验

2.1 光敏电阻特性参数测量实验

【引言】

光敏电阻又称为光电导探测器,简称 PC(Photoconductive)探测器,一般由具有光电导效应的材料(如硅、锗等本征半导体与硫化镉、硒化镉、氧化铅等杂质半导体)制成。光敏电阻具有光谱响应范围宽、测光范围宽、灵敏度高、体积小、坚固耐用、价格低廉等优点,广泛应用于微弱辐射信号的探测领域,如照相机、光度计、光电自动控制、辐射测量、红外搜索和跟踪、红外成像和红外通信等领域。

第 7 集
微课视频

第 8 集
微课视频

【实验目的】

(1) 掌握光敏电阻的工作原理和使用方法。
(2) 掌握光敏电阻的光电特性、伏安特性、光谱特性和时间响应特性。

第 9 集
微课视频

【实验原理】

1. 光敏电阻的工作原理

光敏电阻的工作原理与光敏电阻符号如图 2-1 所示,在均匀的光电导体两端加上电极后构成为光敏电阻,两电极加上一定电压,当光照射到光电导体上时,由光照产生的光生载流子在外加电场作用下沿一定方向运动,在电路中产生电流,达到光电转换的目的。根据半导体材料的分类,光敏电阻分为两种基本类型:本征型半导体光敏电阻与杂质型半导体光敏电阻。本征型半导体光敏电阻的长波长要短于杂质型半导体光敏电阻的长波长,因此,本征型半导体光敏电阻常用于可见光波段的探测,而杂质型半导体光敏电阻常用于红外波段甚至于远红外波段辐射的探测。

第 10 集
微课视频

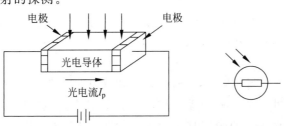

图 2-1 光敏电阻的工作原理和电阻符号

由光电导效应可知：光敏电阻在微弱辐射作用下的光电导灵敏度与光敏电阻两电极之间距离的平方成反比。在强辐射作用的情况下光电导灵敏度与光敏电阻之间距离的二分之三次方成反比。因此，在设计光敏电阻的结构时，为了提高光敏电阻的光电导灵敏度，要尽可能地缩短光敏电阻两电极之间的距离。

根据光敏电阻的设计原则可以设计出如图 2-2 所示的三种光敏电阻基本结构。图 2-2(a) 所示为光敏面为梳形结构。两个梳形电极之间为光敏电阻材料，由于两个梳形电极靠得很近，电极间距离很小，光敏电阻的灵敏度很高。图 2-2(b) 所示为光敏面为蛇形的光敏电阻，将光电导材料制成蛇形，光电导材料的两侧为金属导电材料，并在其上设置电极，显然，这种光敏电阻的电极间距（为蛇形光电导材料的宽度）也很小，提高了光敏电阻的灵敏度。图 2-2(c) 所示为刻线式结构的光敏电阻侧向图，在制备好的光敏电阻衬基上刻出狭窄的光敏材料条，再蒸涂金属电极，构成刻线式结构的光敏电阻。

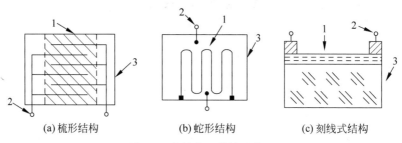

(a) 梳形结构   (b) 蛇形结构   (c) 刻线式结构

图 2-2　光敏电阻结构示意图

1—光电导材料；2—电极；3—衬底材料。

2. 光敏电阻的主要特性参数

1）光电特性

光电特性是指光敏电阻的光电流与入射辐照度之间的关系。在低电压（几伏到几十伏）范围内，光敏电阻的光电特性可以表示为

$$I_p = S_g V E^{\gamma} \tag{2-1}$$

式中，S_g 为光电导灵敏度；V 为光电导探测器两端电压；E 为入射辐射光照度；γ 为照度指数。硫化镉（CdS）光敏电阻的光电特性曲线如图 2-3 所示。

2）伏安特性

在一定的光照下，光敏电阻两端的电压与流过光敏电阻的电流之间关系称为光敏电阻的伏安特性，它是一组以输入辐通量为参量的通过原点的直线组，如图 2-4 所示。

3）光谱特性

光电导探测器的光谱特性通常用相对灵敏度与波长的关系曲线来表示。图 2-5 所示为硫化镉光敏电阻的光谱响应曲线。

4）时间响应

在忽略外电路时间常量的影响的条件下，光敏电阻的响应时间等于光生载流子的平均寿命。常用的光敏电阻，其响应时间都比较大。例如，CdS 光电导探测器的响应时间为几十毫秒到几秒；CdSe（硒化镉）的响应时间为几毫秒到几十毫秒；PbS 的响应时间为几百微

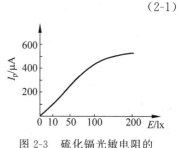

图 2-3　硫化镉光敏电阻的
光电特性曲线

秒。因此,它们基本不适于窄脉冲光信号的检测。光敏电阻时间响应如图 2-6 所示。

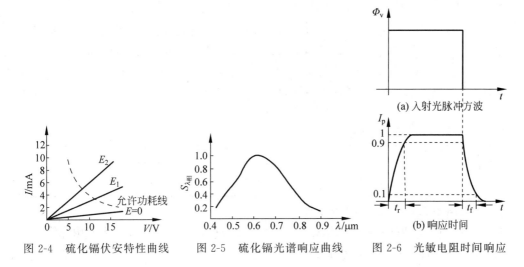

图 2-4　硫化镉伏安特性曲线　　图 2-5　硫化镉光谱响应曲线　　图 2-6　光敏电阻时间响应

实验用 CdS 光敏电阻的主要特性参数如表 2-1 所示。

表 2-1　CdS 光敏电阻的主要特性参数

参数型号	光谱响应/ μm	峰值波长/ μm	允许功耗/ mW	最高工作 电压/V	γ 指数 （10～100lx）	t_r/ms	t_f/ms	暗阻/ MΩ	亮阻/ kΩ
GM5516	0.4～0.8	0.54	100	150	0.7	20	30	0.6	10～20

3. 光敏电阻的分类及应用

根据光敏电阻的光谱特性,可分为三种光敏电阻器:

(1) 紫外光敏电阻:对紫外线较灵敏,包括硫化镉、硒化镉光敏电阻器等,用于探测紫外线。

(2) 红外光敏电阻:主要有硫化铅、碲化铅、硒化铅、锑化铟等光敏电阻器,广泛用于导弹制导、天文探测、非接触测量、人体病变探测、红外光谱、红外通信等国防、科学研究和工农业生产中。

(3) 可见光光敏电阻:包括硒、硫化镉、硒化镉、硅、砷化镓、硫化锌光敏电阻器等。主要用于各种光电控制系统,如光电自动开关门户,航标灯、路灯和其他照明系统的自动亮灭,自动给水和自动停水装置,机械上的自动保护装置和"位置检测器",极薄零件的厚度检测器,照相机自动曝光装置,光电计数器,烟雾报警器,光电跟踪系统等方面。

【实验仪器】

实验仪器有实验箱、光敏电阻模块、实验导线。

【实验内容】

1. 光敏电阻的暗电阻、暗电流测量

(1) 按照图 2-7 接线:电压表选择 20V 挡,电流表选择 2A 挡,R_g 为光敏电阻。

(2) 将光敏电阻模块照度值输出红、黑色端子分别与照度计输入红、黑色端子连接。

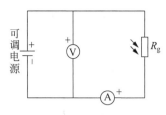

图 2-7　暗电阻测量电路

（3）打开设备电源，此时光源指示显示 0，断开光源开关 S1～S3（全部拨向下），并将照度计调零。

（4）调节可调电源旋钮，使电压表示数为 5V，断开开关 S1～S3，等待约 10s，快速记录电流表示数，还可测试偏压为 10V、15V、20V 时，所对应的电流值。此时电流表的读数为暗电流，计算可得出光敏电阻的暗电阻。记录电流值及电压值，并计算暗电阻值，填入表 2-2 中。

表 2-2　光敏电阻暗电流、暗电阻测量

偏压/V	5	10	15	20
电流/μA				
暗电阻/kΩ				

2. 光敏电阻的亮电阻、亮电流测量

（1）按照图 2-8 接线：电压表选择 20V 挡，电流表选择 2mA 挡，R_g 为光敏电阻。

（2）将光敏电阻模块照度值输出红、黑色端子分别与照度计输入红、黑色端子连接。

（3）打开设备电源，调节 0～30V 旋钮，调节偏压为 5V；此时光源指示显示"0"，断开光源开关 S1～S3，并将照度计调零，然后接通光源开关 S1～S3，按光源调节单元的按键（亮度＋、亮度－）调节使照度计显示为 100lx 左右，此时电流表的读数为亮电流，计算可得出光敏电阻的亮电阻。记录电流值及电压值并填入表 2-3 中。

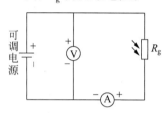

图 2-8　光敏电阻的亮电阻、亮电流测量电路

表 2-3　光敏电阻亮电流、亮电阻测量

偏压/V	5	10	15	20
亮电流/mA				
亮电阻/kΩ				

3. 光敏电阻的光照特性的测试

在光敏电阻的亮电阻、亮电流测量的基础上，保持偏压为 10V 不变，测量光源照度为 0～600lx 内（不少于 40 组数据）分别对应的电流值，并将实验数据记录于表 2-4 中。

表 2-4　光敏电阻光照特性测试

光源照度/lx						
电流/mA						

4. 光敏电阻的伏安特性的测试

在光敏电阻的亮电阻、亮电流测量的基础上，保持照度为 100lx 不变，调节 0～30V 旋钮，用电压表监测电压，使偏压分别为 0～20V（不少于 15 组数据），分别记录光敏电阻两端电压及对应的电流值到表 2-5 中，调节照度为 300lx 和 500lx，重复上面的测量并记录数据。

表 2-5　光敏电阻伏安特性测试

电压/V						
电流/mA						

5. 光敏电阻的光谱响应特性的测试

在光敏电阻的亮电阻、亮电流测量的基础上，保持偏压为 10V 不变，调节颜色切换按钮至

"光源指示"分别显示 1、2、3、4、5、6,调节对应光源下的照度至 100lx 左右(注意:只要各个颜色光照度的值相同即可,不一定要在 100lx),同时将在相同照度下的电流值记录在表 2-6 中。

表 2-6 光敏电阻光谱特性测试

光源指示	1(红色)	2(橙色)	3(黄色)	4(绿色)	5(青色)	6(蓝色)
电流/mA						

6. 光敏电阻的时间响应特性的测试

(1)按照图 2-8 接线,将光源驱动单元的 R、G、B 插孔短接,用导线与脉冲调制单元输出插孔连接。

(2)打开设备电源,调节 0~30V 旋钮,使电压表示数为 10V,用双通道示波器探头 1 测试脉冲调制单元输出插孔,用双通道示波器探头 2 测试光敏电阻模块黄色插孔,读出 2 通道的上升及下降时间,即为光敏电阻时间响应特性参数。

7. 实验完成

实验完成后关闭所有电源,将 0~30V 旋钮逆时针旋到底,拆除导线并放置好。

第 11 集
微课视频

第 12 集
微课视频

【实验数据处理】

(1)根据表 2-2 分析光敏电阻暗电阻与偏压的关系,算出光敏电阻的暗电阻的平均值。

(2)采用数据处理软件对表 2-3 中数据进行处理,分析光敏电阻亮电阻与偏压的关系,算出光敏电阻的亮电阻的平均值。

第 13 集
微课视频

(3)采用数据处理软件对表 2-4 中数据进行处理,绘制光敏电阻的光照特性曲线,对曲线进行分析,分别计算 0~10lx、10~100lx、100~200lx 内的光照指数和电流、电压灵敏度。

(4)采用数据处理软件对表 2-5 中数据进行处理,绘制光敏电阻的伏安特性曲线。

(5)采用数据处理软件对表 2-6 中数据进行处理,绘制光敏电阻的光谱特性曲线。

(6)根据实验内容 6,绘制光敏电阻的时间响应特性曲线。

第 14 集
微课视频

【预习思考题】

(1)光敏电阻与普通电阻有什么不同?它有哪些特点?

(2)分析光敏电阻的暗电流存在的原因。

(3)光敏电阻的亮电流与哪些因素有关?如何验证?

(4)根据光敏电阻光谱特性的定义,还有哪些简单易行的测量光谱响应的方法?

(5)在不同偏压下,光敏电阻的光照特性曲线会有什么区别?

第 15 集
微课视频

(6)试测试绘制不同照度下的光敏电阻的伏安特性曲线,比较它们的异同。

(7)同其他光电器件相比,光敏电阻的时间响应特性有什么特点?

(8)尝试改变负载电阻,再次测试光敏电阻的时间响应参数,分析有何异同。

2.2 光电池特性参数测量实验

【引言】

光电池是利用光伏效应制成的光探测器件。最早由安托石·贝克雷尔于 1893 年制造

第 12 集
微课视频

第 13 集
微课视频

第 14 集
微课视频

第 15 集
微课视频

出来。光电池是不需加偏置电压就能把光能转换成电能的 PN 结光电器件。光电池按用途可分为两大类，即太阳能光电池和测量光电池。太阳能光电池主要用作电源，对它的要求是转换效率高、成本低，由于它具有结构简单、体积小、重量轻、可靠性高、寿命长、在空间能直接将太阳能转换成电能的特点，因此不仅成为航天工业上的重要电源，还被广泛地应用于供电困难的场所和人们的日常生活中。测量光电池的主要功能是用于光电探测，即在不加偏置电压的情况下将光信号转换成电信号，对它的要求是线性范围宽、灵敏度高、光谱响应合适、稳定性好、寿命长，被广泛应用在光度、色度、光学精密计量和测试中。

【实验目的】

（1）掌握光电池的工作原理和使用方法。

（2）掌握光电池的光电特性、伏安特性、光谱相应特性。

（3）掌握光电池在照度一定的情况下，其输出电流与电压随负载变化的关系。

（4）掌握光电池对不同波长的入射光具有不同的响应灵敏度。

【实验原理】

1. 硅光电池的基本结构和工作原理

硅光电池是目前应用最多的光电池。硅光电池按衬底材料的不同分为 2DR 型和 2CR 型。图 2-9(a)所示为 2DR 型硅光电池的结构，它是以 P 型硅为衬底（即在本征型硅材料中掺入三价元素硼或稼等），然后在衬底上扩散磷而形成 N 型层并将其作为受光面。2CR 型硅光电池则是以 N 型硅作为衬底（在本征型硅材料中掺入五价元素磷或砷等），然后在衬底上扩散硼而形成 P 型层并将其作为受光面，构成 PN 结，再经过各种工艺处理，分别在衬底和光敏面上制作输出电极，涂上二氧化硅作为保护膜，即成硅光电池。

硅光电池的受光面的输出电极多做成如图 2-9(b)所示的梳齿状或"E"字型电极，其目的是减小硅光电池的内电阻。另外，在光敏面上镀一层极薄的二氧化硅透明膜，既可以起到防潮、防尘等保护作用，又可以减小硅光电池的表面对入射光的反射，增强对入射光的吸收。图 2-9(c)是光电池的符号。

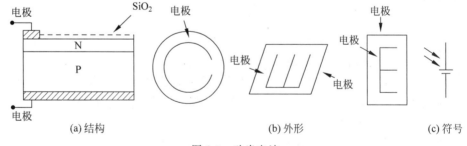

(a)结构　　　　　　　　　　(b)外形　　　　　　　　(c)符号

图 2-9　硅光电池

硅光电池工作原理示意图如图 2-10 所示。当光作用于 PN 结时，耗尽区内的光生电子与空穴在内建电场力的作用下分别向 N 区和 P 区运动，在闭合的电路中将产生如图 2-10 所示的输出电流 I_L，且在负载电阻 R_L 上产生的电压降为 V。由欧姆定律可得，PN 结获得的偏置电压为

$$V = I_L R_L \tag{2-2}$$

当以 I_L 为电流和电压的正方向时,可以得到如图 2-11 所示的伏安特性曲线。从该曲线可以看出,负载电阻 R_L 所获得的功率为

$$P_L = I_L V \tag{2-3}$$

式中,光电池输出电流 I_L 应包括光生电流 I_p、扩散电流与暗电流三部分,即

$$I_L = I_p - I_s \left[\exp\left(\frac{eV}{kT}\right) - 1 \right] = I_p - I_s \left[\exp\left(\frac{eI_L R_L}{kT}\right) - 1 \right] \tag{2-4}$$

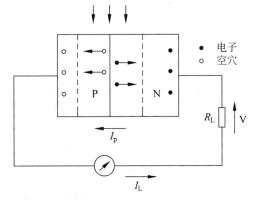

图 2-10　硅光电池工作原理示意图

将式(2-2)代入式(2-3),可得到负载所获得的功率为

$$P_L = I_L^2 R_L \tag{2-5}$$

因此,功率 P_L 与负载电阻的阻值有关,当 $R_L = 0$(电路为短路)时,$V = 0$,输出功率 $P_L = 0$;当 $R_L = \infty$(电路为开路)时,$I_L = 0$,输出功率 $P_L = 0$;$\infty > R_L > 0$,输出功率 $P_L > 0$。显然,在存在最佳负载电阻的情况下,负载可以获得最大的输出功率 P_{max}。令式(2-5)对 R_L 的一阶导数值为零,从而获得最佳负载电阻的阻值。

在实际工程计算中,可通过分析如图 2-11 所示的伏安特性曲线得到经验公式,即当负载为最佳负载电阻时,输出电压为

$$V = V_m = (0.6 \sim 0.7) V_{oc} \tag{2-6}$$

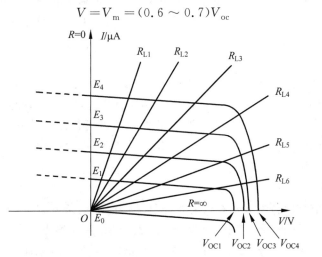

图 2-11　硅光电池的伏安特性曲线

而此时的输出电流近似等于光电流,即

$$I_m = I_p = \frac{\eta q\lambda}{hc}\Phi_{e,\lambda} = S\Phi_{e,\lambda} \tag{2-7}$$

式中，S 为硅光电池的电流灵敏度。

硅光电池的最佳负载电阻为

$$R_{opt} = \frac{V_m}{I_m} = \frac{(0.6 \sim 0.7)V_{oc}}{S\Phi_{e,\lambda}} \tag{2-8}$$

从式(2-8)可以看出硅光电池的最佳负载电阻 R_{opt} 与入射辐通量 $\Phi_{e,\lambda}$ 有关，它随入射辐通量 $\Phi_{e,\lambda}$ 的增大而减小。

负载电阻所获得的最大功率为

$$P_m = I_m V_m = (0.6 \sim 0.7)V_{oc} I_p \tag{2-9}$$

将硅光电池的输出功率与入射辐通量之比定义为硅光电池的光电转换效率，记为 η。当负载电阻为最佳负载电阻 R_{opt} 时，硅光电池输出最大功率 P_m 与入射辐通量之比定义为硅光电池的最大光电转换效率，记为 η_m，则有

$$\eta_m = \frac{P_m}{\Phi_{e,\lambda}} = \frac{(0.6 \sim 0.7)eV_{oc}\int_0^\infty \lambda\eta_\lambda\Phi_{e,\lambda}\,\mathrm{d}\lambda}{hc\int_0^\infty \Phi_{e,\lambda}\,\mathrm{d}\lambda} \tag{2-10}$$

式中，η_λ 为与材料有关的光谱光电转换效率，表明硅光电池的最大光电转换效率与入射光的波长及材料的性质有关。常温下，GaAs 材料的硅光电池的最大光电转换效率最高，为 $22\% \sim 28\%$。但它的实际使用效率仅为 $10\% \sim 25\%$，这是因为实际器件的光敏面总存在一定的反射损失，受到漏电导和串联电阻的影响。

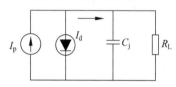

图 2-12 光电池的等效电路

短路电流和开路电压是光电池的两个非常重要的工作状态，它们分别对应于 $R_L=0$ 和 $R_L=\infty$ 的情况。光电池的等效电路如图 2-12 所示。

光电器件的灵敏度是入射辐射波长的函数。以功率相等的不同波长的单色辐射入射于光电器件，其光电信号与辐射波长的关系为光电器件的光谱响应。

2. 硅光电池的主要特性参数

1）光电特性

光电池的照度-电流电压特性是指光电池的短路光电流 I_{sc} 和开路电压 V_{oc} 与入射光照度之间的关系。光电池的短路光电流 I_{sc} 与入射光照度成正比，而开路电压 V_{oc} 与光照度的对数成正比。图 2-13 给出了硅光电池的照度-电流电压特性。对于硅光电池，V_{oc} 一般为 $0.45 \sim 0.6$V，最大不超过 0.756V。实际使用中，常标明特定测试条件下硅光电池的开路电压 V_{oc} 和短路光电流 I_{sc} 参数。

2）光谱特性

光电池的光谱响应特性表示在入射光能量保持一定的条件下，光电池所产生的短路电流与入射光波长之间的关系，一般用相对响应表示。图 2-14 给出了常见的几种硅光电池的光谱曲线。图 2-14 中，普通 2CR 型硅光电池光谱响应范围为 $0.4 \sim 1.1\mu m$，峰值波长为 $0.8 \sim 0.9\mu m$；已研制的 2CR1133-01 型和 2CR1133 型蓝硅光电池光谱响应特性在 $0.48\mu m$ 处的相对响应度仍大于 50%，可应用在视见函数或色探测器件中。

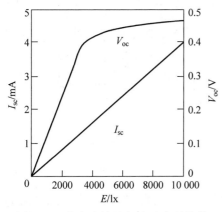

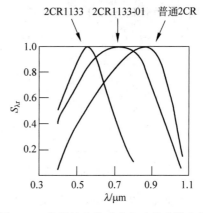

图 2-13　光电池的照度-电流电压特性　　　　图 2-14　常见的几种硅光电池的光谱曲线

【实验仪器】

实验仪器有实验箱、光电池模块、实验导线、示波器。

【实验内容】

1. 硅光电池短路电流的测量

（1）按照图 2-15 接线，将电流表调至 2A 挡，将硅光电池正极、负极分别接到电流表的"＋"和"－"极。

（2）将光电池模块照度值输出红、黑色端子分别与照度计输入红、黑色端子连接。

（3）打开设备电源，断开光源开关 S1～S3，并将照度计调零，然后接通光源开关 S1～S3，按光源调节单元的按键（亮度＋、亮度－）调节使照度计显示为 40lx 左右。

（4）在 0～600lx 内调节光源照度，测量不少于 40 组的硅光电池短路电流，将数据填入表 2-7 中。

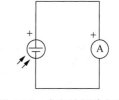

图 2-15　光电池短路电流测量电路

表 2-7　硅光电池短路电流测量

光源照度/lx					...
电流/μA					

2. 硅光电池开路电压的测量

（1）按照图 2-16 接线：将电压表调至 200mV 挡，将硅光电池正极、负极分别接到电压表的"＋"和"－"极。

（2）其他操作参照实验内容"1. 硅光电池短路电流的测量"，改变光源照度为 0～600lx（不少于 40 组），测量硅光电池的开路电压，将数据填入表 2-8 中。

表 2-8　硅光电池开路电压测量

光源照度/lx					...
电压/mV					

3. 零偏、反偏时光照-电流特性测量

(1) 按照图 2-17 接线：电压表选择 20V 挡，电流表选择 2A 挡，负载电阻 R_L 为 10kΩ。

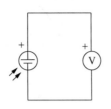 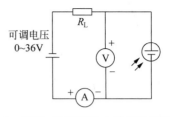

图 2-16　光电池开路电压测量电路　　图 2-17　零偏、反偏光照-电流特性测试电路

(2) 其他操作参照实验内容"1. 硅光电池短路电流的测量"，改变光源照度为 200lx，首先断开反向偏压，进而用导线短接，测得零偏时的光电流，然后恢复接入反偏电源（注意偏压与光电池的极性方向），调整偏压，记录光电流值，填入表 2-9 中。

表 2-9　硅光电池零偏、反偏光照-电流特性测量

偏压/V	0	−1	−2	−3	−4	−5	−6	−7	−8	−9	−10
光电流/μA											

4. 硅光电池光照特性测量

(1) 按照图 2-18 接线：电流表选择 2A 挡，R_L 为负载电阻。

(2) 其他操作参照实验内容"1. 硅光电池短路电流的测量"，负载 R_L 分别换成 2kΩ、10kΩ、47kΩ、100kΩ，在 0～600lx 内调节光源照度（每个负载电阻不少于 10 组），记录光电流值并填入表 2-10 中。

表 2-10　硅光电池光照特性测试

负载电阻/kΩ	光源照度/lx	0	30	60	⋯
2					
10	电流/μA				
47					
100					

5. 硅光电池伏安特性测量

(1) 按照图 2-19 接线：电压表选择 20V 挡，电流表选择 200μA 挡，R_L 为负载电阻。

 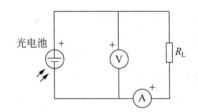

图 2-18　硅光电池光照特性测量电路　　图 2-19　硅光电池伏安特性测量电路

(2) 其他操作参照实验内容"1. 硅光电池短路电流的测量"，改变光源照度为 200lx、400lx、600lx，记录光电流值，填入表 2-11 中。

表 2-11 硅光电池伏安特性测量

光源照度 200lx	负载	330Ω	680Ω	1kΩ	2kΩ	10kΩ	20kΩ	1kΩ	3MΩ
	I								
	V								
光源照度 400lx	负载	330Ω	680Ω	1kΩ	2kΩ	10kΩ	20kΩ	1MΩ	3MΩ
	I								
	V								
光源照度 600lx	负载	330Ω	680Ω	1kΩ	2kΩ	10kΩ	20kΩ	1MΩ	3MΩ
	I								
	V								

6. 硅光电池光谱特性测量

(1) 参照实验内容"1. 硅光电池短路电流的测量",按图 2-15 接线：将电流表换至 2A 挡。

(2) 调节颜色切换按钮至"光源指示",分别显示 1、2、3、4、5、6,调节对应光源下的照度至 100lx 左右(**注意**：只要各个颜色光源照度的值相同即可,不一定要在 100lx),测量在相同照度下的不同光谱的电流值,并记录在表 2-12 中。

表 2-12 硅光电池光谱特性测试

光源指示	1(红色)	2(橙色)	3(黄色)	4(绿色)	5(青色)	6(蓝色)
电流/mA						

7. 硅光电池时间响应特性测量

(1) 实验步骤参照实验内容"1. 硅光电池短路电流的测量",按图 2-15 接线,R_L 取 100kΩ。

(2) 将光源驱动单元的 R、G、B 插孔短接,用导线与脉冲调制单元输出插孔连接。

(3) 打开设备电源,用双通道示波器探头 1 测试脉冲调制单元输出插孔,用双通道示波器探头 2 测试套筒黄色插孔,读出 2 通道的上升及下降时间,即为硅光电池时间响应特性参数。

8. 实验完成

实验完成后关闭所有电源,将 0～30V 旋钮逆时针旋到底,拆除导线并放置好。

【实验数据处理】

(1) 分析硅光电池短路电流,采用数据处理软件对表 2-7 中的数据进行处理,绘制不同光照的硅光电池短路电流曲线。

(2) 分析硅光电池开路电压,采用数据处理软件对表 2-8 中的数据进行处理,并绘制不同光照的硅光电池开路电压曲线。

(3) 分析零偏、反偏时光照-电流特性,采用数据处理软件对表 2-9 中的数据进行处理,并绘制不同光照的反偏电流曲线。

(4) 分析硅光电池光电特性,采用数据处理软件对表 2-10 中的数据进行处理,并绘制不同光照的硅光电池光照特性曲线。

(5) 分析硅光电池伏安特性,采用数据处理软件对表 2-11 中的数据进行处理,并绘制不同光照的硅光电池伏安特性曲线。

（6）分析硅光电池光谱特性，采用数据处理软件对表 2-12 中的数据进行处理，并绘制不同光照的硅光电池光谱特性曲线。

（7）分析硅光电池时间响应特性，并绘制不同光照的硅光电池时间响应特性曲线。

【预习思考题】

（1）当光源照度增大到一定程度时，硅光电池的开路电压为什么不再随入射照度的增加而增加？

（2）同一光源照度下，为什么加负载后输出电压总是小于开路电压？

第 16 集
微课视频

第 17 集
微课视频

2.3 光敏二极管、光敏三极管特性参数测量实验

【引言】

光敏二极管（Photodiode，PD）是一种 PN 结型的半导体光伏探测器，当光照射到 PN 结上时，光子被吸收，产生光电子-空穴对，在内建电场的作用下产生电势差，将光信号转换成电信号。光敏二极管是能够靠光的照射控制电流的光电器件。普通光敏二极管广泛应用于各种遥控系统、光电开关、光探测、自动控制仪器、触发器、光电耦合、编码器、特性识别、过程控制、激光接收等方面。

第 18 集
微课视频

【实验目的】

（1）了解光敏二极管的光电特性和光谱响应特性。

（2）了解光敏二极管在一定光源照度下输出电流与偏压的关系。

（3）掌握光敏三极管的工作原理和使用方法。

（4）了解光敏三极管的光电特性、伏安特性、光谱响应特性和温度特性。

（5）了解光敏三极管在一定光源照度下输出电流与偏压的关系。

第 19 集
微课视频

【实验原理】

1. 硅光敏二极管的工作原理

（1）光敏二极管的基本结构

第 20 集
微课视频

光敏二极管可分为以 P 型硅为衬底的 2DU 型与以 N 型硅为衬底的 2CU 型两种结构形式。图 2-20(a)所示为 2DU 型光敏二极管的结构原理图。在高阻轻掺杂 P 型硅片上通过扩散或注入的方式生成很浅（约为 $1\mu m$）的 N 型层，形成 PN 结。为保护光敏面，在 N 型硅的上面氧化生成极薄的 SiO_2 保护膜，它既可保护光敏面，又可增加器件对光的吸收。

图 2-20(b)所示为光敏二极管的工作原理图。当光子入射到 PN 结形成的耗尽层内时，PN 结中的原子吸收了光子能量，并产生本征吸收，激发出电子-空穴对，在耗尽区内建电场的作用下，空穴被拉到 P 区，电子被拉到 N 区，形成反向电流即光电流。光电流在负载 R_L 上产生与入射光通量相关的信号输出。

图 2-20(c)所示为光敏二极管的电路符号，其中的小箭头表示正向电流的方向（普通整流二极管中规定的正方向），光电流的方向与之相反。图 2-20(c)中的前极为光照面，后极为背光面。

第 21 集
微课视频

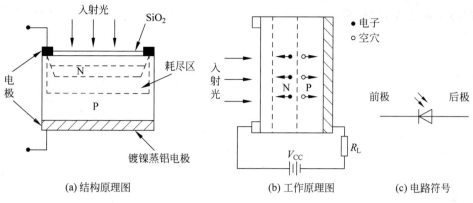

图 2-20 硅光敏二极管

（2）光敏二极管的电流方程

在无辐射作用的情况下（暗室中），PN 结硅光敏二极管的伏安特性曲线与普通 PN 结二极管的伏安特性曲线一样，如图 2-21 所示。其电流方程为

$$I = I_D \left[\exp\left(\frac{eV}{kT}\right) - 1 \right] \tag{2-11}$$

式中，V 为加在光敏二极管两端的电压；T 为器件的温度；k 为玻耳兹曼常数；e 为电子电荷量。显然 I_D 和 V 均为负值（反向偏置时），且 $|V| \gg kT/e$ 时（室温下 $kT/e \approx 0.26\,\mathrm{mV}$，很容易满足这个条件）的电流，称为反向电流或暗电流。

当光辐射作用到如图 2-20 所示的光敏二极管上时，可得光生电流为

$$I_p = \frac{\eta e}{h\nu} \left[1 - \exp(-\alpha d) \right] \Phi_{e,\lambda}$$

图 2-21 硅光敏二极管的伏安特性曲线

其方向应为反向。这样，光敏二极管的全电流方程为

$$I = -\frac{\eta e \lambda}{hc} \left[1 - \exp(-\alpha d) \right] \Phi_{e,\lambda} + I_d \left[\exp\left(\frac{eV}{kT}\right) - 1 \right] \tag{2-12}$$

式中，η 为光电材料的光电转换效率；α 为材料对光的吸收系数。

2. 硅光敏二极管的基本特性

（1）光电特性

光电特性是指光敏二极管外加反向偏压工作时的光电流与照度之间的关系，如图 2-22 所示。由图可知，光敏二极管的光电特性线性较好，但光电流较小（微安量级），灵敏度较低。硅光敏二极管的电流灵敏度多在 $0.4 \sim 0.5\,\mathrm{A/W}$ 量级。

（2）光谱响应

当用相同功率的不同单色辐射波长的光作用于光敏二极管时，其响应程度或电流灵敏度与波长的关系称为光敏二极管的光谱响应。图 2-23 所示为几种典型材料的光敏二极管光谱响应曲线。由光谱响应曲线可以看出，典型的硅光敏二极管光谱响应长波限约为 $1.1\,\mu\mathrm{m}$，短波限接近 $0.4\,\mu\mathrm{m}$，峰值响应波长约为 $0.9\,\mu\mathrm{m}$。硅光敏二极管光谱响应长波限受硅材料的禁带能级 E_g 的限制，短波限受材料 PN 结厚度对光吸收的影响，减小 PN 结的厚

度可提高短波限的光谱响应。GaAs 材料的光谱响应范围小于硅材料的光谱响应，锗（Ge）的光谱响应范围较宽。

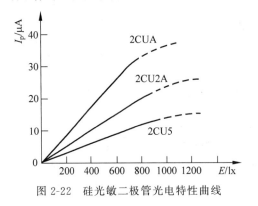

图 2-22　硅光敏二极管光电特性曲线

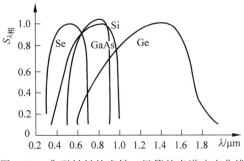

图 2-23　典型材料的光敏二极管的光谱响应曲线

3. 光敏三极管的工作原理

　　光敏三极管与普通半导体三极管一样有两种基本结构，即 NPN 结构与 PNP 结构。用 N 型硅材料为衬底制作的光敏三极管为 NPN 结构，称为 3DU 型；用 P 型硅材料为衬底制作的光敏三极管为 PNP 结构，称为 3CU 型。图 2-24（a）所示为 3DU 型 NPN 光敏三极管的原理结构，图 2-24（b）所示为光敏三极管的电路符号，从图中可以看出，虽然它们只有两个电极（集电极和发射极），且经常不将基极引出来，但仍然称其为光敏三极管，因为它们具有半导体三极管的两个 PN 结的结构和电流的放大功能。

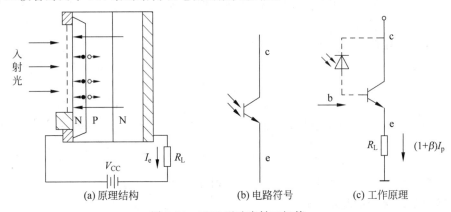

(a) 原理结构　　　　(b) 电路符号　　　　(c) 工作原理

图 2-24　3DU 型硅光敏三极管

　　光敏三极管的工作原理分为两个过程：一是光电转换；二是光电流放大。下面以 NPN 型硅光敏三极管为例，讨论其基本工作原理。光电转换过程与一般光敏二极管相同，在"集-基"PN 结区内进行。光激发产生的电子-空穴对在反向偏置的 PN 结内电场的作用下，电子流向集电区被集电极所收集，而空穴流向基区与正向偏置的发射结发射的电子流复合，形成基极电流 I_p，基极电流将被集电结放大 β 倍，这与一般半导体三极管的放大原理相同。不同的是一般三极管是由基极向发射结注入空穴载流子，控制发射极的扩散电流，而光敏三极管是由注入发射结的光生电流控制的。集电极输出的电流为

$$I_c = \beta I_p = \beta \frac{\eta e}{h\nu} \left[1 - \exp(-\alpha d)\right] \Phi_{e,\lambda} \tag{2-13}$$

可以看出,光敏三极管的电流灵敏度是光敏二极管的 β 倍。相当于将光敏二极管与三极管接成图 2-24(c)所示的电路形式,光敏二极管的电流 I_p 被三极管放大 β 倍。在实际的生产工艺中也常采用这种形式,以便获得更好的线性和更大的线性范围。3CU 型光敏三极管在原理上和 3DU 型相同,只是它以 P 型硅为衬底材料构成 PNP 结构形式,其工作时的电压极性与 3DU 型相反,集电极的电位为负。为了提高光敏三极管的频率响应、增益和减小体积,常将光敏二极管、光敏三极管或三极管制作在一个硅片上构成集成光电器件。如图 2-25 所示为三种形式的集成光电器件。图 2-25(a)所示为光敏二极管与三极管集成而构成的集成光电器件,它比图 2-25(c)所示的光敏三极管具有更大的动态范围,因为光敏二极管的反向偏置电压不受三极管集电结电压的控制。图 2-25(b)所示的电路为由图 2-24(c)所示的光敏三极管与三极管集成构成的集成光电器件,它具有更高的电流增益(灵敏度更高)。图 2-25(c)所示的电路为由图 2-24(b)所示的光敏三极管与三极管集成构成的集成光电器件,也称为达林顿光敏三极管。达林顿光敏三极管中可以用更多的三极管集成电流增益更高的集成光电器件。

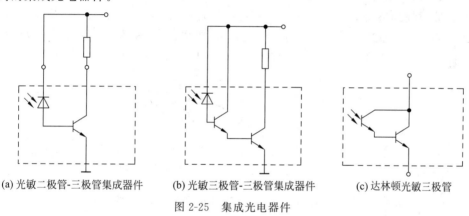

(a) 光敏二极管-三极管集成器件　　　(b) 光敏三极管-三极管集成器件　　　(c) 达林顿光敏三极管

图 2-25　集成光电器件

光电器件的灵敏度是入射辐射波长的函数。以功率相等的不同波长的单色辐射入射于光电器件,其光电信号与辐射波长的关系为光电器件的光谱响应。

4. 光敏三极管的基本特性

（1）光电特性

光敏三极管的光电特性是指它在正常偏压下的集电极电流与入射光源照度之间的关系,如图 2-26 所示。光敏三极管的光电特性呈现一定的非线性,这是由于晶体管的电流放大系数 β 不是常数的缘故。在小电流和大电流时,β 都要下降。由于光敏三极管有电流放大作用,它的灵敏度比光敏二极管高,输出电流也比光敏二极管大,多为毫安级。

（2）伏安特性

图 2-27 所示为硅光敏三极管在不同光照下的伏安特性曲线。从特性曲线可以看出,光敏三极管在偏置电压为零时,无论光源照度有多强,集电极电流都为零,这说明光敏三极管必须在一定的偏置电压作用下才能工作。偏置电压要保证光敏三极管的发射结处于正向偏置,集电结处于反向偏置。随着偏置电压的增高,伏安特性曲线趋于平坦。

特性曲线的弯曲部分为饱和区,在饱和区光敏三极管的偏置电压提供给集电结的反偏电压太低,集电极的收集能力低,造成三极管饱和。因此,应使光敏三极管工作在偏置电压大于 5V 的线性区域中。

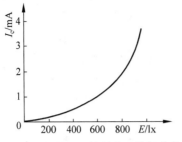

图 2-26　光敏三极管的光电特性曲线

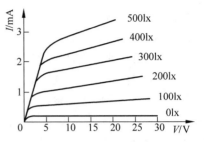

图 2-27　硅光敏三极管的伏安特性曲线

（3）光谱响应

硅光敏二极管与硅光敏三极管具有相同的光谱响应。图 2-28 所示为典型的 3DU3 硅光敏三极管的光谱响应特性曲线，它的响应范围为 $0.4\sim1.0\mu m$，峰值波长为 $0.85\mu m$。对于光敏二极管，减少 PN 结的厚度可以使短波段波长的光谱响应得到提高，因为 PN 结变薄后，长波段的辐射光谱很容易穿透 PN 结，而没有被吸收。短波段的光谱容易被薄的 PN 结吸收。因此，利用 PN 结的这个特性可以制造出具有不同光谱响应的光生伏特器件，如蓝敏光生伏特器件和色敏光生伏特器件等。但是，一定要注意，蓝敏光生伏特器件是以牺牲长波段光谱响应为代价获得的（减少 PN 结厚度，减少了长波段光子的吸收）。

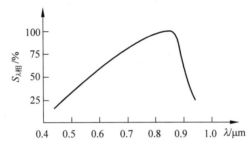

图 2-28　3DU3 硅光敏三极管的光谱响应特性曲线

【实验仪器】

实验仪器有实验箱、光敏二极管和光敏三极管模块、实验导线、示波器。

【实验内容】

1. 光敏二极管光照特性测量

（1）按照图 2-29 接线：电压表选择 20V 挡，电阻选用 100Ω，电流表选择 2mA 挡。

（2）将光敏二极管模块照度值输出红、黑色端子分别与照度计输入红、黑色端子连接。

（3）打开设备电源，调节 0～30V 旋钮，用电压表监测电压，使偏压为 2V；此时电源指示显示为"0"，断开光源开关 S1～S3，并将照度计调零，然后接通光源开关 S1～S3，按光源调节单元的按键（亮度＋、亮度－），调节照度计值在 100～1000lx 的范围内，测 40 组，记录电流值；然后改变偏压为 15V，重复实验，将测量结果填入表 2-13 中。

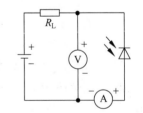

图 2-29　光敏二极管的光照
特性测量电路

表 2-13 光敏二极管光照特性测量

偏压/V	照度/lx					...
2	电流					
15	电流					

2. 光敏二极管伏安特性测量

在实验内容"1.光敏二极管光照特性测量"的基础上,保持照度为100lx不变,调节偏压为0～20V,0～2V 内以 0.2V 步进测量,2～20V 以 2V 步进测量光敏二极管两端的电压和光电流,然后改变照度为200lx、300lx,重复实验,将测量结果填入表 2-14 中。

表 2-14 光敏二极管伏安特性测量

光源照度/lx	偏压/V					
100	电压/V					
	电流/mA					
200	电压/V					
	电流/mA					
300	电压/V					
	电流/mA					

3. 光敏二极管光谱特性测量

在实验内容"1.光敏二极管光照特性测量"的基础上,使可调电源偏压调为10V,选择光源为"1"(红色),保持光源照度为100lx不变,测量光电流,改变光源颜色,重复实验,将测量结果填入表 2-15 中。

表 2-15 光敏二极管光谱特性测量

光源照度/lx	光源颜色	1(红色)	2(橙色)	3(黄色)	4(绿色)	5(青色)	6(蓝色)
100	电流/mA						

4. 光敏二极管的时间响应特性的测量

(1)按照图 2-30 接线,将光源驱动单元的 R、G、B 插孔短接,用导线与脉冲调制单元输出插孔连接。

(2)打开设备电源,调节 0～30V 旋钮,使电压表示数为 10V,用双通道示波器探头 1 测试脉冲调制单元输出插孔,用双通道示波器探头 2 测试套筒黄色插孔,读出 2 通道的上升及下降时间,即为光敏二极管时间响应特性参数。

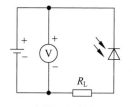

图 2-30 光敏二极管的时间响应特性测量电路

5. PIN 二极管特性测量实验

PIN 二极管与光敏二极管的实验内容相同,只是需要注意 PIN 二极管的阳极、阴极端子分别对应套筒的绿色、蓝色端子,其他接线保持不变,重复实验步骤,即可完成针对 PIN 二极管的特性测试实验。

6. 光敏三极管特性测量实验

光敏三极管与光敏二极管的实验内容相同,只是将"套筒"换为光敏三极管所对应的套筒,注意光敏三极管的 C 极、E 极端子分别对应套筒的绿色、蓝色端子,其他接线保持不变,重复实验步骤,即可完成针对光敏三极管的特性测量实验。

7. 实验完成

实验完成后关闭所有电源,将 0～30V 旋钮逆时针旋到底,拆除导线并放置好。

【实验数据处理】

（1）采用数据处理软件对表 2-13 中的数据进行处理（光敏二极管和光敏三极管），作出光照曲线，并对实验曲线进行分析。

（2）采用数据处理软件对表 2-14 中的数据进行处理（光敏二极管和光敏三极管），作出伏安曲线，比较与零偏压时有什么区别。

（3）采用数据处理软件对表 2-15 中的数据进行处理（光敏二极管和光敏三极管），作出光谱关系曲线。

【预习思考题】

（1）硅光敏二极管的全电流方程是什么？说明各项的物理意义。

（2）光生伏特器件有哪几种偏置电路？各有什么特点？

2.4 雪崩光敏二极管特性参数测量实验

【引言】

雪崩光敏二极管（Avalanche Photodiode，APD）是一种高灵敏度、高响应速度的光伏探测器。通常硅和锗雪崩光敏二极管的电流增益可为 $10^2 \sim 10^4$，且响应速度极快，带宽可达 100GHz。由于其具有探测灵敏度高、带宽高、噪声低等特点，被广泛运用于微弱光信号检测、激光测距、长距离光纤通信及光纤传感等领域中，是一种非常理想的光电探测器。

【实验目的】

（1）掌握雪崩光敏二极管的工作原理和基本特性。

（2）掌握雪崩光敏二极管特性参数的测量方法。

（3）了解雪崩光敏二极管的基本应用。

【实验原理】

1. 雪崩光敏二极管原理

在光敏二极管的 PN 结上加一个相当高的反向偏压（100～300V），PN 结区会产生很强的电场。当光生载流子进入结区后，会在强电场（约为 3×10^5 V/cm）的作用下加速获得很大的能量。定向运动的高能量光生载流子与晶格原子发射碰撞，使晶格原子发生电离，产生新的电子-空穴对；新的电子-空穴对在强电场的作用下获得足够的能量，再次与晶格原子发生碰撞，又产生新的电子-空穴对；这个过程不断重复，使 PN 结内电流急剧倍增放大，这种现象称为雪崩倍增效应，雪崩光敏二极管的工作原理图如图 2-31 所示。雪崩光敏二极管能够获得内部增益是基于碰撞电离效应，这种效应使光电流放大。

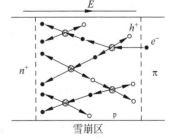

图 2-31　雪崩光敏二极管的工作原理图

2. 达通型雪崩光敏二极管（Reach-through APD，RAPD）结构、电场、电荷分布

图 2-32(a)为达通型雪崩光敏二极管结构示意图。光通过入射窗口照射到薄的 N^+ 层上。靠近 N^+ 层的是 3 种不同掺杂浓度的 P 型层，用于调节二极管中的电场分布。第一层是薄的 P 型层，第二层是很厚、轻掺杂的 π 层（几乎是本征半导体），第三层是高掺杂的 P^+ 层。当二极管接反向偏压时，耗尽层的电场加强。在已知掺杂离子的情况下，二极管中空间净电荷的分布如图 2-32(c)所示。当反向偏压为零时，P 区域的耗尽层一般并不穿透 P 型层向 π 层扩散。当足够高的反向电压加到二极管的两侧时，P 型层区域的耗尽层逐渐拓宽直至拉通进入 π 层。电场从在 N^+ 层里的薄的耗尽层里的带正电荷的施体开始一直"拉通"到在 P^+ 层里的薄的耗尽层里的带负电的受体处结束。

在图 2-32(a)中的两端电极间加上电压 V_r，两电极间的空间净电荷密度 ρ 就会产生电场强度 E。两电极间的电场强度变化情况如图 2-32(b)所示。存在于 P、π、P^+ 层中的电场线开始于正离子，结束于负离子。在整个电场空间中，N^+P 结处的电场强度最大，在 P 型层逐渐减小。在穿透 π 型层时，由于 π 型层中空间净电荷密度很小，电场强度几乎为匀强电场而没有变化。电场强度消失在 P^+ 层里的狭窄的耗尽层。

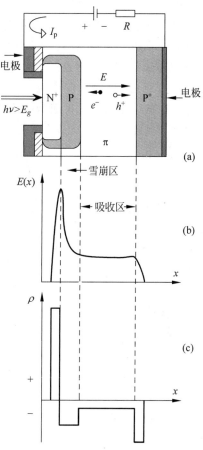

由于 π 型层比较厚，因此在这个厚的区域中利于光子吸收而产生电子-空穴对。产生的电子-空穴对在均匀电场的作用下，以较大的速度分别朝着相反的方向，即朝着 N^+ 层和 P^+ 层运动。当漂移电子以较大的速度到达 P 层时会继续获得能量，获得高动能的光生电子和空穴（比 E_g 要大）与硅晶格原子碰撞，使硅的共价键电离进而又释放电子-空穴对。二次电子-空穴对在这个区域高电场的作用下获得足够大的动能又与硅晶格原子碰撞电离释放出更多的电子-空穴对，这样就形成了一个碰撞电离的"雪崩"的过程。如此，一个电子进入 P 层就可导致大量的电子-空穴对形成，从而产生能够测量的光生电流。一个光敏二极管吸收一个单独的电子就能够产生大量的电子-空穴对，这就是 APD 的内部增益机理。

图 2-32 达通型雪崩光敏二极管
结构、电场、电荷分布

3. 雪崩光敏二极管主要特性参数

1）雪崩倍增系数（Avalanche Multiplication Factor）M

雪崩区域的载流子的倍增程度取决于碰撞电离，而碰撞电离很大程度上取决于这个区域的电场强度进而取决于反向电压 V_r。雪崩光敏二极管的雪崩倍增系数 M 定义为

$$M = \frac{I_p}{I_0} \tag{2-14}$$

式中，I_p 是雪崩光敏二极管倍增时的输出电流；I_0 是倍增前的输出电流。有效倍增系数 M

是与反向偏压和温度有关的函数。实验发现,雪崩倍增系数 M 可以表示为

$$M = \frac{1}{1 - \left(\dfrac{V_r}{V_{br}}\right)^n} \tag{2-15}$$

式中,V_{br} 为雪崩击穿电压参数;V_r 为外加反向偏压;n 取决于半导体材料、掺杂分布及辐射波长,通常硅材料的 $n = 1.5 \sim 4$;锗材料的 $n = 2.5 \sim 8$。V_{br} 和 n 都与温度有密切的关系,当温度升高时,击穿电压会增加,因此,为了得到同样的雪崩倍增系数,对于不同的温度,就要加不同的反向偏压。

由式(2-15)可知,当外加电压 V_r 增加到接近 V_{br} 时,M 趋于无限大,此时 PN 结将被击穿。图 2-33(a)为 AD500-8 型雪崩光敏二极管的雪崩倍增系数与反向偏压的关系曲线。由图 2-33(a)可知,在反向偏压较小的情况下,基本没有雪崩效应;随电压增加,将引起雪崩效应,使光电流有较大的增益。

2) 雪崩光敏二极管暗电流

APD 的暗电流有无雪崩暗电流和倍增后的暗电流之分,它随雪崩倍增系数的增大而增加,如图 2-33(b)所示;此外还有漏电流,漏电流没有经过倍增。

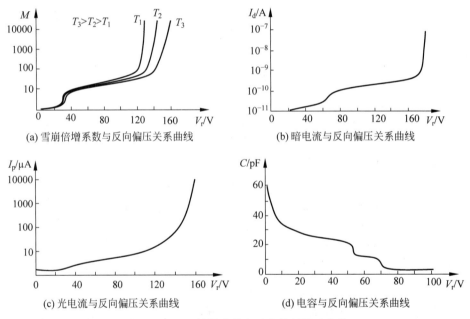

(a) 雪崩倍增系数与反向偏压关系曲线

(b) 暗电流与反向偏压关系曲线

(c) 光电流与反向偏压关系曲线

(d) 电容与反向偏压关系曲线

图 2-33 APD 特性参数与反向偏压关系曲线

3) 雪崩光敏二极管噪声

雪崩光敏二极管中除了普通光敏二极管散粒噪声,由于其载流子是碰撞电离产生的,因此碰撞的随机性和不规则性会导致附加的噪声。对于雪崩光敏二极管,当雪崩倍增了 M 倍以后,雪崩光敏二极管噪声电流可近似地表示为

$$i_n^2 = 2eI(I_p + I_d)M^n \Delta f + \frac{4kT\Delta f}{R_L} \tag{2-16}$$

式中,指数 n 是和 APD 光敏面的材料有关的系数,对于硅管,n 通常为 $2.3 \sim 2.5$,对于锗管,n 通常为 3。

雪崩光敏二极管输出信噪比为

$$\text{SNR} = \frac{I_p^2 M^2}{2eI(I_p + I_d)M^n \Delta f + \dfrac{4kT\Delta f}{R_L}} \tag{2-17}$$

式(2-17)表明,雪崩光敏二极管的信噪比随倍增系数变化。随反向偏压的增加,M 增大,信号功率增加,散粒噪声也增加,但热噪声不变,总的信噪比会增加。当反向偏压进一步增加后,散粒噪声增加很多,而信号功率的增加减缓,总的信噪比又会下降。

4. 雪崩光敏二极管光电流

雪崩光敏二极管的光电流是指雪崩光敏二极管在反向偏置工作条件下,由于入射光产生的光生载流子在强电场内的定向运动产生的雪崩效应而产生的电流。光电流的大小与雪崩光敏二极管的偏置电压、入射光波长、环境温度等有关。光电流与反向偏压的关系曲线如图 2-33(c)所示。

5. 雪崩光敏二极管光谱响应度

当不同波长的入射光照到雪崩光敏二极管上,雪崩光敏二极管就有不同的光谱响应度。采用白、红、橙、黄、绿、蓝、紫色 LED 作为光源产生可见光中的 $400\sim630\text{nm}$ 的离散光谱。光谱响应度是指光电探测器对单色入射辐射的响应能力,定义为:在波长为 λ 的单位入射功率的照射下,光电探测器输出的信号电压或电流信号,即

$$S_v(\lambda) = \frac{V(\lambda)}{\Phi(\lambda)} \quad \text{或者} \quad S_I(\lambda) = \frac{I(\lambda)}{\Phi(\lambda)} \tag{2-18}$$

式中,$\Phi(\lambda)$ 为波长 λ 时的光入射功率;$V(\lambda)$ 为此时光电探测器的电压输出信号;$I(\lambda)$ 为此时光电探测器的电流输出信号。

在测试光谱响应度时,使用基准探测器法。在相同的光功率的辐射下,则有

$$S(\lambda) = \frac{V}{V_f} K R_f(\lambda) \tag{2-19}$$

式中,V_f 为基准探测器输出的电压值;K 为基准电压的放大倍数;$S(\lambda)$ 为基准探测器的响应度。在测量过程中,V_f 取相同的值,则实验所测量的响应度大小由 $S(\lambda)=V_f R(\lambda)$ 决定。

6. 雪崩光敏二极管时间响应特性

响应时间表示脉冲激光入射到探测器上引起响应的快慢。由于脉冲激光的脉宽通常很窄,为了能够探测到脉冲激光的大小及其变化,探测器的响应时间必须小于脉冲激光的变化时间。在 APD 的极间存在等效电容,影响 APD 的时间响应特性。随着反向偏压的增大,电容值有着减小的趋势,APD 的响应时间更快,如图 2-33(d)所示。

【实验仪器】

实验仪器有一个脉冲电压模块、一个直流电源模块、一个光源模块、一个 $0\sim160\text{V}$ 直流电源、一个 APD 模块、一台照度计、一个放大模块、一台 μA 电流表、一台双踪示波器。

【实验内容】

本实验采用 AD500-8 型雪崩光敏二极管作为光电探测器,其实验装置如图 2-34 所示。实验中通过调节光源的亮度和偏置电压来改变 APD 输出电流大小,并使用 μA 电流表对电

流进行测量。APD 的击穿电压在 160V 左右，电流不超过 $250\mu A$。实验中使用 $0\sim160V$ 可调直流电源提供偏置电压，使用 μA 电流表测量 APD 的电流大小。电源模块分为直流电源和脉冲电源。在时间响应特性测量实验中使用脉冲电源作为脉冲触发信号，在放大电路输出端使用双踪示波器观察输出波形。

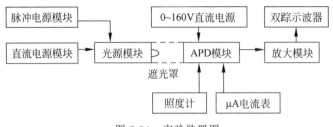

图 2-34　实验装置图

1. 雪崩光敏二极管暗电流的测量实验

（1）组装好实验装置，盖好遮光罩，将照度计与 APD 模块的照度计探头插孔相连，将 μA 电流表与 APD 模块电流输出插孔相连。

（2）将直流电源调至最小，先不打开电源，记下此时的照度计示数。

（3）缓慢调节直流电源，当电压在 $0\sim160V$ 缓慢增大时，记下每点电压表的电压值 V_r 和电流表的电流值 I_d，填入表 2-16 中，绘制 I_d-V_r 关系曲线。

表 2-16　暗电流测量

偏置电压 V_r/V	0	25	50	75	100	110	120	130	140	150	160
暗电流 I_d/μA											

（4）实验结束后关闭电源，拆除所有连线。

2. 雪崩光敏二极管光电流的测量实验

（1）组装好实验装置，盖好遮光罩，将照度计与 APD 模块的照度计探头插孔相连，将 μA 电流表与 APD 模块电流输出插孔相连。

（2）关闭直流电源，使用白光光源，并缓慢调节光源电源直到照度计示数为 300lx。

（3）打开直流电源，调节旋钮，使电压在 $0\sim160V$ 缓慢增大时，记下各个反向偏压时的电流表的电流值 I_p，填入表 2-17 中，计算雪崩倍增因子 M，绘制 I_p-V_r 关系曲线。（$M=I_p/I_0$，I_0 为 0V 偏压下未倍增的光电流）

表 2-17　光电流测量

反向偏压 V_r/V	0	25	50	75	100	110	120	130	140	150	160
光电流 I_p/μA											
雪崩倍增因子 M											

（4）实验结束后，将光照度调至最低，直流电源调至最小，关闭电源，拆除所有连线。

3. 雪崩光敏二极管灵敏度测量实验

（1）组装好实验装置，盖好遮光罩，将照度计与 APD 模块的照度计探头插孔相连，将 μA 电流表与 APD 模块电流输出插孔相连。

（2）调节直流电源至 160V。使用白光光源，光源电源调节至最小值。

（3）缓慢调节光源电源，当照度计示数为 $0\sim1000lx$ 时，每隔 100lx 记下电流表的电流值,填入表 2-18 中。光通量 Φ_v 为光照度和光敏面面积的乘积。（APD 光敏面的面积为 $A=0.196\text{mm}^2$）

表 2-18　不同光通量下的光电流测量

光通量 Φ_v/lm								
光电流 I_p/μA								
灵敏度/(μA/lm)								

（4）根据表 2-18 中的数据,在坐标中绘制 I_p-Φ_v 灵敏度曲线,并进行分析。

（5）实验结束后将光照度调至最小,直流电源调至最小,关闭电源,拆除所有连线。

4. 雪崩光敏二极管光谱特性测量实验

（1）组装好实验装置,盖好遮光罩,将照度计与 APD 模块的照度计探头插孔相连、将 μA 电流表与 APD 模块电流输出插孔相连。

（2）打开电源,调节直流电源为 160V。

（3）使用红色光源,并缓慢调节光源电源直至照度计示数为 300lx,将电流值填入表 2-19 中。

（4）重复实验内容 3,分别测出橙、黄、绿、蓝、紫等各色 LED 的在相同照度下的电流表读数,填入表 2-19 中。

表 2-19　不同波长下的光电流测量

波长/nm	红(630)	橙(605)	黄(585)	绿(520)	蓝(460)	紫(400)
光电流/μA						
响应度/(A/W)						

（5）根据所得到的数据绘制 I_L-λ 曲线,并根据曲线大致估算光谱响应峰值波长。

（6）实验完毕,将光照度调至最小,直流电源调至最小,关闭电源,拆除所有连线。

5. 雪崩光敏二极管时间响应特性测试实验

（1）组装好实验装置,盖好遮光罩,将照度计与 APD 模块的照度计探头插孔相连,将 μA 电流表与 APD 模块电流输出插孔相连。

（2）打开电源,调节直流电源为 160V。

（3）使用白色光源,将脉冲信号接入光源电源中。

（4）在放大电路的输出端使用示波器观测信号波形。将放大输出信号与脉冲发生信号进行比较,记下两路信号的波形图,通过示波器测量延迟时间值。

（5）实验完毕,将光照度调至最小,直流电源调至最小,关闭电源,拆除所有连线。

【实验数据处理】

（1）叙述基于 APD 的弱光探测电路的工作原理。

（2）绘制 APD 暗电流和光电流的伏安特性曲线。

（3）绘制不同光强照射下的 APD 灵敏度曲线。

（4）绘制不同波长的光源照射下的 APD 光谱特性曲线,估算 APD 光谱响应峰值处的波长。

（5）记录在使用脉冲光源时 APD 的放大电路输出信号,测量延迟时间。

【预习思考题】

（1）查询 AD500-8 型 APD 的数据手册，了解器件的特性参数。

（2）随着反向偏压的增大，为何 APD 器件的等效电容值有减小的趋势？

2.5 光电倍增管特性参数测量实验

【引言】

光电倍增管（Photomultiplier Tube，PMT）是一种具有极高灵敏度和超快时间响应的真空光电探测器，主要用于微弱光信号的探测。由于光电倍增管具有良好的宽光谱响应、高稳定性、低暗电流、高量子效率、低滞后效应和快速时间响应等特点，因此被广泛地应用在冶金、电子、机械、化工、地质、医疗、核工业、天文和宇宙空间研究等领域。

【实验目的】

（1）了解光电倍增管的基本特性。

（2）掌握光电倍增管主要特性参数的测量方法。

（3）学会正确使用光电倍增管。

第 22 集
微课视频

【实验原理】

光电倍增管是基于外光电效应的真空器件，由于其内部具有电子倍增系统，所以具有很高的电流增益，从而能够检测极微弱的光信号。

1. 光电倍增管结构与工作原理

如图 2-35 所示是光电倍增管结构图，光电倍增管主要由光入射窗、光电阴极、电子光学系统、倍增极和阳极等组成。其工作原理为：①光子透过入射窗入射到光电阴极上；②光电阴极上的电子受光子的激发，离开表面发射到真空中；③光电子通过电场加速和电子光学系统聚焦入射到第一倍增极上，倍增极将发射出比入射电子数更多的二次光电子；④入射电子经 N 级倍增极倍增后，光电子就放大了 N 倍；⑤经过倍增后的二次光电子由阳极收集起来，形成阳极光电流，在负载上产生信号电压。

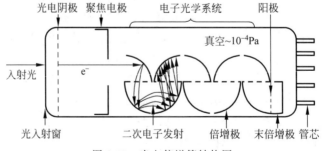

图 2-35　光电倍增管结构图

实验使用的光电倍增管型号是 931A，实物如图 2-36 所示。931A 直径为 28.5mm，采用九级倍增、侧窗型、硼硅玻璃，其主要特性参数见表 2-20。

表 2-20　931A 的主要特性参数

特性参数	参数值	特性参数	参数值
光谱响应范围	300~650nm(S-4)	阳极脉冲上升时间	2.2ns
最大响应波长	400nm	电子渡越时间	22ns
光电阴极(透明)	锑铯光阴极	阴极光照灵敏度 S_k	$4\mu A/lm$
阴极最小有效尺寸	8mm×24mm	阳极光照灵敏度 S_a	40A/lm
倍增极系统结构	鼠笼形(9级)	阳极暗电流(避光30分钟)	5nA
管壳(窗)材料	硼硅玻璃	重量	~44g
阳极与最末倍增极间	4pF	阳极与所有其他电极间	6pF

2. 供电分压器和输出电路

从光电阴极到阳极的所有电极用串联的电阻分压供电,使管内各极间能形成所需的电场。光电倍增管的极间电压的分配一般是由图 2-37 所示的串联电阻分压器执行的,最佳的极间电压分配取决于三个因素：阳极峰值电流、允许的电压波动、允许的非线性偏离。

图 2-36　931A 实物图

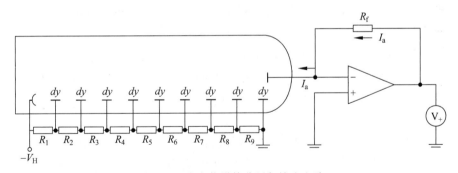

图 2-37　光电倍增管分压与输出电路

光电倍增管的极间电压可按前极区、中间区和末极区加以考虑。前极区的收集电压必须足够高,以使第一倍增极有高的收集率和大的次级发射系数,中间区的各级间通常具有均匀分布的极间电压,以使管子给出最佳的增益。由于末极区各极,特别是末极区取较大的电流,所以末极区各极间电压不能过低,以免形成空间电荷效应而使管子失去应有的线性。

当阳极电流增大到能与分压器电流相比拟时,将会导致末极区间电压的大幅度下降,从而使光电倍增管出现严重的非线性。为防止极间电压的再分配以保证增益稳定,分压器电流至少为最大阳极电流的 10 倍。对于线性要求很高的应用场合,分压器电流至少为最大阳极平均电流的 100 倍。确定了分压器的电流,就可以根据光电倍增管的最大阳极电压算出分压器的总电阻,再按适当的极电压分配。由总电阻计算出分压电阻的阻值。

光电倍增管输出的是电荷,且其阳极可以看成一个理想的电流发生器。因此,输出电流与负载阻抗无关。但实际上,对负载的输入阻抗却存在着一个上限。因为负载电阻上的电压降明显地降低了末极倍增管与阳极之间的电压。对于直流信号,光电倍增管的阳极能产生数十伏的电压输出。因此可以使用大的负载电阻。

3. 光电倍增管的主要特性参数

光电倍增管的特性参数包括灵敏度、电流增益、光电特性、阳极特性、暗电流等。下面介绍本实验涉及的特性参数。

1) 灵敏度

灵敏度是衡量光电倍增管探测光信号能力的一个重要参数,一般是指积分灵敏度,其单位为 $\mu A/lm$。光电倍增管的灵敏度一般包括阴极光照灵敏度和阳极光照灵敏度。

(1) 阴极光照灵敏度 S_k

采用色温为 2856K 标准白炽钨丝灯光源发出的光照射到阴极上所产生的光电流除以入射光通量,即

$$S_k = \frac{I_k}{\Phi_v}(\mu A/lm) \tag{2-20}$$

光电倍增管阴极光照灵敏度的测量原理如图 2-38 所示。入射到阴极 K 的光源照度为 E,光电阴极的面积为 A,则光电倍增管接收到的光通量为

$$\Phi_v = E \cdot A \tag{2-21}$$

则阴极光照灵敏度计算式为

$$S_k = \frac{I_k}{E \cdot A}(\mu A/lm) \tag{2-22}$$

在测量中,为了使光电倍增管工作在双极性状态,每一个倍增器电极被接到同一电势,如图 2-38 所示。测量时入射的光通量通常为 $10^{-5} \sim 10^{-2}$ lm。如果光通量太大,由于光电阴极的表面电阻就会产生测量误差,最佳的光通量应该根据光电阴极的尺寸和材料而定。皮安电流表通常用来测量从纳安到微安变化的光电流,必须采取适当的措施去除漏电流和其他可能的噪声。除此之外,千万要防止在灯座和灯架上出现污染,并保持周围不能太潮湿,提供充足的电防护。

光电倍增管应该工作在阴极电流完全饱和的情况下,这个电压一般是 $100 \sim 400V$。为了保护电路,电流表通过一个 $100k\Omega \sim 1M\Omega$ 的电阻连到阴极上。

(2) 阳极光照灵敏度 S_a

采用色温为 2856K 标准白炽钨丝灯光源发出的光照射到阴极上时,阳极产生的光电流除以入射到阴极上的光通量,即

$$S_a = \frac{I_a}{\Phi_v}(A/lm) \tag{2-23}$$

光电倍增管阳极光照灵敏度的测量原理图如图 2-39 所示。

在这种测量方式下,如图 2-39 所示,在每一个电极上加一个适当的电压,虽然与测阴极光照灵敏度所使用的钨灯一样,但是通过一个中性滤光片,光通量被减到 $10^{-10} \sim 10^{-5}$ lm。

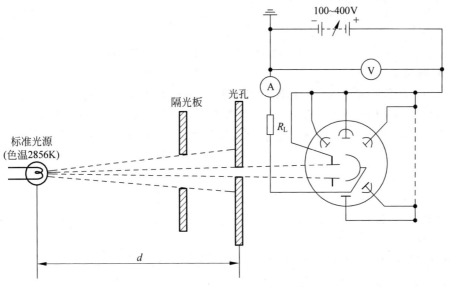

图 2-38 光电倍增管阴极光照灵敏度测量原理图

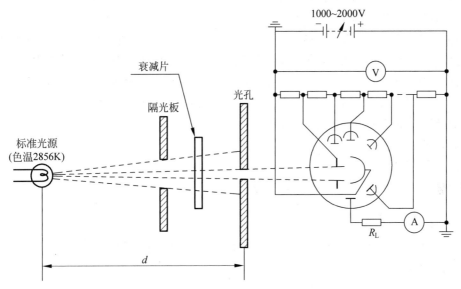

图 2-39 光电倍增管阳极光照灵敏度测量原理图

电流表通过一个串联电阻接到阳极上,这里使用分压电阻使测量具有小的容许偏差和良好的温度特性。

2) 放大倍数 G(电流增益)

放大倍数 G(电流增益)定义为在一定的入射光通量和阳极电压下,阳极电流 I_a 与阴极电流 I_k 间的比值。

$$G = \frac{I_a}{I_k} \tag{2-24}$$

由于阳极灵敏度包含了放大倍数的贡献,于是放大倍数也可以由一定工作电压下的阳极灵敏度和阴极灵敏度的比值来确定,即

$$G = \frac{S_a}{S_k} \qquad (2\text{-}25)$$

放大倍数 G 取决于系统的倍增能力，因此它是工作电压的函数。

3）暗电流 I_d

当光电倍增管在完全黑暗的情况下工作时，在阳极电路里仍然会出现输出电流，称为暗电流。暗电流与阳极电压有关，通常是在与指定阳极光照灵敏度相应的阳极电压下测定的。引起暗电流的因素有热电子发射、场致发射、放射性同位素核辐射、光反馈、离子反馈、极间漏电等。

4）高压供电与信号输出

为了使光电倍增管能正常工作，通常在阴极和阳极间加上近千伏的高压。同时，还需在阴极、倍增极和阳极间分配一定的电压，保证光电子能被有效收集，光电流通过倍增系统得到增大。

光电倍增管的供电方式有两种，即负高压接法（阴极接电源负高压，电源正端接地）和正高压接法（阳极接电源正高压，电源负端接地）。

正高压接法的特点是可使屏蔽光、磁、电的屏蔽罩直接与管子外壳相连，甚至可以制成一体，因而屏蔽效果好，暗电流小，噪声水平低。但这时阳极处于正高压，会导致寄生电容增大。如果是直流输出，不仅要求传输电缆能耐高压，而且后级的直流放大器也处于高电压状态，这会产生一系列的不便；如果是交流输出，则能通过耐高压、噪声小的隔直电容。

负高压接法的优点是便于与后面的放大器连接，既可以直流输出，又可以交流输出，操作安全方便；缺点是玻璃壳的电位与阴极电位接近，屏蔽罩应至少距离玻璃壳 $1\sim2\mathrm{cm}$，否则，由于静电屏蔽的寄生影响，暗电流与噪声都会增大。

【实验仪器】

实验仪器有光电倍增管特性参数实验仪。

【注意事项】

（1）在没有完全隔绝外界干扰光的情况下，切勿对光电倍增管施加工作电压，否则会导致管内倍增极的损坏。

（2）测量阴极电流时，加在阴极与第一倍增极之间的电压不可超过 $-15\mathrm{V}$，否则容易损坏光电倍增管。

（3）阴极和阳极在切换时，必须先把电压调节到零。

（4）将光源从暗箱上拆下时，必须先把电压调节到零。

（5）检查分光片的光片板和衰减器光片板处是否有缝隙透光，此处应密封。

【实验内容】

1. 实验准备

同轴电线连接光电倍增管实验仪和暗箱，连接方式为：①"高压输入"与"高压输出"连接；②"PMT输出"与"PMT输入"连接；③"照度计探头"与"照度计输入"连接。

将电压旋钮和光照度调节旋钮都逆时针调节到最小。

注：本实验采用的光电倍增管的受光面面积为 $A=24\text{mm}\times8\text{mm}$。

2. 暗电流测量

（1）插入衰减器光片板，将"高压调节"旋钮逆时针调到最小；将暗箱上的"阴极电流/阳极电流"开关（以下简称"阴极/阳极"开关）调到"阳极电流"挡。

（2）将实验箱上的 HV/LV 开关打到 HV 挡，将"静态特性测试/时间特性测试"开关（以下简称"静态/时间"开关）调到"静态特性测试"挡。

（3）打开实验箱电源，缓慢调节"高压调节"旋钮，当电压分别为 -200V、-400V、-600V、-800V、-1000V 时，在表 2-21 中记下电流表中电流值，即为光电倍增管在相应电压下的暗电流。

表 2-21　不同电压下的暗电流值

高压输入/V	-200	-400	-600	-800	-1000
暗电流/nA					

（4）将"高压调节"旋钮逆时针调到零，关闭实验箱电源。

注：暗电流的测量，以及阴极、阳极电流的测量对测量仪表的精度要求非常高，有高精度的仪表可以直接测量；实验仪采用的是电路模块处理光电倍增管输出信号而得到数据显示。

3. 阳极灵敏度测量

（1）仍使用衰减器光片板，将"高压调节"旋钮逆时针调到最小。

（2）将光电倍增管暗箱上的"阴极/阳极"开关调到"阳极电流"挡；实验箱上的 HV/LV 开关调到 HV 挡；"静态/时间"开关调到"静态特性测试"挡；光源与实验箱上的 LED2 相连。将光照度调节旋钮逆时针调节到零。

（3）打开实验箱电源，调节照度表模块调零旋钮将照度值调节到 0.00，打开 LED2 按键开关。

（4）缓慢调节光源照度调节旋钮，将照度值调节到 1lx。

（5）缓慢调节高压调节旋钮，当电压分别为 -100V、-200V、-300V、-400V、-500V、-600V、-700V、-800V、-900V 和 -1000V 时，在表 2-22 中记下电流表的电流值，并计算阳极灵敏度。

表 2-22　不同电压下的电流值

高压输入/V	-100	-200	-300	-400	-500	-600	-700	-800	-900	-1000
阳极电流/nA										
阳极灵敏度/(A/lm)										

注：此衰减器将光衰减为原来的 2500 倍左右。

（6）将高压调节旋钮逆时针调节到零；将光源照度调节旋钮逆时针调节到零，关闭实验箱电源。

（7）绘制在该光源照度下的 $I_a\text{-}V$ 关系曲线。

4. 阴极灵敏度测量

（1）将衰减器光片板取下，装上不含衰减器的光片板；将实验箱上的 HV/LV 开关调到 LV 挡；将实验箱上的"静态/时间"开关调到"静态特性测试"挡；将暗箱上的"阴极/阳极"开关调到"阴极电流"挡。

（2）将光源与实验箱上的 LED2 相连,将光源照度调节旋钮逆时针调节到零。

（3）打开实验箱电源,调节照度表模块调零旋钮将照度值调节到 0.00。

（4）调节光源照度调节旋钮使照度表显示为 10lx。

（5）保持光源照度调节旋钮不变,缓慢从 0 增加电压(电压不超过 $-15V$),直到电流表示数不再增加。绘制电压与电流之间的关系曲线,并找到饱和电流 I_{kmax} 及对应的高压值 V_o。

（6）将高压调节旋钮逆时针调节到零,将光源照度调节旋钮逆时针调节到零,关闭实验仪电源。

（7）计算阴极灵敏度 $S_k = \dfrac{I_k}{\varPhi_v}(\mu A/lm)$。

注：为保护光电倍增管,临界电压后的电流值可直接取 I_{kmax},不可测量 $-15V$ 后的阴极电流值。

5. 光电倍增管增益（放大倍数）的计算

（1）计算当光源照度为 1lx 时,各电压下的放大倍数。

注：以 V_o 为临界值,当 $V > V_o$ 时,I_k 取饱和值。

（2）绘制光源照度为 1lx 时的 G-V 曲线,并对曲线进行分析。

6. 光电倍增管光电特性测量

（1）将衰减器光片板插入旋接器的插槽中。

（2）将光电倍增管暗箱上的"阴极/阳极"开关调到"阳极电流"挡；将实验箱上的"静态/时间"开关调到"静态特性测试"挡；将实验箱上的 HV/LV 开关调到 HV 挡。

（3）将光源与光源照度探头连接,调节光源照度调节旋钮使照度表显示为 0.1lx。

（4）缓慢增加电压为 $-1000V$,记下此时的电流值。

（5）调节光源照度计旋钮,依次记下光源照度为 0.2lx、0.3lx、0.4lx、0.5lx、0.6lx 时的电流值。

（6）将光源照度调节旋钮和高压调节旋钮逆时针调节到零,关闭实验箱电源。

（7）绘制 I_a-E 曲线。

7. 光电倍增管的时间特性

（1）取下衰减器光片板,装上不含衰减器的光片板。

（2）将光电倍增管暗箱上的"阴极/阳极"开关调到"阳极电流"挡；将实验箱上的"静态/时间"开关调到"时间特性测试"挡；将 HV/LV 开关调到 HV 挡；将光源与实验箱上的 LED1 相连。

（3）打开实验箱电源,打开 LED1 按钮开关。

（4）用示波器探头分别连接到时间特性测试区中的"PMT 输出"和"光脉冲"测试钩上,缓慢增加电压,观察两路信号在示波器中的显示。

（5）使电压稳定在 $-1000V$ 左右,观察实验现象。

（6）将高压调节旋钮逆时针调节到零,关闭 LED1 按钮开关,关闭实验箱电源。

（7）记录实验现象,并对实验现象进行解释。

【实验数据处理】

（1）采用数据处理软件绘制 I_d-V,I_a-V 关系曲线。

（2）分别计算出光电倍增管的阳极和阴极光照灵敏度。

（3）采用数据处理软件绘制 *G-V* 关系曲线。

【预习思考题】

（1）查阅 931A 技术手册。

（2）设计 931A 分压电路并确定分压电阻值。

2.6　彩色线阵 CCD 原理与驱动实验

【引言】

电荷耦合器件（Charge Coupled Device，CCD）是 20 世纪 70 年代发展起来的新型半导体器件，是在 MOS 集成电路技术基础上发展起来的，是半导体技术的一次重大突破。1970年，美国贝尔实验室的 W. S. Boyle 和 G. E. Smith 发现了电荷通过半导体势阱发生转移的现象，提出了电荷耦合这一新概念和一维 CCD 模型，同时预言了 CCD 在信号处理、信号存储及图像传感中的应用前景。由于 CCD 成像器件具有体积小、质量轻、结构简单、功耗小、成本低、与集成电路工艺兼容等优点，目前广泛应用于黑白、彩色、微光、红外摄像器件、军事探测、气象观察、大气观察、医学观察、天文观察、火灾报警、闭路监控、工业检测、传真扫描等领域。为了表彰这几位科学家对固体成像技术的卓越贡献，2009 年度诺贝尔物理学奖授予了高锟、W. S. Boyle 和 G. E. Smith。

第 23 集
微课视频

【实验目的】

（1）掌握线阵 CCD 的工作原理。

（2）掌握用双踪示波器观测二相线阵 CCD 驱动脉冲的频率、幅度、周期和各路驱动脉冲之间的相位关系等的测量方法。

（3）观测线阵 CCD 驱动脉冲的时序和相位关系，掌握复位脉冲在 CCD 输出电路中的作用，掌握转移脉冲与驱动脉冲间的相位关系，掌握电荷转移的过程。

第 24 集
微课视频

【实验原理】

CCD 的特点是以电荷作为信号，它的基本功能是电荷的存储和转移。因此，CCD 的基本工作原理主要由以下四个基本动作构成：信号电荷产生（光信号转换成信号电荷）、信号电荷存储、信号电荷转移和信号电荷检测。

1. 二相线阵 CCD 工作原理

1）CCD 信号电荷存储

CCD 是由规则排列的金属-氧化物-半导体（Metal-Oxide-Semiconductor，MOS）电容阵列组成。这种 MOS 电容是在 P 型（或 N 型）Si 单晶的衬底上生长一层 $0.1 \sim 0.2 \mu m$ 的 SiO_2 层，再在 SiO_2 层上沉积具有一定形状的金属电极，其单元结构如图 2-40 所示。线阵 CCD 是由多个 CCD 基本单元组成的，其中金属

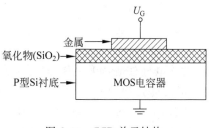

图 2-40　CCD 单元结构

栅极是分离的,而氧化物与半导体是连续的整体。

CCD 从电荷存储结构来分,可以分为表面沟道 CCD 和体沟道 CCD。表面沟道是指电荷包存储于半导体和绝缘体之间的界面上;体沟道则是电荷包存储于远离半导体表面的地方。

P 型 Si 衬底的 MOS 电容器,由于在衬底背面处于接地的状态下电极上施加正电压,接近电极区域的空穴(P 型 Si 的多数载流子)逃离,该部分形成耗尽层。耗尽层以外的部分充满多数载流子,成为既不带正电,也不带负电的中性区域。这样,由于耗尽层失去多数载流子呈现带电的状态,因此,该部分称为空间电荷区域。此处的电势分布发生改变,就结果来讲,由于最接近电极的 Si 表面电势升高,一旦在该状态下表面存储信号电荷,将随电荷量改变而使电势分布发生变化。信号电荷存储前后电势以及电荷密度的分布如图 2-41 所示。势阱积累电子的容量取决于势阱的"深度",而表面势的大小近似与栅压 V_G 成正比。势阱填满是指电子在半导体表面堆积后使表面势下降。

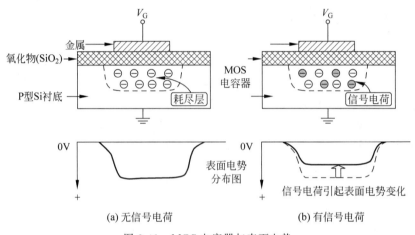

图 2-41　MOS 电容器与表面电势

2) CCD 信号电荷转移

CCD 中的 MOS 电容是密集排列的,便于相邻 MOS 电容的势阱相互沟通,信号电荷能相互耦合。加在 MOS 电容上的电压愈高产生的势阱愈深,可以通过控制相邻 MOS 电容栅极电压高低来调节势阱深浅,使信号电荷由势阱浅的地方流向势阱深处。

CCD 每一单元(每一像素)称为一位,常用的线阵 CCD 有 256 位、1024 位、2160 位、2700 位等。CCD 一位中含的 MOS 电容个数为 CCD 的相数,通常有二相、三相、四相等几种结构,它们施加的时钟脉冲也分为二相、三相、四相。二相脉冲的两路脉冲相位相差 180°;三相及四相脉冲的相位差分别为 120°、90°。当这种时序脉冲加到 CCD 驱动电路上循环时,将实现信号电荷的定向转移及耦合。

图 2-42 是二相 CCD 电荷传输原理图。一相下有两个电极,这两个电极与半导体间的氧化硅有不同的厚度。每对电极在外加电压时就会产生两个不同深度的势阱。相连的电极中,右边的为存储电极(Storage Electrode),左边的为转移电极(Transfer Electrode)。由于前者的电势总是高于后者,故可形成电势阱,并在此存储信号电荷。取表面势增加的方向向下,其工作过程如下。

(1) $t = t_1$ 时,Φ_1 电极处于高电平,而 Φ_2 电极处于低电平。由于 Φ_1 电极上栅压大于阈值电压,故在 Φ_1 电极下形成势阱,假若此时 MOS 管接收光照,它每一位(每一像元)的电

荷都从对应的 Φ_1 电极下放入势阱。

（2）$t=t_2$ 时，Φ_1 和 Φ_2 电极上栅压为高电平，故 Φ_2 电极下也成为势阱，信号电荷分散移往 Φ_2 电极下。

（3）$t=t_3$ 时，Φ_2 电极上栅压为高电平，Φ_1 电极处于低电平，故电荷聚集到 Φ_2 电极下，实现了电荷从 Φ_1 电极下到 Φ_2 电极下的转移。

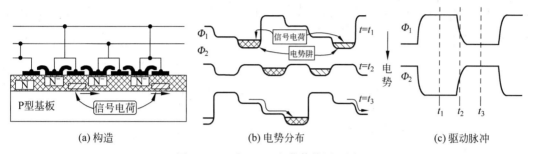

(a) 构造   (b) 电势分布   (c) 驱动脉冲

图 2-42 二相 CCD 电荷传输原理图

3）CCD 信号电荷检测

CCD 中的电荷包在时钟脉冲的作用下很快转移到输出端的最后一个电极下面，此时还需要将电荷包无破坏地以电流或电压的方式输送出去。CCD 输出结构的作用是将 CCD 中信号电荷变为电流或电压输出，以检测信号电荷的大小。

输出结构有反偏二极管输出结构、浮置扩散层输出结构、浮置栅极输出结构和分布式浮置栅极输出结构等，用得最多的是浮置扩散放大器和浮置栅极放大器。

浮置扩散放大器（Floating Diffusion Amplifier，FDA）的结构如图 2-43 所示。与输出栅相连的是一个 PN 结二极管，在施加反向偏压的情况下，可以将信号电荷转换成电压输出。由于这个 PN 结二极管的 N 型区域呈现浮游状态，故称为浮置扩散（FD）。

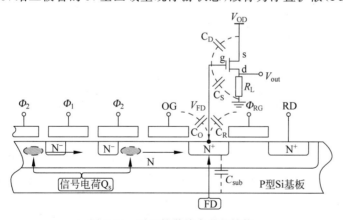

图 2-43 浮置扩散放大器的结构

一旦有信号电荷从 CCD 转移过来，沿着包含结容量的 N 型区域的电容器变化，其两端的电压由连接此处的放大器缓冲放大，将信号电荷输出到图像传感器外。在下一个像素的信号电荷转移过来之前，必须复位 FD 中输出完成像素的信号电荷。在检测信号电荷的状态下，中断状态中的复位栅（Reset Gate，RG）在此复位动作时进入启动状态，将 FD 复位成复位漏极（Reset Drain，RD）的电压 V_{FD}。由于在复位动作后，FD 的电压回到基准电压，只要取得下一个信号电荷转移到 FD 时的信号电压差，可以得到更正确的信号 ΔV_{FD}，基准电压与信号电压，与 CCD 的驱动脉冲下降同步，前后分别出现。

浮置扩散放大器属于电压输出方式，电压输出电路图如图 2-44 所示，工作原理如下：

输出电路由放大管 T_1、复位管 T_2 和浮置扩散二极管 T_3 组成。放大管 T_1 是源极跟随器，在 CCD 的制造过程中较容易同时制造 MOS 管，而且输入中无电流外漏，以及所用的源极跟随器频宽且工作电压宽，可以保持良好的输入输出的线性关系。复位管 T_2 工作在开关状态，浮置扩散二极管 T_3 始终处于强反偏状态。

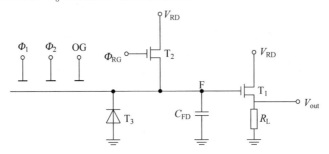

图 2-44　浮置扩散放大器电压输出电路

FD 处的等效电容 C_{FD} 由 T_3 管的结电容 C_{sub}、水平 CCD 与 FD、RG 的寄生电容 C_0 和 C_R，连接于 FD 的 MOS 管的 C_D、C_S，$C_{\text{FD}} = C_{\text{sub}} + C_0 + C_R + C_D + C_S$。$T_3$ 和 C_{FD} 构成一个电荷积分器。此电荷积分器随 T_2 管的开与关，处于选通和关闭状态，称为选通电荷积分器。

CCD 电压输出工作原理为：在每个时钟脉冲周期内，随着时钟脉冲 Φ_1 或 Φ_2 的下降过程，就有一个电荷包从 CCD 转移到输出二极管 T_3 的 N 区，即转移到电荷积分器上，引起 F 点电位变化为

$$\Delta V = \frac{Q_s}{C_{\text{FD}}} \tag{2-26}$$

由于 MOS 管 T_1 的电压增益为

$$A_V = \frac{g_m R_L}{1 + g_m R_L} \tag{2-27}$$

式中，g_m 为跨导，R_L 为负载电阻，故 T_1 管源极输出电压变化为：

$$\Delta V_{\text{out}} = \frac{g_m R_L}{1 + g_m R_L} \cdot \frac{Q_s}{C_{\text{FD}}} \tag{2-28}$$

对 V_{out} 进行读出后，当 T_2 加正的窄脉冲时，即 MOS 管的栅极加有复位电位，T_2 管栅极 R_G 在复位脉冲 Φ_R 的作用下导通，V_{RD} 电压直接加在 F 点上。此时，扩散层处于强反型状态，当前一个电荷输出完毕，下一个电荷包尚未输入之前，把前一个电荷包抽走，使输出 T_1 栅极复位，以准备接收下一电荷包的到来，之后 T_2 截止，准备接收电荷包。栅将电荷包 Q 通过 T_2 管的沟道抽走，使 F 点电位重新置在 V_{RD} 值，为下一次 V_{out} 读出作准备。

当 Φ_R 结束，T_2 管关闭后，由于 T_1 管处于 F 点的 V_{RD} 电位的强反偏状态，此积分器无放电回路，所以 F 点电位一直维持在 V_{RD} 值，直到下一个时钟脉冲信号电荷到来为止。

4）CCD 信号电荷产生

CCD 信号电荷的产生通常有热生、光生和电注入。热生信号电荷构成了器件的暗电流，光生信号电荷构成光信号电流，电注入信号电荷既可以是数字或模拟处理系统的输入信

号,也可以是其他光电器件的光电信号。在图像传感器中采用光注入,移位寄存器等则采用电注入。

2. 彩色线阵 TCD2252D 简介

TCD2252D 是一种高灵敏度、低暗电流、2700 像元的内置采样保持电路的彩色线阵 CCD 图像传感器。该图像传感器可用于彩色传真、彩色图像扫描、OCR 和光电检测等。它内部包含 3 列 2700 像元的 MOS 光敏二极管,当扫描一张 A4 的图纸时,可达到 12 线/毫米(300DPI)的精度。

1) TCD2252D 外形与引脚功能

(1) TCD2252D 的外形与引脚分布如图 2-45 所示;

(2) TCD2252D 的引脚定义如表 2-23 所示。

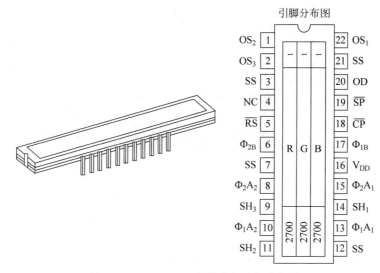

图 2-45　TCD2252D 的外形和引脚分布图

表 2-23　TCD2252D 引脚定义

引脚号	符号	功能描述	引脚号	符号	功能描述
1	OS_2	信号输出(B)	12	SS	地
2	OS_3	信号输出(R)	13	$\Phi_1 A_1$	时钟 1(第一相)
3	SS	地	14	SH_1	转移栅 1
4	NC	空脚	15	$\Phi_2 A_1$	时钟 1(第二相)
5	$\overline{RS}$	复位栅	16	V_{DD}	电源
6	Φ_{2B}	时钟(第二相)	17	$\Phi_1 B$	时钟(第一相)
7	SS	地	18	$\overline{CP}$	钳位栅
8	$\Phi_2 A_2$	时钟 2(第二相)	19	$\overline{RS}\overline{SP}$	采样保持栅
9	SH_3	转移栅 3	20	OD	电源(模拟)
10	$\Phi_1 A_2$	时钟 2(第一相)	21	SS	地
11	SH_2	转移栅 2	22	OS_1	信号输出(G)

2) TCD2252D 的工作原理与工作时序图

(1) TCD2252D 的工作原理如图 2-46 所示;

(2) TCD2252D 的驱动脉冲与输出如图 2-47 所示。

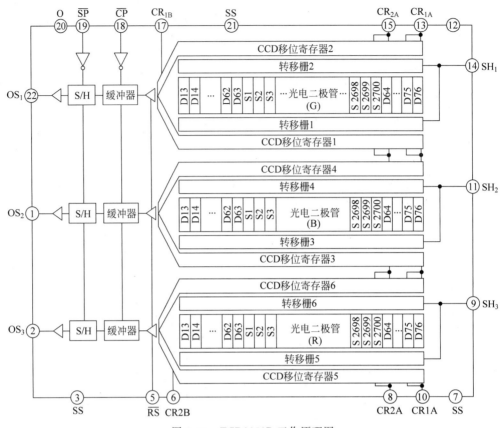

图 2-46　TCD2252D 工作原理图

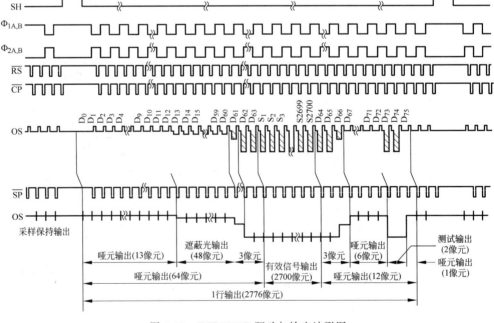

图 2-47　TCD2252D 驱动与输出波形图

【实验仪器】

实验仪器有一台 WHUTCCD-Ⅲ 型多功能实验仪,一台双踪同步示波器(带宽 50MHz 以上)。

【实验内容】

1. 实验准备

(1) 阅读 TCD2252D 线阵 CCD 技术手册。

(2) 将示波器地线与实验仪上的地线连接好,并确认示波器和实验仪的电源插头均插入交流 220V 插座上。

(3) 打开仪器的电源开关,观察仪器面板显示窗口,数字闪烁表示仪器初始化,闪烁结束后显示 00 0 字样,前两位表示积分时间挡次值,共分为 16 挡,显示数值范围为 00~15,数值越大表示积分时间越长,CCD 的驱动频率分 4 挡,显示数值范围为"0~3",数值越大表示驱动频率越低。

(4) 据线阵 CCD 的基本工作原理,观测转移脉冲 SH 与 Φ_1、Φ_2 的相位关系,理解线阵 CCD 的并行转移过程,观测 Φ_1、Φ_2 及 Φ_1 与 CP、SP、RS 之间的相位关系,理解线阵 CCD 的串行传输过程和复位脉冲 RS 的作用。

(5) 测量驱动频率的不同,调整挡下的 Φ_1、Φ_2、RS 的周期与频率以及 CCD 行周期,为以下实验做准备。

2. 驱动脉冲相位的测量

(1) 将示波器 CH_1 和 CH_2 扫描线调整至适当位置,同步设置为 CH_1,对照原理中 TCD2252D 的驱动波形进行下面的实验。

(2) 用 CH_1 探头测量转移脉冲 SH,仔细调节使之稳定(同步),使 SH 脉冲宽度适当以便于观察(将示波器的扫描频率调至 $2\mu s$ 挡左右,便于观察对照),用 CH_2 探头分别观测驱动脉冲 Φ_1、Φ_2,这就是 SH 与 Φ_1、Φ_2 的相位关系(观察的过程中可以改变示波器的扫描频率)。

(3) 用 CH_1 探头测量 Φ_1 信号,CH_2 探头分别测量 Φ_2、RS、CP、SP 信号,这就是 Φ_1、Φ_2、RS、CP、SP 信号之间的相位关系(观察的过程中可以改变示波器的扫描频率)。

(4) 用 CH_1 探头测量 CP 信号,CH_2 探头分别测量 RS、SP,这就是 CP 与 RS、SP 信号之间的相位关系。

(5) 将以上所测的相位关系与实验原理中所示的 TCD2252D 的驱动与输出波形相对照。

3. 驱动频率和积分时间测量

(1) 用示波器分别测量 4 挡驱动频率下 Φ_1、Φ_2、RS 信号的周期,计算出信号频率并填入表 2-24 中。

表 2-24　驱动频率与周期

驱动频率	项目	Φ_1	Φ_2	RS
0 挡	周期/μs			
	频率/kHz			

续表

驱动频率	项目	Φ_1	Φ_2	RS
1 挡	周期/μs			
	频率/kHz			
2 挡	周期/μs			
	频率/kHz			
3 挡	周期/μs			
	频率/kHz			

（2）将实验仪的频率设置恢复为 0 挡,同时确认积分时间设置为 00 挡,用 CH$_1$ 探头测量 Φ_1 或 Φ_2 信号,并用它作同步(将示波器扫描频率调至 2ms 左右,便于观察),用 CH$_2$ 探头测量 SH 信号,观察两者的周期是否相同,记录 SH 信号周期,通过实验仪面板上的积分时间和驱动频率按钮进行调节,并将不同驱动频率和积分时间下的 SH 信号周期填入表 2-25 中。

表 2-25　积分时间的测量

驱动频率 0 挡		驱动频率 1 挡		驱动频率 2 挡		驱动频率 3 挡	
积分时间挡次	SH 周期/ms	积分时间挡次	SH 周期/ms	积分时间挡次	SH 周期/ms	积分时间挡次	SH 周期/ms
00		00		00		00	
01		01		01		01	
02		02		02		02	
⋮		⋮		⋮		⋮	
14		14		14		14	
15		15		15		15	

4. CCD 输出信号的测量

（1）将实验仪积分时间设置恢复为 00 挡,驱动频率设置为 0 挡。

（2）用示波器 CH$_1$ 探头测量 SH 信号,调节示波器至少显示 2 个 SH 周期,用 CH$_2$ 探头测量实验仪的 VG 输出测试环,打开实验仪右下角盖板,取出线阵 CCD,如图 2-48 所示放置,在没有放置物体的情况下,用手慢慢遮挡 CCD 观察 VG 输出是否有变化,如没有任何变化,请通知实验指导教师调整。

（3）保持 CH$_1$ 探头不变,增加积分时间,用 CH$_2$ 探头分别测量 VG、VR 和 VB 信号,观测这三个信号在积分时间改变时的信号变化。

（4）调节示波器扫描速度,展开 SH 信号,观测 SH 波形和 CCD 输出波形之间的相位关系。

（5）重复上述步骤,观测 Φ_1、Φ_2 波形和 CCD 输出波形之间的相位关系。

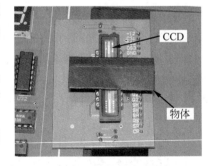

图 2-48　CCD 实物放置图

【实验数据处理】

（1）记录表中的驱动频率测量数据。

（2）记录表中的积分时间测量数据。

(3) 说明 RS 脉冲、SP 脉冲和 CP 脉冲的作用,输出信号与 Φ_1、Φ_2 周期的关系。

(4) 解释为何在同样的光源亮度下,VR、VG、VB 信号的幅度会出现差异。

【预习思考题】

(1) 线阵 CCD 中驱动频率的作用是什么?

(2) 线阵 CCD 中积分时间的作用是什么?

2.7 彩色线阵 CCD 特性测量实验

【引言】

线阵图像传感器 CCD 的成像质量与 CCD 的驱动频率、积分时间、图像光强度有密切关系。因此,掌握不同驱动频率、不同积分时间、不同光强对输出图像信号的影响是非常重要的。

【实验目的】

(1) 通过对典型线阵 CCD 在不同驱动频率和不同积分时间下的输出信号测量,进一步掌握线阵 CCD 的有关特性。

(2) 理解对积分时间的意义的掌握,掌握驱动频率和积分时间对 CCD 输出信号的影响。

(3) 理解线阵 CCD 器件的"溢出"效应。

第 25 集
微课视频

【实验仪器】

实验仪器有一台双踪同步示波器(带宽 50MHz 以上)、一台彩色线阵 CCD 多功能实验仪(WHUTCCD-Ⅲ)。

【实验内容】

1. 实验准备

(1) 将示波器地线与多功能实验仪上的地线连接好,并确认示波器和多功能实验仪的电源插头均插入交流 220V 插座上。

(2) 打开示波器电源开关。

(3) 打开仪器的电源开关,测量 Φ_1、Φ_2、SH、RS、SP、CP 各路驱动脉冲信号的波形,并与 TCD2252D 技术手册上面的波形对比,如果与手册中所示的波形相符,就继续进行下面的实验,否则,应请指导教师检查。

2. 驱动频率变化对 CCD 输出波形影响的测量

在积分时间和光照强度不变化的情况下,分析驱动频率对 CCD 输出波形的影响。

(1) 将示波器 CH_1 和 CH_2 的扫描线调整至适当位置,同步设置为 CH_1。

(2) 将实验仪驱动频率设置为 0 挡,积分时间设置为 00。

(3) 用 CH_1 探头测量 SH 脉冲,仔细调节使之同步稳定,调节示波器使示波器至少显示 2 个 SH 信号周期,CH_2 探头测量 V_o(泛指 VR、VG、VB)信号。

(4) 将一定宽度的纸片(1cm 左右)放置到 CCD 上,如图 2-49 所示,观察 CCD 输出信号

VG，在保证积分时间设置为 00 情况下，改变驱动频率逐渐由 0 变到 3，分别观察输出波形的变化，记录下输出波形的变化图并分析变化的原因（观察波形变化的过程中要保证示波器上显示两个周期的 SH 信号波形）。

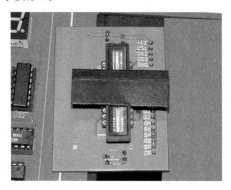

图 2-49　CCD 实物放置图

3. 积分时间与输出信号测量

（1）保持实验仪其他设置不变，只将实验仪驱动频率设置恢复为 0 挡，并确认积分时间设置处于 00 挡。

（2）用 CH_1 探头测量 SH 脉冲，调节示波器使之同步稳定，并至少显示两个周期，用 CH_2 探头测量 V_0 信号。

（3）调节积分时间设置按钮逐步增加积分时间，保持驱动频率设置为 0 挡不变，测输出信号 V_0 的幅度值（V_H 是高电平，V_L 是低电平）填入表 2-26 中，表 2-26 填满后，以积分时间

表 2-26　输出信号幅度与积分时间的关系

积分时间挡次	FC 周期/ms	输出信号 V_0		积分时间挡次	FC 周期/ms	输出信号 V_0	
		输出幅度 V_H	输出幅度 V_L			输出幅度 V_H	输出幅度 V_L
驱动频率 0 挡 00				驱动频率 1 挡 00			
02				02			
04				04			
06				06			
08				08			
10				10			
12				12			
14				14			
驱动频率 2 挡 00				驱动频率 3 挡 00			
02				02			
04				04			
06				06			
08				08			
10				10			
12				12			
14				14			

为横坐标,以输出信号 V_o 为纵坐标画出输出特性曲线,观察 CCD 的输出信号与积分时间的关系,分析当 CCD 出现饱和后,积分时间与输出信号关系将会如何。

(4)调节驱动频率(即调节驱动频率设置按钮,从 0 至 3),保持积分时间设置为 00 挡不变,重复上述实验,观测波形变化情况并做相应记录。

(5)写出实验报告,说明 CCD 输出信号与积分时间的关系,并解释。

4. 光照强度变化对 CCD 输出波形影响的测量

(1)保持实验仪其他设置不变,将实验仪驱动频率设置恢复为 0 挡,积分时间设置处于 00 挡。

(2)用 CH_1 探头测量 SH 脉冲,调节示波器使之同步稳定,并至少显示两个周期,用 CH_2 探头测量 V_o 信号。

(3)调节 LED 光强调节旋钮改变照射到 CCD 面上的光强度,观察 CCD 的输出信号与光强变化的关系。

(4)写出实验报告,说明 CCD 输出信号与光照强度的关系,并解释。

【实验数据处理】

(1)解释为什么驱动频率对积分时间会有影响?

(2)解释为什么在入射光不变的情况下积分时间的变化会对输出信号有影响?这对 CCD 的应用有何指导意义?进一步增加积分时间以后,输出信号的宽度会变宽吗?为什么?这对 CCD 的应用又有何指导意义?

(3)导致 CCD 信号溢出的原因有哪些?

【预习思考题】

(1)如何理解驱动频率的物理意义?在积分时间和光强度不变化时驱动频率增加,CCD 输出信号会如何变化?

(2)如何理解积分时间的物理意义?在驱动频率和光强不变时,积分时间变长,CCD 输出信号会如何变化?

2.8　热释电器件实验

【引言】

热释电器件(Pyroelectric Detector)是利用热释电效应而制成的光辐射探测器件。它是最早得到研究并得到实际应用的探测器。热释电器件有热电偶、热敏电阻和热释电探测器等多种,由于它具有不需制冷,在全波长上平坦响应两大特点,至今仍应用广泛,甚至在某些领域中它是光子探测器所不能取代的。一般地,要同时得到灵敏度高、响应快的特性是困难的,自热释电器件出现后,缓和了这一矛盾。热释电器件的响应度和响应速度已比过去那些热探测器有了很大提高,还具有光谱响应范围宽,频响带宽较大,在室温下工作无须制冷,可以有大面积均匀的光敏面,不需偏压,使用方便等特点,因此,热释电器件广泛应用于测温、测辐射、激光测量等领域。

【实验目的】

了解热释电器件的性能、构造与工作原理。

【实验原理】

1. 热释电效应

电介质内部没有自由载流子，没有导电能力。但是，它也是由带电的粒子（价电子和原子核）构成的，在外加电场的情况下，带电粒子也要受到电场力的作用，使其运动发生变化。例如，在电介质的上、下两侧加上如图 2-50 所示的电场后，电介质产生极化现象，从电场加入电极化状态建立起来的这段时间内，电介质内部的电荷适应电场的运动，相当于电荷沿电力线方向运动，也形成一种电流，称为位移电流，该电流在电极化完成时即停止。

对于一般的电介质，在电场去除后极化状态随即消失，带电粒子又恢复到原始状态。而有一类称为"铁电体"的电介质，在外加电场去除后仍能保持极化状态，称为"自发极化"。图 2-51 所示为电介质的极化曲线。从图 2-51（a）可知，一般的电介质的极化曲线通过坐标中心，而图 2-51（b）所示的铁电体电介质的极化曲线在电场去除后仍能保持一定的极化强度。

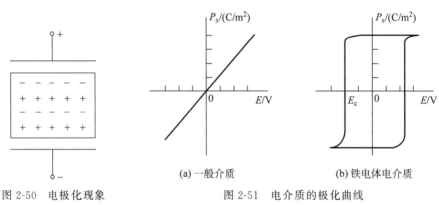

图 2-50　电极化现象　　　　　图 2-51　电介质的极化曲线

铁电体的自发极化强度 P_s（单位面积上的电荷量）随温度变化的关系曲线如图 2-52 所示。随着温度的升高，极化强度减低，当温度升高到一定值，自发极化突然消失，这个温度常被称为"居里温度"或"居里点"。在居里点以下，极化强度 P_s 为温度 T 的函数。利用这一关系制造的热敏探测器称为热释电器件。

当红外辐射照射到已经极化的铁电体薄片上时，引起薄片温度升高，表面电荷减少，相当于热"释放"了部分电荷。释放的电荷可用放大器转变成电压输出。如果辐射持续作用，表面电荷将达到新的平衡，不再释放电荷，也不再有电压信号输出。因此，热释电器件不同于其他光电器件，在恒定辐射作用的情况下，其输出的信号电压为零。只有在交变辐射的作用下才会有信号输出。

无外加电场的作用而具有电矩，且在温度发生变化时电矩的极性发生变化的介质，又称为热电介质。外加电场能改变这种介质的自发极化矢量的方向，即在外加电场的作用下，无规则排列的自发极化矢量趋于同一方向，形成所谓的单畴极化。当外加电场去除后仍能保持单畴极化特性的热电介质，又称为铁电体或热电-铁电体。热释电器件就是用这种热电-

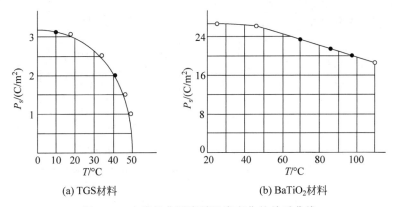

(a) TGS材料　　　　　　　　　(b) BaTiO₂材料

图 2-52　自发极化强度随温度变化的关系曲线

铁电体制成的。

产生热释电效应的原因是：没有外电场作用时，热电晶体具有非中心对称的晶体结构，自然状态下，极性晶体内的分子在某个方向上的正、负电荷中心不重合，即电矩不为零，形成电偶极子，当相邻晶胞的电偶极子平行排列时，晶体将表现出宏观的电极化方向，在交变的外电场作用下还会出现如图 2-51 所示的电滞回线。图中的 E_c 称为矫顽电场，即在该外电场作用下无极性晶体的电极化强度为零。

对于经过单畴化的热释电晶体，在垂直于极化方向的表面上，将由表面层的电偶极子构成相应的静电束缚电荷。因为自发极化强度是单位体积内的电矩矢量之和，所以面束缚电荷密度 σ 与自发极化强度 P_s 之间的关系可由下式确定：

$$P_s = \frac{\sum \sigma \Delta s \Delta d}{Sd} = \sigma \tag{2-29}$$

式中，S 和 d 分别是晶体的表面积和厚度。上式表明热释电晶体的表面束缚面电荷密度 σ 在数值上等于它的自发电极化强度 P_s。但在温度恒定时，这些面束缚电荷被来自晶体内部或外围空气中的异性自由电荷所中和，因此观察不到它的自发极化现象：如图 2-53(a)所示，由内部自由电荷中和表面束缚电荷的时间常数 $\tau = \varepsilon \rho$，ε 和 ρ 分别为晶体的介电常数和电阻率。大多数热释电晶体材料的 τ 值一般在 1~1000s，即热释电晶体表面上的面束缚电荷可以保持 1~1000s 的时间。因此，只要使热释电晶体的温度在面束缚电荷被中和掉之前因吸收辐射而发生变化，晶体的自发极化强度 P_s 就会随温度 T 的变化而变化，相应的束缚电荷面密度 σ 也随之变化，如图 2-53(b)所示。这一过程的平均作用时间很短，约为 10^{-12}s。若入射辐射是变化的，且仅当它的调制频率 $f > 1/\tau$ 时才会有热释电信号输出，即热释电器件为工作在交变辐射作用下的非平衡器件时，将束缚电荷引出，就会有变化的电流输出，也就有变化的电压输出。这就是热释电器件的基本工作原理。利用入射辐射引起热释电器件温度变化这一特性，可以探测辐射的变化。

2. 热释电器件的工作原理

设晶体的自发极化强度为 P_s，P_s 的方向垂直于电容器的极板平面。接收辐射的极板和另一极板的重叠面积为 A_d。由此引起表面上的束缚极化电荷为

$$P_s = A_d \Delta \sigma = A_d P_s \tag{2-30}$$

若辐射引起的晶体温度变化为 ΔT，则相应的束缚电荷变化为

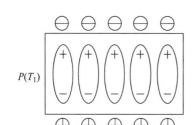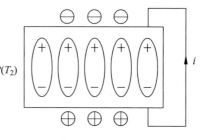

(a) 平衡态下完全中和   (b) 非平衡态下不完全中和

图 2-53　热释电晶体的内部电偶极子和外部自由电荷的补偿情况

$$\Delta Q = A_d(\Delta P_s/\Delta T)\Delta T = A_d\gamma\Delta T \tag{2-31}$$

式中，$\gamma=\Delta P_s/\Delta T$，称为热释电系数，单位为 $C/(cm^2 \cdot K)$，是与材料本身的特性有关的物理量，表示自发极化强度随温度的变化率。

若在晶体的两个相对的极板上敷上电极，在两电极间接上负载 R_L，则负载上就有电流通过。由于温度变化在负载上产生的电流可以表示为

$$i_s = \frac{dQ}{dt} = A_d\gamma\frac{dT}{dt} \tag{2-32}$$

式中，dT/dt 为热释电晶体的温度随时间的变化率，它与材料的吸收率和热容有关，吸收率大，热容小，则温度变化率大。

按照性能的不同要求，通常将热释电器件的电极做成如图 2-54 所示的面电极和边电极两种结构。在图 2-54(a)所示的面电极结构中，电极置于热释电晶体的前、后表面上，其中一个电极位于光敏面内。这种电极结构的电极面积较大，极间距离较短，因而极间电容较大，故其不适于高速应用。此外，由于辐射要通过电极层才能达到晶体，所以电极对于待测的辐射波段必须透明。在图 2-54(b)所示的边电极结构中，电极所在的平面与光敏面互相垂直，电极间距较大，电极面积较小，因此极间电容较小。由于热释电器件的响应速度受极间电容的限制，因此，在高速运用时采用极间电容小的边电极为宜。

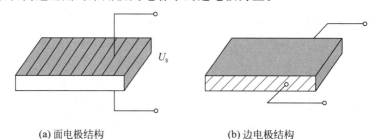

(a) 面电极结构   (b) 边电极结构

图 2-54　热释电器件的电极结构

热释电器件产生的热释电电流在负载电阻 R_L 产生的电压为

$$V = i_d R_L = \left(\gamma A_d \frac{dT}{dt}\right)R_L \tag{2-33}$$

可见，热释电器件的电压响应正比于热释电系数和温度的变化速率 dT/dt，而与晶体和入射辐射达到平衡的时间无关。

热释电器件的图形符号如图 2-55(a)所示。如果将热释电器件跨接到放大器的输入端，

其等效电路如图 2-55(b)所示。图中 I_s 为恒流源,R_s 和 C_s 为晶体内部介电损耗的等效阻性和容性负载,R_L 和 C_L 为外接放大器的负载电阻和电容。由等效电路可得热释电器件的等效负载电阻为

$$R_L = \frac{1}{1/R + \mathrm{j}\omega C} = \frac{R}{1 + \mathrm{j}\omega RC} \tag{2-34}$$

式中,$R = R_s /\!/ R_L$,$C = C_s + C_L$,分别为热释电器件与放大器的等效电阻和等效电容。由此可得

$$|R_L| = \frac{R}{(1 + \omega^2 R^2 C^2)^{1/2}} \tag{2-35}$$

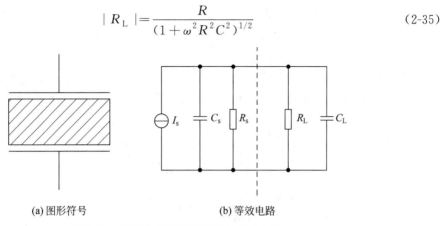

(a) 图形符号　　　　　　　　　(b) 等效电路

图 2-55　热释电器件图形符号与等效电路

对于热释电系数为 λ,电极面积为 A 的热释电器件,其在以调制频率为 ω 的交变辐射照射下的温度可以表示为

$$T = |\Delta T_\omega| \, \mathrm{e}^{\mathrm{j}\omega t} + T_0 + \Delta T_0 \tag{2-36}$$

式中,T_0 为环境温度,ΔT_0 表示热释电器件接收光辐射后的平均温升,$|\Delta T_\omega| \, \mathrm{e}^{\mathrm{j}\omega t}$ 表示与时间有关的温度变化。于是热释电器件的温度变化率为

$$\frac{\mathrm{d}T}{\mathrm{d}t} = \omega |\Delta T_\omega| \, \mathrm{e}^{\mathrm{j}\omega t} \tag{2-37}$$

将式(2-35)和式(2-37)代入式(2-33),可得输入放大器的电压为

$$V = \gamma A_d \omega |\Delta T_\omega| \frac{R}{(1 + \omega^2 R^2 C^2)^{1/2}} \mathrm{e}^{\mathrm{j}\omega t} \tag{2-38}$$

由热平衡温度方程可知

$$|\Delta T_\omega| = \frac{\alpha \Phi_\omega}{G(1 + \omega^2 \tau_T^2)^{1/2}} \tag{2-39}$$

式中,$\tau_T = H/G$,为热释电器件的热时间常数。

将式(2-39)代入式(2-38),可得热释电器件的输出电压的幅值解析表达式为

$$|V| = \frac{\alpha \omega \gamma A_d R}{G(1 + \omega^2 \tau_e^2)^{1/2}(1 + \omega^2 \tau_T^2)^{1/2}} P_\omega \tag{2-40}$$

式中,$\tau_e = RC$,为热释电器件的电路时间常数,$\tau_T = C_H/G$ 为热时间常数,τ_e、τ_T 数值为 $0.1 \sim 10\mathrm{s}$;A_d 为光敏面的面积;α 为吸收系数;ω 为入射辐射的调制频率。

【实验仪器】

实验仪器有热释电远红外传感器、示波器、直流稳压电源、光谱架。

【实验内容】

（1）按图 2-56 接线，观察传感器的圆形感应端面，中间黑色小方孔是滤色片，内装有敏感元件。

（2）直流稳压电源置±4V 挡。

（3）开启主电源，注意周围人体尽量不要晃动，调整放大器增益适中，调整好示波器（Y 轴：50mV/div；X 轴：0.2S/div）。

（4）现象一：用手掌在距离传感器约 10mm 处晃动，注意数显表及示波器波形的变化，停止晃动，重新观察数显表及示波器的波形的变化。

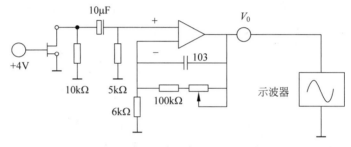

图 2-56 实验原理图

（5）现象二：用手掌靠近传感器晃动，注意数显表及示波器的波形的变化。

（6）通过上述（4）、（5）实验，画出实验波形图。

注意事项：因传感器灵敏较高，对周围较远的红外辐射也能接收，数显表有些跳动是正常现象，所以实验时最好不要有人走动。

【实验数据处理】

通过实验波形图验证热释电远红外传感器的三个工作特性：①只检测热辐射温度的变化；②当温度不变时无输出；③辐射温度越高（变化），输出越大。

【预习思考题】

（1）热释电器件的主要噪声是什么？其噪声等效功率与哪些因数有关？

（2）利用热释电器件制作人体感应器时，为什么器件前面要增加光学菲涅尔透镜？查资料说明。

2.9 色敏探测器实验

【引言】

自然界中有各种各样的颜色，物体对光的选择吸收是产生颜色的主要原因。随着现代工业生产向高速化、自动化方向的发展,颜色识别得到了越来越广泛的应用。而生产过程中长期以来由人眼起主导作用的颜色识别工作将越来越多地被相应的色敏探测器所替代。色敏探测器可以应用于印染、油漆、汽车等行业,也可以装在自动生产线上对产品的颜色进行监测。

【实验目的】

(1) 掌握色敏探测器的工作原理。

(2) 掌握色敏探测器 TCS3200。

(3) 掌握色敏探测器的应用。

【实验原理】

1. 三原色原理

1) 颜色的特性参数

色调(hue):以波长为基础,是区分不同颜色的特征属性。取决于可见光谱中的光波的波长或频率,光源的色调由其光谱分布决定,物体的色调由照射光源的光谱和物体本身的反射或透射特性决定。

饱和度(saturation):反映颜色的纯度,颜色接近光谱色的程度。任意一种颜色都可以看作某种光谱色与白色混合的结果,光谱色所占比例越大,颜色的饱和度越高。

亮度(lightness):是描述颜色亮暗的一种属性,是一种光强度的测量方法,与光的能量有关。取决于物体表面对光线中各种色光的吸收和反射程度。

2) 三原色理论

根据德国物理学家赫姆霍兹(Helmholtz)的三原色理论可知,各种颜色是由不同比例的三原色(红、绿、蓝)混合而成的。适当选取这三种基色(红、绿、蓝),将它们按不同比例进行合成,就可以获得不同的颜色感觉,合成彩色光的亮度由三个基色的亮度之和决定,色调由三基色分量的比例决定,三基色彼此独立,任一种基色不能由其他两种颜色配出。国际照明委员会(CIE)推荐使用波长为 700nm(红)、546.1nm(绿)、435.8nm(蓝)的三原色。白色是由各种频率的可见光混合在一起构成的。然而通常所看到的物体颜色,实际上是物体表面吸收了照射到它上面的白光(日光)中的一部分有色成分,而反射出的另一部分有色光在人眼中的反应。最典型的颜色模型即 RGB 模型,如图 2-57 所示。在这个颜色模型中,3 个轴分别为 R、G、B。原点对应的为黑色(0,0,0),离原点最远的顶点对应白色(255,255,255)。由黑到白的灰度分布在从原点到最远顶点间的连线上,正方体的其他六个角点分别为红、黄、绿、青、蓝和品红。需要注意的一点是,RGB 颜色模型所覆盖的颜色域取决于显示设备光电的颜色特性。每一种颜色都有唯一的 RGB 值与它对应。

2. 色敏探测器

1) 色敏探测器原理

色敏探测器是半导体光敏传感器的一种,是基于内光电效应将光信号转换为电信号的光辐射探测器件。可直接测量从可见光到近红外波段内单色辐射的波长,是一种新型的光敏器件。双结色敏探测器是检测单色光的常用传感器,是一种不使用滤色器的双结型光敏二极管,由同一硅片上两个深浅不同的 PN 结构成,其中 PD_1 结为浅结,PD_2 结为深结。其

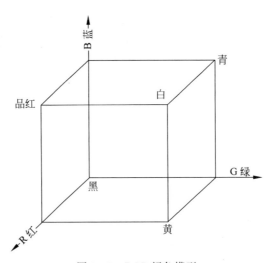

图 2-57   RGB 颜色模型

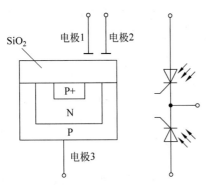

图 2-58   双结色敏探测器及等效电路

结构和工作原理的等效电路如图 2-58 所示。在光照射时，P＋、N、P 三个区域及其间的势垒区均有光子被吸收，但是吸收的效率不同。紫外光部分吸收系数大，经过很短距离就被吸收完毕；因此浅结对紫外光灵敏度较高。而红外光部分吸收系数小，光子主要在深结处被吸收；因此，深结对红外光灵敏度较高。导体中不同的区域对不同的波长具有不同的灵敏度，见图 2-59，这就使其具有识别颜色的功能。当入射光强度保持一定时，器件中两只光敏二极管短路电流比值 I_{sd1}/I_{sd2} 与入射单色光（一般由单色光照射待测物体反射后得到）波长存在一一对应关系，根据标定的曲线及对应关系，即可唯一确定该单色光的波长，如图 2-60 所示。虽然对于固定波长的入射光，由于外界环境的影响，在不同时刻同一结输出的电流有起伏，但同一时刻两个结的对数电流比为一定值。

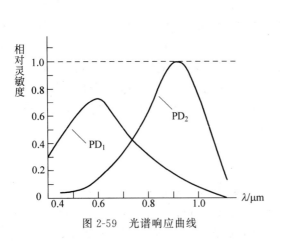

图 2-59   光谱响应曲线

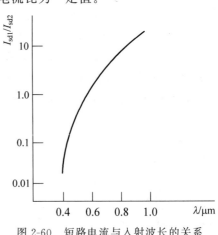

图 2-60   短路电流与入射波长的关系

这种探测器的突出优点是：短路电流比与光强无关，几乎只与入射光波长相关。但色敏探测器的输出电流很小,很容易受外界的干扰,因此需要对放大电路进行屏蔽。

上述双结型光敏二极管只能用于测定单色光的波长,不能用于测量多种波长组成的混合色光,即便已知混合色光的光谱特性,也很难对光的颜色进行精确检测。

全色色敏探测器是在同一块非晶体硅基片上制作 3 个深浅不同的 PN 结,同时涂盖一层红、绿、蓝三基色滤色片,全色色敏探测器结构示意图如图 2-61 所示;当物体或发光体反射来的光入射到红、绿、蓝三基色滤色片的检测部分上时,光谱响应曲线如图 2-62 所示。通过对 R、G、B 输出电流的比较,即可识别物体的颜色。

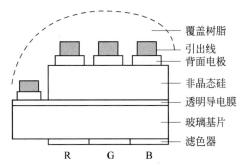

图 2-61　全色色敏探测器结构示意图

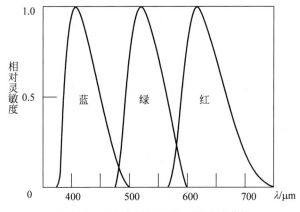

图 2-62　全色色敏探测器光谱响应曲线

利用全色色敏探测器及相关分析手段可以较精确地测定颜色,一般来说,它至少需要三个光敏二极管以及三个相应的滤色片,以获得颜色的三刺激值,因此结构和电路都比较复杂。

典型的硅集成三色色敏探测器的颜色识别的方法如图 2-63 所示。从标准光源发出的光,经被测物反射,投射到色敏探测器后,R、G、B 三个光敏二极管输出不同的光电流,经运算放大器放大、A/D 转换,将变换后的数字信号输入微处理器中。微处理器在软件的支持下,在显示器上显示出被测物的颜色。

半导体色敏器件结构简单、体积小、成本低,在工业上可以自动检测纸、纸浆、染料的颜色;医学上可以测定皮肤、牙齿等的颜色;家电中电视机的彩色调整、商品颜色及代码的读取等。

2) 色敏探测器特性

光谱特性:表示它能检测的波长范围,不同型号略有差别。

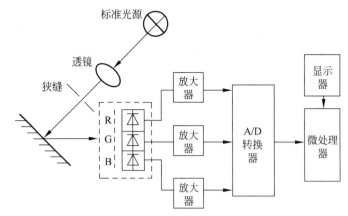

图 2-63　全色色敏探测器颜色识别电路框图

短路电流比-波长特性：表征半导体色敏探测器对波长的识别能力。

温度特性：由于光敏二极管是做在同一块材料上的，具有相同的温度系数，这种内部补偿作用使色敏探测器对温度不十分敏感，所以通常不考虑温度的影响，只要保证探测器工作在正常的温度范围内即可。

3. 白平衡

我们所看到的物体颜色，是物体表面吸收了照射到它的白光（日光），反射（散射）出的光在人眼中的反应。白平衡就是告诉系统什么是白色。从理论上讲，白色是由等量的红色、绿色和蓝色混合而成的；但实际上，白色中的三原色并不完全相等，并且对于 TCS3200 光探测器来说，它对这三种基本色的敏感性是不相同的，导致 TCS3200 的 RGB 输出并不相等，因此在测试前必须进行白平衡调整，使得 TCS3200 对所检测的"白色"中的三原色的敏感性是相等的。进行白平衡调整是为后续的颜色识别作准备。首先测出基准光源的 RGB 光强值，再测量出在标准光源下物体所反映出的光强值，两者之比就是物体的发射（或透射）性质，即物体的实际颜色，如式(2-41)、式(2-42)、式(2-43)所示。

$$R = P_{物红} / P_{源红} \tag{2-41}$$

$$G = P_{物绿} / P_{源绿} \tag{2-42}$$

$$B = P_{物蓝} / P_{源蓝} \tag{2-43}$$

由于在 RGB 坐标下的颜色标准坐标为 0～255，所以把所得结果乘以 255，即得到标准的 RGB 值。透明物体直接测量光源的光强-频率值，不透明物体需要用白纸测量反射光源。

4. TCS3200 色敏探测器

目前的色敏探测器通常是在独立的硅光敏二极管上覆盖经过修正的红、绿、蓝滤光片，然后对输出信号进行相应的处理，输出模拟量，再需要一个 A/D 电路进行采样，才能进行识别，电路复杂，并且存在较大的识别误差，影响识别效果。与传统的色敏探测器相比，TCS3200 色敏探测器直接把光强转换成为数字量，而且它的反应速度快，并可用软件设计改变对滤波片的选择，可编程，可操作性强，减小了识别误差。TCS3200 原理框架图如图 2-64所示，实物图如图 2-65 所示。

TCS3200 可编程彩色光/频率转换器是由可配置的硅光敏二极管阵列和一个电流/频率转换器集成在一块单片 COMS 集成电路上构成的。输出占空比为 50% 的方波，且输出

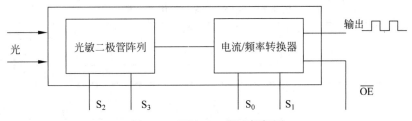

图 2-64 TCS3200 原理框架图

频率与光强度呈线性关系。用户可以通过两个可编程引脚来控制频率的输出比例因子。数字兼容的输出与输入允许引脚直接与微处理器或其他逻辑电路连接。通过输出使能端 OE 将输出置于高阻状态可使多个器件共享一条微处理器输入线。光/频率转换器读一个 8×8 光敏二极管阵列,其中 16 个光敏二极管有蓝色的过滤器,16 个光敏二极管有红色的过滤器,16 个光敏二极管有绿色的过滤器,16 个光敏二极管不含有颜色过滤器。四种颜色类型的选择最大限度地降低了入射光辐射的不均匀性。所有同颜色的光敏二极管都是并联连接的,S_2 和 S_3 引脚用来选择哪种光敏二极管(红、绿、蓝、清除)将工作。用户还可以通过两个可编程引脚来选择 100%、20% 或 2% 的输出比例因子,或电源关断模式。输出比例因子使探测器的输出能够适应不同的测量范围,提高了它的适应能力。

如图 2-66 和表 2-27 所示,S_0、S_1 用于选择输出比例因子或电源关断模式;S_2、S_3 用于选择滤波器的类型;OE 是频率输出使能引脚,可以控制输出的状态,当有多个芯片引脚共用微处理器的输出引脚时,也可以作为片选信号,OUT 是频率输出引脚,GND 是芯片的接地引脚,V_{DD} 为芯片提供工作电压,表 2-28 是 S_0、S_1 及 S_2、S_3 的可用组合。

图 2-65 TCS3200 实物图

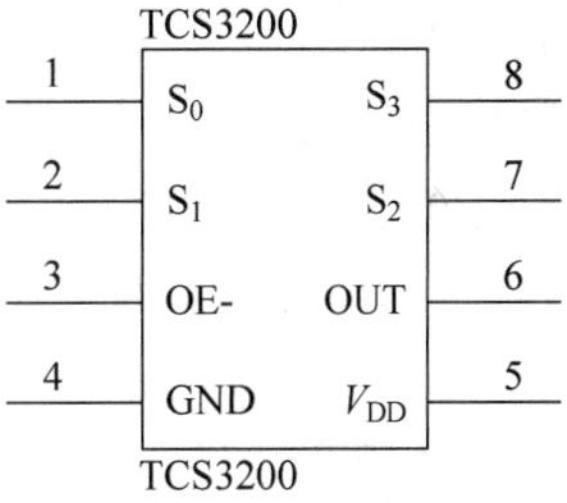

图 2-66 TCS3200 引脚图

表 2-27 TCS3200 引脚功能

引脚		I/O	描 述
名字	标号		
GND	4		电源地,所有的电压参考地
OE	3	I	频率输出使能端,低电平有效
OUT	6	O	输出频率
S_0,S_1	1,2	I	输出频率分频系数选择输入端
S_2,S_3	7,8	I	光敏二极管类型选择输入端
V_{DD}	5		电源电压

表 2-28　S_0、S_1 及 S_2、S_3 组合选项

S_0	S_1	输出频率定标	S_2	S_3	滤波器类型
L	L	关断电源	L	L	红色
L	H	2%	L	H	蓝色
H	L	20%	H	L	无
H	H	100%	H	H	绿色

由三原色感应原理可知,如果知道构成各种颜色的三原色的值,就能够知道所测试物体的颜色。对于 TCS3200 来说,当选定一个颜色滤波器时,它只允许某种特定的原色通过,阻止其他原色通过。例如:当选择蓝色滤波器时,入射光中只有蓝色可以通过,红色和绿色都被阻止,这样就可以得到蓝色光的光强;同理,选择其他的滤波器,就可以得到其他色光的光强。通过这三个值,就可以分析投射到 TCS3200 传感器上的光的颜色。

当用 TCS3200 识别颜色的时候,有两种方法测量参数:

(1) 在调节白平衡时,依次选通三种颜色的滤波器,然后对 TCS3200 的输出脉冲进行计数,记录每通道计数到 255 时所用的时间。实际测试时使用这些时间作为 TCS3200 每种滤波器所采用的时间基准,然后依次在这些时间间隔内测得的脉冲数就是对应的 RGB 值。

(2) 在调节白平衡时,设置定时器为一固定时间,然后选通三种颜色的滤波器,计算这段时间内 TCS3200 输出的脉冲数,计算出一个比例因子。在实际测试时,在相同的时间内进行计数,通过比例因子计算得到相对的 RGB 值。

这种可编程的彩色光/频率转换器适合于色度计测量应用领域,如彩色打印、医疗诊断、计算机彩色监视校准以及油漆、纺织品、化妆品和印刷材料的过程控制和色彩配合。

5. 颜色测量方法

1) 透明物体的颜色识别

采用直射式进行颜色识别,识别颜色之前首先进行白平衡,即测量当前基准光源的 RGB 光强,然后把待测物体放在 TCS3200 与基准光源之间,探测器测量透射光的光强-频率值。实验装置图如图 2-67 所示。

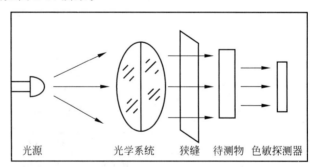

光源　　　　光学系统　狭缝　待测物　色敏探测器

图 2-67　直射式颜色识别系统实验装置图

待测颜色光源强,直射传感器时识别结果会接近实际颜色。所以测量时,要尽量使待测物覆盖 TCS3200 的整个感光的范围,由于透明待测物是在基准光源与传感器之间,所以待测物可以直接接触在传感器的整个感光面上。

2) 非透明物体的颜色识别

采用反射式进行颜色识别时,通过一种光源对物体表面进行光照,经过物体表面反射后

投射到 TCS3200 中,分析其输出特征就可以求得物体表面颜色。识别颜色之前首先进行白平衡,TCS3200 测量基准光源下白纸的反射光。图 2-68 为 RGB 三波长颜色识别装置图。

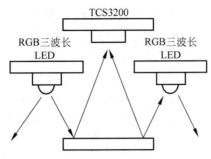

图 2-68　RGB 三波长颜色识别装置图

非透明物体识别的颜色与实际颜色相近,但亮度会略有不同,材料和光源的位置对测量结果有影响。由于基准光源在传感器与待测物之间,所以在识别颜色时,传感器不可避免地接收到了基准光源的光,这就产生测量 RGB 值的偏差。

【实验仪器】

实验仪器有 TCS3200 颜色识别模块、色标卡、连接线、计算机。

【实验内容】

1. 透明物体的颜色测量

首先搭好光路,按照光源、准直系统、狭缝、待测物、凸透镜、颜色识别模块的顺序将实验仪器放好,保持各实验仪器高度一致,调节光路使得光线能够很好地进入颜色识别模块中。在黑暗的环境中,不放置待测物的前提下,将开发板接通电源,不点亮颜色识别模块上的 LED 灯,按下白平衡按键,多次测量并记录下相关光强-频率值。依次放置透明度不同的待测物 1、2、3,按下颜色测量按键,对同一待测物多次测量,记录下此时的光强-频率值。将所有的数据记录在表 2-29 中。

表 2-29　颜色测量表

纸板颜色	R	G	B	所得颜色

2. 非透明物体的颜色测量

将待测彩色纸板放平,把颜色采集模块放在标准白色的纸板上,放正放平。在黑暗的环境中,将开发板接通电源,点亮颜色识别模块的 LED 灯,按下白平衡按键,多次测量并记录下相关光强-频率值。然后将颜色采集模块放在待测颜色的纸板上,放平放正。按下颜色测试按键,对同一待测物多次测量,记录下此时的光强-频率值。然后换待测颜色纸板后,重复同样的步骤。

在颜色采集模块色敏探测器上方加一个聚光的凸面镜,重复上面的步骤。

3. 测量最佳测量距离

在上一步实验的基础上,将标准白板放到距颜色采集模块 1cm 处,按下白平衡按键,多次测量并记录下相关的光强-频率值。再将一种待测颜色的纸板放到距颜色采集模块 1cm 处,按下颜色测试按键,多次测量记录下相关的光强-频率值。然后将 1cm 的距离换成 3cm、5cm、10cm、15cm、20cm,重复上面的步骤。将所有的数据记录在表 2-30 中。

表 2-30　最佳距离测量表

距离/cm	纸板颜色			
	R	G	B	所得颜色
1				
3				
5				
10				
15				
20				

在颜色采集模块色敏探测器上方加一个聚光的凸面镜,重复上面的步骤。

【实验数据处理】

(1) 将白平衡按键按下时测得的数据求取平均值,记为 r_0、g_0、b_0,作为基准值。

(2) 将颜色测试按键按下时测得的数据求取平均值,记为 r、g、b。

(3) 相对于标准光源的相对反射率有:$P_蓝 = b \div b_0$；$P_红 = r \div r_0$；$P_绿 = g \div g_0$；分别转换为颜色值 $R = P_红 \times 255$；$G = P_绿 \times 255$；$B = P_蓝 \times 255$。

(4) 将数据输入软件中并查询颜色。

(5) 分析实验相关数据。

【预习思考题】

(1) 列举几例色敏探测器实例和应用。

(2) 分析实验中产生误差的原因,思考应该用什么方法减小误差。

2.10　位置敏感探测器实验

【引言】

位置敏感探测器(Position Sensitive Detector,PSD)是一种对入射到光敏面上的光斑能量中心位置敏感的光电器件,可以利用较少的光电输出信号的相对程度来计算位置信息。相对于其他类型的光电探测器,PSD 的主要优点在于它是无盲区的连续性器件,并且在无须额外器件的情况下就可以做成大面积的测量系统。目前,高性能的 PSD 已经被普遍应用,不仅光谱范围宽,并且位置分辨率可达 $0.1\mu m$,响应速度也提高至 $0.5\mu s$。如今,PSD 已被广泛应用于低成本或高速位置检测的商业和工业应用中,比如非接触式距离测量、激光光束准直和物体的光电跟踪等场合,也应用于精密光学准直方面,比如生物医疗应用、机器人、过程控制和位置信息系统等。

【实验目的】

(1) 掌握 PSD 的工作原理。
(2) 了解 PSD 的特性及其测试方法。
(3) 掌握 PSD 输出信号处理方法和误差补偿方法。
(4) 掌握 PSD 测距原理和输出信号误差测量方法。

【实验原理】

1. PSD 的工作原理

PSD 是一个利用嵌入式电阻层来生成位置灵敏信号电流的单一光敏二极管,其工作机理是半导体的横向光电效应。横向光电效应是指当 PN 结一面被非均匀辐照时,平行于结的平面上出现电势差,形成光生伏特电压或者光生电流的现象。

PSD 由单一的大面积 PN 结和高阻半导体材料制成的面电阻组成,其工作原理图如图 2-69 所示。当 PSD 未受光照时,沿着结平面电势均匀,横向无电势差。当一束光照在 P 型层表面某个区域时,激发光生电子-空穴对,电子-空穴对在 PN 结耗尽层分离,并在内电场作用下,电子向 N 型层运动,空穴向 P 型层运动。如果 N 型层高浓度掺杂,电导率很大,为等电势层,那么经漂移运动来的电子属于多数载流子,将快速离开照射区在整个 N 型层均匀分布。P 型层由于电阻率很大而出现光生空穴的堆积,结果出现横向电势差,在横向电场作用下光生空穴离开照射区向两边电极运动形成横向电流。同时,由于运动的空穴将抵消部分空间电荷,使空穴向 N 型层,电子向 P 型层回注,形成纵向回注漏电流。另外,由于薄层分流电阻是个分布电阻,器件工作时还会存在呈面分布的 PN 结反向结电流,又由于 PN 结具有电容,会伴随电容效应。

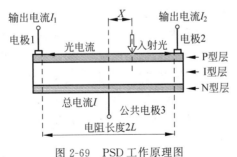

图 2-69　PSD 工作原理图

若使 PSD 工作在反向偏置状态,光生电流远远大于反向饱和电流和漏电流,假设 P 型层电阻率均匀分布,那么考虑稳态时,可以认为光生电流在 P 型层按电阻面长度分流。若以 PSD 的几何中心点为坐标原点，设光斑中心距原点的距离为 X，流过 N 型层上电极的电流为 I，流过两电极的电流分别为 I_1 和 I_2，PSD 光敏面长度为 $2L$，则有如下关系

$$I = I_1 + I_2 \qquad\qquad (2\text{-}44)$$

$$I_1 = \frac{L - X}{2L} I \qquad\qquad (2\text{-}45)$$

$$I_2 = \frac{L + X}{2L} I \qquad\qquad (2\text{-}46)$$

$$X = L\left(\frac{I_2 - I_1}{I_1 + I_2}\right) \qquad\qquad (2\text{-}47)$$

由以上关系可知，电极 1、电极 2 的输出电流经过适当的信号放大以及运算处理可以得到反映光斑位置的信号输出，即可测出光斑能量中心对于器件中心的位置 X，它只与电流 I_1 和 I_2 的和、差及其比值有关，而与总电流无关。流经电极 3 的电流即总电流 I，它与入射强度成正比，所以 PSD 不仅能检测光斑中心的位置，而且能检测光斑的强度。

2. PSD 的性能指标

PSD 为特种光生伏特器件，其基本特性与一般的光生伏特器件类似，而作为位置敏感探测器，PSD 有着其独特的特性，即位置检测特性。其主要性能指标如下。

1）峰值响应灵敏度

峰值响应灵敏度是指 PSD 输出光电流与入射光功率之比，即在单位光功率的作用下，PSD 输出的最大光电流。进行弱光检测时，峰值响应灵敏度是选择 PSD 的重要参数，选择较高峰值响应灵敏度的器件，有利于提高系统的信噪比。

2）光谱响应

以等功率的不同单色辐射波长的光作用于 PSD 时，其响应程度或电流灵敏度与波长的关系称为 PSD 的光谱响应。通常 PSD 的光谱响应范围为 $300\sim1100\text{nm}$，峰值响应波长为 900nm。但是，对于光生伏特器件，减少 PN 结的厚度可以提高短波段波长的光谱响应，这是因为 PN 结的厚度变薄后，短波段的光谱很容易被吸收，而长波段的辐射光谱很容易穿透 PN 结，而不被吸收。利用 PN 结这个特性可以制造出具有不同光谱响应的 PSD，如对可见光灵敏的 PSD 和对红外光灵敏的 PSD。

3）时间响应

时间响应是反映 PSD 瞬态特性的重要指标。PSD 内光电流的产生主要在以下几段时间：漂移时间，即 PN 结区内产生的光生载流子渡越结区的时间；扩散时间，即 PN 结区外产生的光生载流子扩散到 PN 结区内的时间；RC 延迟时间，由 PN 结电容、内电阻和负载电阻构成。PSD 的内电阻、结电容和光敏面长度越小，响应速度越快。另外，当负载电阻很大时，RC 时间延迟常数会成为影响时间响应的一个重要因素，应用时需要注意。由于 PSD 具有 PIN 三层结构，I 型层耗尽区很宽，结电容较小，光生载流子几乎全部在 I 型层耗尽区中产生，没有扩散分量的光生电流，因此 PSD 的响应速度比普通 PN 结光敏二极管要快很多。

4）暗电流

暗电流由体漏电流和表面漏电流两部分组成，其中表面漏电流取决于材料的质量、器件制作过程所采用的表面钝化工艺。暗电流存在于所有工作在反向偏置状态下的结型器件中，PSD 也不例外。

5）温度响应

PSD 的暗电流和光生电流均随温度的升高而增加。暗电流随温度的变化,使输出的信噪比变差,不利于微弱光信号的检测。在进行微弱光信号的检测时,需要考虑温度对 PSD 输出的影响,必要时应采取恒温或者温度补偿的措施。

6）位置线性度

位置线性度是指入射光斑沿直线移动时,PSD 的位置输出偏离该直线的程度。PSD 的位置检测特性近似于线性,但由于器件的固有特性决定其存在非线性,而且越接近于边缘位置,误差越大。其线性度主要取决于制造过程中表面扩散层和底层材料电阻率的均匀性,以及有效感光面积等因素,且没有定量的公式作为依据。由于 PSD N 型层材料的不均匀性和电极形状等因素而造成 P 型层电阻率不为恒量,最终导致 PSD 呈非线性关系。通常,距离器件中心 2/3 的范围内线性度较好,越靠近边缘线性度越差。因此,实际应用中需要尽量选用线性度较好的区域,使系统误差限制在最小。

7）位置分辨率

位置分辨率是指 PSD 最小可探测的光斑移动距离,该指标主要受器件尺寸、信噪比等因素的影响。通常尺寸越大,器件分辨率越低,而提高信噪比可以提高位置分辨率。利用式（2-45）,可做如下推导

$$I_1 + \Delta I = \frac{L - X + \Delta X}{2L} \cdot I \tag{2-48}$$

其中,ΔX 为微小位移,ΔI 为 ΔX 所对应的输出电流的变化。那么,ΔX 可表示为

$$\Delta X = 2L \cdot \frac{\Delta I}{I} \tag{2-49}$$

假设对微小位移 ΔX 取无穷小值,那么很明显,位置分辨率取决于此时输出电流所包含的噪声成分。因此,如果 PSD 的噪声电流为 I_n,则可以通过下式求得位置分辨率 ΔR,即

$$\Delta R = 2L \cdot \frac{I_n}{I} \tag{2-50}$$

3. PSD 选型

本系统采用的探测器为一维位置敏感探测器,型号为 HY0108,图 2-70 所示为其实物图,引脚定义如下：1,3 引脚为公共端；2,4 引脚为信号输出端。HY0108 的基本参数：有效光敏面为 1mm×8mm；位置分辨率为 0.1μm；光谱响应范围为 380～1100nm；响应时间为 0.8μs；工作温度为 -10～60℃。

图 2-70 一维 PSD HY0108 实物图

4. PSD 信号处理电路原理

图 2-71 所示为一维 PSD 信号处理电路框图。光源发射的激光照射在 PSD 的光敏面上,PSD 输出两路光电流信号,前置放大电路将其转换为电压信号并进行放大,经加法电路和减法电路得到两路信号的和与差,其中加法电路输出电压的极性为正,而减法电路输出电压的极性不确定,所以需要对减法电路的输出进行电平抬升和相位调整,以方便后续电路处理和数据采集。由于 PSD 的光谱范围比较宽,所以其输出信号不仅包括光源照度所产生的有用光电信号,还包括背景光和暗电流的影响而存在的噪声源。考虑该影

响在整个光敏面是均匀的，对两路输出电流的影响相等，所以可以认为减法结果不受影响，只需对加法结果进行补偿调零。

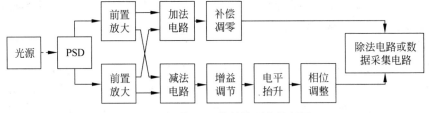

图 2-71 一维 PSD 信号处理电路框图

1）PSD 反向偏置电路

位置敏感探测器 HY0108 工作在反向偏置状态，因此需要设计反向偏置电路，如图 2-72 所示。HY0108 的 PSD_I_{o1} 和 PSD_I_{o2} 为光电流信号输出引脚，公共端接 +5V 直流电压。同时为了增强系统的抗干扰能力，在 HY0108 电源输入端并接电源去耦电容，使其工作稳定可靠，提高系统性能。

2）前置放大电路

PSD 的输出信号为电流型，要对其进行运算和采集需转换为电压信号。最常见的实时电流型接口电路是由运算放大器和电阻构成的电阻反馈跨导式放大电路。运算放大器被配置成可以实时记录输入电流并将其转换成电压输出的电路，如图 2-73 所示，其反馈阻抗为 R_f，输入电流为 I_i，则可求出其输出电压

$$V_o = -I_i \cdot R_f \tag{2-51}$$

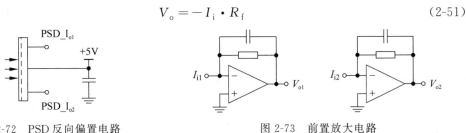

图 2-72 PSD 反向偏置电路　　　　　　图 2-73 前置放大电路

为防止由输入寄生电容使相位滞后而引起振荡，该电路中采用反馈电阻与一小电容并联的方式来进行相位补偿，图中电容值通常取 10pF 以下。

3）加减法电路

图 2-74 所示为两路信号的加减法实现电路，上半部分电路中，两个输入信号均作用于运算放大器的同一个输入端，实现了加法运算，下半部分电路中，一部分输入信号作用于运算放大器的同相输入端，另一部分输入信号作用于反相输入端，实现了减法运算。考虑在该实验仪中光源的驱动方式为直流驱动，所以由 PSD 产生的光电流信号也为直流信号，电路中采用由电阻和电容产生的低通滤波电路可以滤掉高频噪声。

4）增益调节电路

图 2-75 所示为增益调节电路。该电路为反相比例运算放大器电路，输入电压通过电阻作用在运算放大器的反相端，反馈电阻跨接在运算放大器的输出端和反相输入端，构成了电压并联负反馈。通过调节反馈电阻的阻值，可以调节输入电压的放大增益。

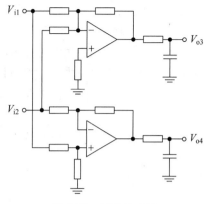

图 2-74 加减法电路

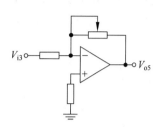

图 2-75 增益调节电路

5) 补偿调零电路

图 2-76 所示为补偿调零电路。该电路实际为由运算放大器与反馈网络构成的减法运算电路,通过调节同向端的输入电压使其与反向输入端电压相等,可以实现输出为零。

6) 电平抬升和相位调整电路

图 2-77 所示为电平抬升和相位调整电路。该电路首先将输入信号与 $+2.5\mathrm{V}$ 电压反相求和,再进行反相,最后通过低通滤波器滤掉高频噪声。

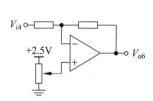

图 2-76 补偿调零电路

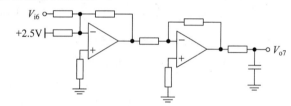

图 2-77 电平抬升和相位调整电路

【实验仪器】

实验仪器有一台 WHUTPSD-Ⅱ型综合实验仪、一套一维机械调节支架、一根电源线、一根 7 芯航空插头连接线、若干连接导线。

【实验内容】

1. 实验准备

(1) 将机械部分和实验箱通过 7 芯航空插座连接线连接,将连接线带有红色标记一端接到实验箱上,接插部分有卡槽对应。

(2) 将实验仪面板上信号处理模块测试区的 PSD 输出端 PSD_I_{o1} 和 PSD_I_{o2} 分别用导线连接至 I_{i1} 和 I_{i2}。

(3) 用导线将 PSD 信号处理模块的各单元电路连接起来,即 V_{o1} 与 V_{i1} 相连接,V_{o2} 与 V_{i2} 相连接,V_{o4} 与 V_{i3} 相连接,将电压表量程调到 20V,其测试引线接到信号处理模块测试区的 V_{o5} 和 GND 上。

（4）打开实验仪侧面总电源，信号处理模块电路开始工作。

（5）打开实验仪面板上的激光器电源，机械调节支架上的激光器开始工作。

（6）调整升降杆架、接杆和杆架上的固定螺母，并转动测微头使激光光斑能够在 PSD 光敏面上从一端移动到另一端，最后将光斑定位在 PSD 光敏面上的正中间位置（目测）。

（7）打开电压表电源开关，缓慢调整测微头，当电压表显示值为 0 时，此位置即为原点位置。

（8）转动测微头使光斑从 PSD 光敏面一端移动到另一端，并调节"增益调节"电位器，使电压表显示值在 $-2.5\sim2.5\mathrm{V}$ 的范围变化。

（9）关闭激光器电源，关闭电压表电源，关闭实验仪总电源。

2. PSD 特性测量实验

（1）重复实验准备各步骤，组装实验系统。

（2）关闭电源后，重新用导线将 PSD 信号处理模块的各单元电路连接起来，即 PSD_I_{o1} 与 I_{i1} 相连接，PSD_I_{o2} 与 I_{i2} 相连接，V_{o1} 与 V_{i1} 相连接，V_{o2} 与 V_{i2} 相连接，V_{o3} 与 V_{i3} 相连接，将电压表量程拨到 20V，其测试引线接到信号处理模块的 V_{o5} 和 GND 上。

（3）打开实验仪总电源，打开激光器电源，打开电压表电源。

（4）转动测微头使激光光斑在 PSD 光敏面上从一端移动到另一端，注意观察电压表显示结果，记录现象。

（5）关闭激光器电源，关闭电压表电源，关闭实验仪总电源。

3. PSD 输出信号处理及误差补偿实验

（1）重复实验准备步骤，组装实验系统。

（2）关闭电源后，重新用导线将 PSD 信号处理模块的各单元电路连接起来，即 PSD_I_{o1} 与 I_{i1} 相连接，PSD_I_{o2} 与 I_{i2} 相连接，V_{o1} 与 V_{i1} 相连接，V_{o2} 与 V_{i2} 相连接，V_{o3} 与 V_{i4} 相连接，将电压表量程拨到 20V，其测试引线接到信号处理模块的 V_{o6} 和 GND 上。

（3）打开实验仪总电源，打开电压表电源，关闭激光器电源，调节"补偿调零"电位器，使电压表显示值为 0。

（4）打开激光器电源，转动测微头使光斑移动到 PSD 某一固定位置，使电压表显示值为一固定值。

（5）关闭所有电源，断开 PSD_I_{o1} 与 I_{i1}、PSD_I_{o2} 与 I_{i2}，再打开实验仪总电源，打开激光器电源，并打开电流表电源，用电流表测量 PSD_I_{o1} 与 PSD_I_{o2} 的电流值，记录数据，即为 PSD 两路输出电流值。

（6）关闭所有电源，连接 PSD_I_{o1} 与 I_{i1}、PSD_I_{o2} 与 I_{i2}，断开 V_{o1} 与 V_{i1}、V_{o2} 与 V_{i2}，再打开电源，用电压表测量 V_{o1} 和 V_{o2} 的电压值，记录数据，即为 PSD 两路输出电流经过电流电压变化的处理结果，分析 PSD_I_{o1}、PSD_I_{o2} 和 V_{o1}、V_{o2} 的关系。

（7）关闭所有电源，连接 V_{o1} 与 V_{i1}、V_{o2} 与 V_{i2}，断开 V_{o4} 与 V_{i3}，再打开电源，用电压表测量 V_{o3} 和 V_{o4} 的值，分别分析 V_{o3}、V_{o4} 和 V_{o1}、V_{o2} 的关系。

（8）关闭所有电源，连接 V_{o4} 与 V_{i3}，断开 V_{o5} 与 V_{i4}，再打开电源，调节"增益调节"电位器，用电压表观察 V_{o5} 的电压变化。

（9）关闭各模块电源，关闭实验仪总电源。

4. PSD 测距原理实验及实验误差测量

（1）重复实验准备步骤,组装实验系统。

（2）关闭电源后,重新用导线将 PSD 信号处理模块各单元电路连接起来,即 PSD_I_{o1} 与 I_{i1} 相连接,PSD_I_{o2} 与 I_{i2} 相连接,V_{o1} 与 V_{i1} 相连接,V_{o2} 与 V_{i2} 相连接,V_{o4} 与 V_{i3} 相连接,将电压表量程拨到 20V,其测试引线接到信号处理模块的 V_{o5} 和 GND 上。

（3）打开实验仪总电源,打开激光器电源,打开电压表电源。

（4）缓慢转动测微头,使激光光斑从 PSD 左端开始移动,取 $\Delta X = 0.5$mm。读取电压表显示值,填入表 2-31 中,画出位移-电压特性曲线。

（5）根据表 2-31 所列的数据,计算中心量程 2mm、3mm、4mm 时的非线性误差。

（6）关闭激光器电源,关闭实验仪总电源,清理器件,整理航空插头连接线和导线。

表 2-31　PSD 传感器位移值与输出电压值

位移量/mm	0	0.5	1	1.5	2	2.5	3	3.5
输出电压/V								
位移量/mm	4	4.5	5	5.5	6	6.5	7	7.5
输出电压/V								

【实验数据处理】

（1）分析 PSD 特性测量实验现象,说明其特性,并通过查阅文献,写出此特性的应用。

（2）总结 PSD 输出信号处理方法,分析误差补偿原理。

（3）总结 PSD 测距原理,分析计算实验误差。

第 27 集
微课视频

【预习思考题】

（1）简单归纳位置敏感探测器的工作原理。

（2）为什么 PSD 可以检测光强?

第 28 集
微课视频

2.11　四象限探测器实验

【引言】

随着科技的发展,几何测量技术也在不断地发展。从刻度尺的出现到现在各种测微仪的发明,无不标志着测量技术的飞速发展。但就目前国内外的情况而言,各领域对测量精度、非接触性及测量速度的要求不断提高,传统的接触式测量方法早已不能满足工业测量领域的要求,非接触式测量由于其良好的精确度和高效性已成为测量领域的新热。因此了解和掌握一种非接触式的光电测量器件也成为高等院校光电子技术、光电信息工程、计量测试仪器、光电检测仪器、测绘工程、机械电子工程、测控技术与仪器等相关专业学生的基本要求。

【实验目的】

（1）了解四象限探测器的工作原理及其特性。

（2）了解激光器工作原理，掌握其驱动方式及脉冲驱动电路的使用。

（3）了解四象限探测器分别在直流和脉冲输入信号下的输出信号。

（4）掌握脉冲驱动电路工作原理。

（5）掌握四象限探测器信号处理方法。

【实验原理】

象限探测器是一类在定位系统中广泛应用的非成像探测器件，由于它具有探测灵敏度高、信号处理简单和抗干扰能力较强等优点，在军事、测绘、天文、通信、工程测量等许多领域都得到了广泛的应用。

象限探测器是利用集成电路光刻技术，将一个光敏面分隔成几个形状相同、面积相等、位置对称的区域，每一个区域相当于一个光电器件（光敏二极管或光电池），它们具有完全相同的性能参数，见图 2-78。

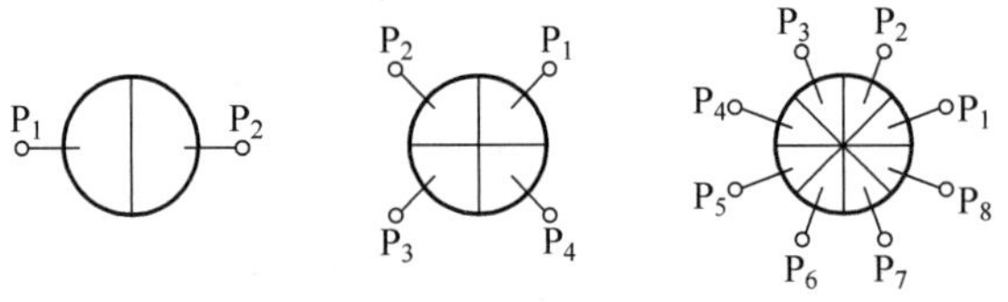

(a) 二象限探测器　　　(b) 四象限探测器　　　(c) 八象限探测器

图 2-78　各种象限探测器示意图

图 2-78(a)中，将光敏面分成了两个相同的区域，它具有一维位置的检测功能，称为二象限探测器。

图 2-78(b)所示为四象限探测器（Quadrant Photo-Detector，QPD），实物如图 2-79 所示，各象限定义如图 2-80 所示，该探测器具有二维位置的检测功能，可以探测目标位置的连续变化，具有位置分辨率高，响应速度快，调节方便等特点，广泛应用于光电跟踪、光电准直、图像识别和光电编码等方面。

 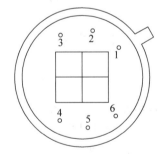

图 2-79　四象限探测器实物图

图 2-80　四象限探测器各象限定义

1、3、4、6—阳极；2、5—阴极，连接到地

四象限探测器如图 2-80 所示，有一突出标示的为第一象限，依次按逆时针排列为第二、第三、第四象限，输出的信号依次对应实验箱上的 A、B、C 和 D。

该款四象限探测器具有如表 2-32 及表 2-33 所示特性。

表 2-32　最大额定值(Typ. Ta＝25℃)

项目	符号	额定值	单位
偏置电压	VR	30	V
器件尺寸	S	6×6	mm²
使用温度	Topr.	−20～+80	℃
储存温度	Tstg.	−30～+120	℃
焊接温度	Tsol.	260	℃

表 2-33　光电特性(Typ. Ta＝25℃)

项目	符号	条件	典型值	最大值	单位
开路电压	V_{OC}	$EV=100lx$	0.3		V
短路电流	I_{SC}	2856K	15		μA
暗电流	I_d	$VR=-1V$		2	nA
结电容	C_t	$V=0V, f=10kHz$	500		pF
峰值响应波长	λ_p		940		nm

图 2-80 中,四象限探测器被分为 1、2、3、4 四个象限,当目标光斑运动到探测器上时,探测器的四个象限均有光电流(I_1、I_2、I_3、I_4)产生。假设目标光斑几何形状对称、能量均匀分布,通过对光电流的和差及除法运算,可以计算出目标光斑相对四象限探测器中心的偏移量,从而对目标光斑的中心进行定位。光谱响应特性曲线如图 2-81 所示。

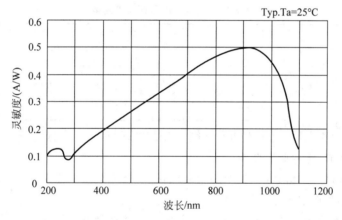

图 2-81　光谱响应特性曲线

由于从四象限探测器中获得的是微弱的电流信号,需经 I/V 转换、电压放大、A/D 转换后送入微处理器中进行进一步的处理。I/V 变换电路如图 2-82 所示。

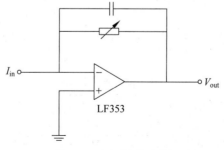

图 2-82　I/V 变换电路

【实验仪器】

实验仪器有四象限探测器综合实验仪（WHUTQPD-Ⅱ）。

【实验内容】

1. 二维系统、光源的组装调试

（1）将机械部分和实验箱通过 7 芯航空插座连接线连接，将连接线带有红色标记的一端接到实验箱上，接插部分有卡槽对应。

（2）打开实验箱电源，将激光器驱动开关拨动到"直流驱动"位置，调整升降台使激光器和四象限探测器的高度在同一水平线上，调节一维手动平移台使激光光斑位置落在四象限探测器中心上。

（3）调节激光器组件前端螺母，使激光器输出光斑直径为 2～3mm。

（4）调节激光器位置，肉眼观察，使激光器光斑中心分别落在探测器四个象限，打开电压表开关，同时用电压表测量光斑中心位于每个象限时的信号测试区探测器放大输出信号（V_a、V_b、V_c、V_d）输出电压值，数据填入表 2-34，根据测量数据判断光斑中心实际所在象限（A、B、C 或 D），填入测量位置一栏。

表 2-34　光斑中心所在象限测量

估测位置	V_a	V_b	V_c	V_d	测量位置
A					
B					
C					
D					

（5）依次关闭激光器、电压表和实验箱电源，拆掉所有连线，结束实验。

2. 激光器直流、脉冲驱动实验

（1）按照实验"1. 二维系统、光源的组装调试"步骤组装实验系统，注意请将连接线带有红色标记一端接到实验箱上。

（2）打开实验箱和示波器电源，将激光器驱动方式选择开关拨到"直流驱动"挡，调节二维移动平台使激光光斑中心位于第一象限，用示波器观测 I/V 变换模块 V_a 输出信号，记录信号波形。

（3）将激光器驱动方式选择开关拨到"脉冲驱动"挡，用示波器观测 I/V 变换模块 V_a 输出信号，记录信号波形。

（4）调节电位器 W_1、W_2，观察频率变化及频率上下限、脉宽变化及脉冲宽度上下限并将实验结果填入表 2-35 中。

表 2-35　波形记录

直流驱动	波形			
脉冲驱动	波形			
	频率上限	频率下限	脉宽上限	脉宽下限

（5）依次关闭激光器、实验箱电源，结束实验。

3. 四象限探测器输出脉冲信号放大实验

（1）按照实验"1. 二维系统、光源的组装调试"步骤组装实验系统，注意请将连接线带有红色标记一端接到实验箱上。

（2）依次打开实验箱和激光器电源，调整激光器和四象限探测器的高度在同一水平线上，使激光器输出光斑同时覆盖四个象限，调节激光器组件前端螺母，使激光器输出光斑直径为 2～3mm。

（3）打开示波器电源，将激光器驱动方式选择开关拨到"直流驱动"位置，用示波器观测 I/V 变换模块放大输出信号 V_a、V_b、V_c、V_d，记录信号波形及幅值，结果填入表 2-36 中。

表 2-36　V_a、V_b、V_c、V_d 波形记录

信号	幅度	波形
V_a		
V_b		
V_c		
V_d		

（4）将激光器驱动方式选择开关拨到"脉冲驱动"位置，调节频率调节电位器 W_1、W_2，使放大输出效果最好。

（5）用示波器观测 I/V 变换模块放大输出信号 V_a、V_b、V_c、V_d，记录下频率和幅度，粗略描绘出波形，结果填入表 2-37 中。

表 2-37　V_a、V_b、V_c、V_d 波形记录

信号	频率	幅度	波形
V_a			
V_b			
V_c			
V_d			

（6）关闭电源，拆掉所有连线，结束实验。

4. 四象限探测器输出脉冲展宽实验

脉冲展宽电路如图 2-83 所示。

（1）按照实验"1. 二维系统、光源的组装调试"步骤组装实验系统，注意请将连接线带有红色标记一端接到实验箱上。

（2）依次打开实验仪和激光器电源，调整激光器和四象限探测器的高度在同一水平线上，激光光点位置落在四象限探测器中心上，调节激光器组件前端螺母，使激光器输出光斑直径为 2～3mm。

（3）打开示波器电源，激光器驱动方式选择开关拨到"脉冲驱动"位置，调节脉冲驱动电路电位器 W_1、W_2，观察探测器放大信号变化，使其放大输出效果最好，占空较小，频率调节为 400Hz 以上。

（4）调节激光器位置使光斑中心位于探测器第 i 象限（i 包括 A、B、C、D 四个象限），用导线连接 V_i 和 PB_I，用示波器观察四象限探测器输出信号 V_i、反向信号 PB1、峰值检波信号 PB2 和输出信号 PB_O，记录下频率和幅度，粗略描绘出波形，结果填入表 2-38 中。

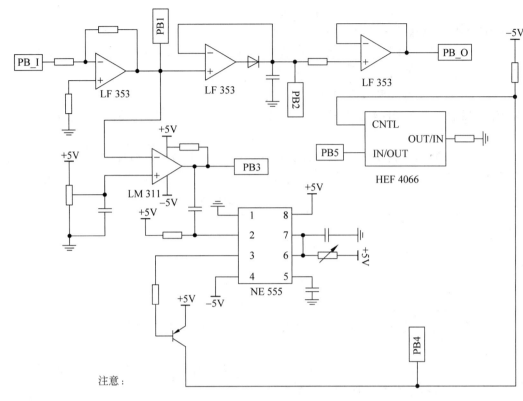

注意：

PB_I	脉冲展宽电路输入信号	PB_O	脉冲展宽信号
PB1	反向信号	PB2	峰值检波信号
PB3	过零比较信号	PB4	单稳态触发信号
PB5	放电时间控制信号		

图 2-83　脉冲展宽电路

表 2-38　V_i、PB1、PB2、PB_O 波形记录

测试端	频率	幅度	波形
V_i			
PB1			
PB2			
PB_O			

（5）用示波器观察过零比较信号 PB3、单稳态触发信号 PB4，记录下频率和幅度，粗略描绘出波形，填入表 2-39 中。

表 2-39　PB3、PB4 波形记录

测试端	频率	幅度	波形
PB3			
PB4			

（6）用导线连接 PB2 和 PB5，用示波器同时观察信号 PB1、PB_O，调节滑动变阻器 R811 使 PB_O 与 PB1 频率相同，粗略描绘出波形，填入表 2-40 组别 1 中，调节滑动变阻器

R811,展宽 PB_O 脉冲宽度,记录一组波形填入表 2-40 组别 2 中,与步骤(4)中观察到的 PB_O 波形进行比较。

表 2-40 PB1 与 PB_O 波形记录

组别	测试端	PB1 波形	PB_0 波形
1	PB1 与 PB_O		
2			

(7) 关闭电源,拆掉所有连线,结束实验。

【实验数据处理】

解释根据 V_a、V_b、V_c、V_d 四个测试点输出电压值判断光斑中心所在象限的原理。

【预习思考题】

(1) 按照自己的理解简要归纳四象限探测器工作原理。

(2) 结合实验原理中的内容,自行查阅相关资料,分析加减算法、对角线算法和 Δ/Σ 算法各自的优缺点。

第 3 章

CHAPTER 3

光电信号处理实验

3.1 低噪声放大器实验

【引言】

光电系统中,与光电探测器连接的第一级放大器称为前置放大器。多级放大系统中,噪声系数(Noise Factor,NF)主要由前置放大器决定,通常采用低噪声放大器(Low-Noise Amplifier,LNA)。低噪声放大器比一般放大器有低得多的噪声系数。在光电系统中,这一级放大器噪声性能的优劣通常会影响整个系统的品质。虽然不同的系统对放大器的质量指标的要求各不相同,但对前置放大器进行周密的低噪声设计是必须优先解决的问题。

【实验目的】

(1) 了解放大器的内部噪声特性。
(2) 掌握低噪声放大器噪声系数的测量方法,加深对 NF 曲线和最佳源电阻的理解。
(3) 掌握组装和选用低噪声放大器的原则。

【实验原理】

1. 光电探测系统噪声分析

一个光电探测系统是由光学变换、光电探测器和后续电路处理系统组成的,光电探测器一般需连接多级放大器,通常称第一级放大器为前置放大器,对于一个由 n 个放大器级联成的放大系统,其噪声特性可由弗里斯公式表示,即

$$\mathrm{NF} = F_1 + \frac{F_2 - 1}{A_{\mathrm{p}_1}} + \frac{F_3 - 1}{A_{\mathrm{p}_1} \cdot A_{\mathrm{p}_2}} + \cdots + \frac{F_n - 1}{A_{\mathrm{p}_1} \cdot A_{\mathrm{p}_2} \cdots A_{\mathrm{p}_{n-1}}} \tag{3-1}$$

式中,NF 为系统的总噪声系数;F_1 为第一级放大器的噪声系数;F_n 为第 n 级放大器的噪声系数;A_{p_1} 为第一级功率增益;A_{p_n} 为第 n 级功率增益。

由式(3-1)可以看出,多级放大器噪声系数的大小主要取决于第一级放大器的噪声系数。为了使多级放大器的噪声系数减小,应尽量减小第一级的噪声系数,同时提高第一级的功率增益 A_{p_1},这是设计低噪声放大器的一个重要原则。此外,还需考虑放大器的频率特性、动态范围、信号源阻抗等要求,具体电路因系统不同而异。从低噪声要求出发应考虑如下几点:

1）选择内部噪声低、信号源电阻合适的元器件

前置放大器可由晶体管、结型场效应管、绝缘栅场效应管和集成电路组成。晶体管适合于信号源电阻在几十欧姆至一兆欧姆的范围；结型场效应管适合于较高的源电阻；绝缘栅场效应管可工作于更高的信号源电阻情况，但因其 $1/f$ 噪声较大，所以用得较少，只有在高阻状态下才用。

2）应选择优质电阻、电容

低噪声放大器除了要求放大管自身噪声低以外，还要求电阻、电容的噪声也很低，因为电阻自身都存在固有的热噪声，热噪声电压的均方值为

$$\bar{V}_n^2 = 4kTR\Delta f \tag{3-2}$$

式中，k 为玻耳兹曼常数；R 为电阻阻值；T 为电阻的绝对温度；Δf 为测量系统的通频带宽度。除此之外，电阻还产生与电阻品质有关的电流噪声（也称过剩噪声）。

电流噪声的均方电压为

$$\bar{V}_{nF}^2(f) = \frac{Ki_{dc}^2R^2}{f}\Delta f \tag{3-3}$$

式中，K 为与材料工艺有关的常数；i_{dc} 为流过电阻的直流电流；f 为频率；R 为电阻阻值。这种噪声有与频率成反比，与所加直流电流 i_{dc} 的平方成正比的特性。它的大小与生产过程有密切联系。通常，合成碳质电阻噪声最大，金属膜电阻噪声比较小，精密金属膜电阻噪声更小，线绕电阻噪声最小（但体积较大）。所以，较常用的是金属膜电阻。

3）有良好的电磁屏蔽措施

因为前置放大器的输入信号很弱，因此外界干扰相对来说显得很强，通常是通过分布电容或磁场耦合把干扰引入放大器的，所以，用金属壳把放大器包围起来，并使金属壳接地就能很好地屏蔽外界电场干扰。

金属屏蔽壳除了屏蔽外界电场干扰，也屏蔽外界磁场干扰。此外，放大器的信号输入线应尽可能短且采用屏蔽线。

采用晶体管或结型场效应管组成的低噪声集成运算放大器，体积小，使用方便，在噪声要求不高的情况下，用它组装的前置放大器是方便易得的。本实验就采用低噪声集成运算放大器组装前置放大器进行实验。

2. 运算放大器的 E_n-I_n 模型

运算放大器的噪声模型是由无噪声的理想放大器，在其输入端加上等效噪声电压源 E_n 和等效噪声电流源 I_n 值。信号源是由信号源电阻 R_s、信号电压 V_s 和噪声均方根电压 $\sqrt{\bar{V}_n^2}$ 组成的，如图 3-1 所示。

一般低噪声集成运算放大器都给出 E_n 和 I_n 值，由此可得最佳源电阻为

$$R_s = R_{opt} = \frac{E_n}{I_n} \tag{3-4}$$

在 E_n 和 I_n 不相关情况下，可得到等效输入噪声电压和噪声系数分别为

$$E_{ni}^2 = E_{ns}^2 + E_n^2 + I_n^2 R_s^2 \tag{3-5}$$

$$NF = 1 + \frac{E_n^2 + I_n^2 R_s^2}{4kTR_s\Delta f} \tag{3-6}$$

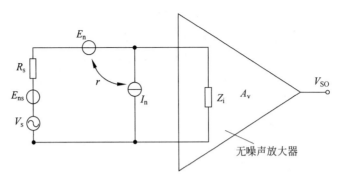

图 3-1　放大器等效噪声模型

如果取最佳源电阻，则有

$$\mathrm{NF}_{\min} = 1 + \frac{E_n I_n}{2kT\Delta f} \tag{3-7}$$

3. 基于 LF353 的低噪声放大器

本实验就采用 LF353 建立一个简单的反相放大器，如图 3-2 所示，它等效于光电二极管放大电路，如图 3-3 所示。

图 3-2 中的 R_s 就是图 3-3 中的 R_L 也就是放大器的源电阻 R_s。在图 3-2 所示电路中，放大器输出噪声除了集成电路噪声，还有 R_f 电阻噪声，它的影响可以由图 3-3 得出。可考虑成反馈本身不引入噪声，而反馈电阻 R_f 自身有热噪声引入。它的影响可近似这样考虑，即把放大器输出端接地（不考虑放大器负载的影响）。这时 R_f 的噪声电流将直接引入放大器输入端，得到如图 3-4 所示噪声等效电路。其中 I_{nf} 为 R_f 电阻产生的热噪声电流。

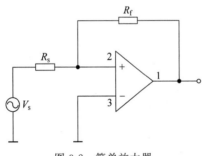

图 3-2　简单放大器

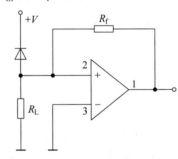

图 3-3　光电二极管放大器

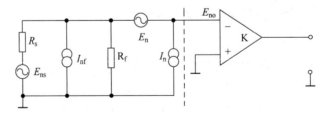

图 3-4　噪声等效电路

若假设这些噪声源是独立不相关的，则放大器输出端的等效输出噪声为

$$E_{no}^2 = \left(\frac{R_f}{R_s + R_f}\right)^2 + E_n^2 + (I_n^2 + I_{nf}^2)\left(\frac{R_s R_f}{R_s + R_f}\right)^2 \tag{3-8}$$

又因为从信号源到放大器输入端的传递系数为

$$r_t = \frac{R_f}{R_s + R_f} \tag{3-9}$$

于是，放大器等效输入噪声为

$$E_n^2 = \frac{E_{no}^2}{r_t^2} = \left(\frac{R_s + R_f}{R_f}\right)^2 \bar{E}_n^2 + (\bar{I}_n^2 + \bar{I}_{nf}^2)R_s^2 \tag{3-10}$$

可以看出，R_f 电阻阻值越大，式(3-10)越接近式(3-5)。

【实验仪器】

实验仪器有信号发生器、一片 LF353、稳压电源、若干电位器。

【实验内容】

本实验选用低噪声运算放大器 LF353，其引脚图如图 3-5 所示，其等效噪声电压 $e_n = 18\mathrm{nV}/\sqrt{\mathrm{Hz}}$，等效噪声电流 $i_n = 0.01\mathrm{pA}/\sqrt{\mathrm{Hz}}$。

实验测量原理图如图 3-6 所示，首先测出系统的电压增益和系统带宽，再将信号源短接，在 E_{out} 端测量出输出噪声电压的大小，经过计算可得到噪声系数，通过更换 R_s 的值即可得出不同源电阻值的 NF 曲线。

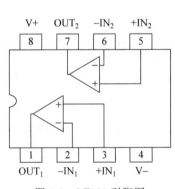

图 3-5 LF353 引脚图

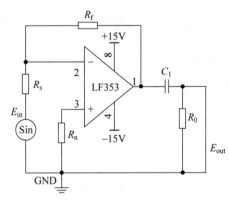

图 3-6 实验测量原理图

由于要测出不同源电阻的 NF 曲线，就要测量在一系列源电阻 R_s 情况下的放大器噪声系数，而在测量过程中，应该保持在电压增益稳定的情况下进行，因此在更换 R_s 电阻值的同时需要更换 R_f 和 R_n。因此实际测量电路如图 3-7 所示。

1. 运算放大器放大倍数 A 及带宽测量

(1) 按如图 3-7 所示，连接好电路图。

(2) 选择对应的 R_s、R_f、R_n，构成放大电路，在 V_{in} 端输入频率为 1kHz、电压有效值为 1V 正弦信号。记录放大器输入电压 V_{in}(dBm)、输出电压 V_{out}(dBm)，改变输入信号频率，记录带宽 Δf 的低频截止频率 f_L、高频截止频率 f_H，Δf 的范围如图 3-8 所示。

2. 测量放大器输出噪声 E_n

(1) 将 V_{in} 直接短接，即直接接地，记录下此时的放大器噪声输出电压 E_{no}(dBm)。

(2) 更换 R_s、R_f、R_n，重复上述实验。

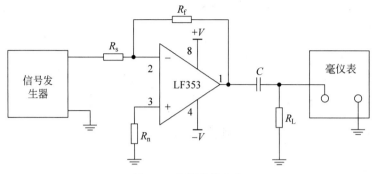

图 3-7　实际测量电路

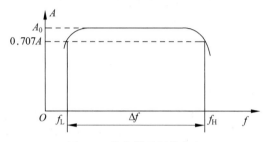

图 3-8　放大器通频带宽度

【实验数据处理】

由于要测量噪声电压，所以一定要选用均方根电压表。一般用 dB 挡测量均方根电压值，根据 dBm 的定义式可知

$$\text{dBm} = 10\lg \frac{V_{in}^2/Z_{ref}}{1\,\text{mW}} \tag{3-11}$$

由于 $1\,\text{mW} = (1/1000)\,\text{W}$，令 $Z_{ref} = 1000\,\Omega$ 后即可得到 $V_{dBm} = 20\lg V_{in}$，这样可以得到很好的函数关系。

在测量中取 $Z_{ref} = 1000\,\Omega$，根据 $K_v = V_{out}/V_{in}$ 可知

$$20\lg(K_v) = 20\lg \frac{V_{out}}{V_{in}} = 20\lg V_{out} - 20\lg V_{in} = V_{out}(\text{dBm}) - V_{in}(\text{dBm})$$

可以得到

$$K_v = 10^{\frac{V_{out}(\text{dBm}) - V_{in}(\text{dBm})}{20}} \tag{3-12}$$

又

$$\Delta f = f_H - f_L$$

此为系统的信号带宽。因为所测噪声为白噪声，所以根据放大器噪声系数定义，实际噪声带宽为 $\Delta f_n = \dfrac{\pi}{2}\Delta f$。

$$\text{NF} = 10\lg \frac{E_{ni}^2}{4kTR_s\Delta f_n} \tag{3-13}$$

其中

$$E_{ni} = \frac{E_{no}}{K_v} \tag{3-14}$$

即

$$NF = 20lgE_{no} - 20lg(K_v) - 10lg(4kTR_s\Delta f_n)$$

经过运算后得到

$$NF = E_{no}(dBm) - V_{out}(dBm) + V_{in}(dBm) - 10lg(4kTR_s\Delta f_n)$$

将实验数据填入表 3-1 中。

表 3-1 实验数据

R_s/kΩ	V_{in}/dBm	V_{out}/dBm	A_v/dB	f_L/Hz	f_H/Hz	Δf_n/kHz	E_{no}/dBm	NF/dB

注意事项:低噪声测量是测量十分微弱的信号,测量中应保证仪表与测量点的接触良好,并保持在室温下(25℃)工作。

【预习思考题】

(1) 根据所测量和计算的 NF 曲线与理论计算的最佳源电阻值比较,找出误差原因。

(2) 在放大器输出端设计高通滤波器,试问为什么这样设计?

(3) 根据 LF353 技术手册参数 E_n 和 I_n,算出等效输入噪声电压 E_{ni}、噪声系数 NF 和最佳源电阻 R_{opt}。

(4) 对放大器加屏蔽壳前后的现象做出解释。

3.2 有源滤波器

【引言】

在光电系统中,光电探测器输出的信号通常是比较弱的,目前百微伏数量级的信号已不算最弱。但是在信号放大和处理过程中,仍需设法抑制内部噪声和外部干扰。在放大电路中,限制通频带是抑制干扰和噪声很有效的一种方法。因为信号总带有规律性,其功率只限在很窄的频率范围内。而白噪声是系统中的固有噪声,其频谱范围$(0\sim10^{12}\,Hz)$很宽。如果信号放大过程中用滤波器仅滤出信号频谱能量,抑制其他频率的能量通过,那么,就能明显地抑制噪声,提高系统输出信噪比。假如滤波前噪声带宽为 Δf_i,滤波器通频带宽度为 Δf_o,那么,通过滤波后,信噪功率比就能提高 $\Delta f_i / \Delta f_o$ 倍。所以滤波是提高信噪比方便且有效的一种方法。

【实验目的】

（1）了解有源滤波器的原理及应用。
（2）学会有源带通滤波器的参数计算。
（3）了解带通滤波器从噪声中检出弱信号的方法。

【实验原理】

电子滤波器是一种频率选择电路,它可使输入信号中某些频率成分通过而使另外一些频率成分衰减。滤波器一般有低通（通过低频抑制高频）、高通（通过高频抑制低频）、带通（通过某一频率范围抑制这一范围以外的高频和低频信号）和带阻（抑制某一频率范围,通过这一范围以外的高频和低频信号）四种。

通常光电系统工作于单一信号频率下,这时,带通滤波器是很实用的。带通滤波器有多种类型,本实验为装调一个图 3-9 所示的二阶带通有源滤波器,观察它对信号和噪声的作用。

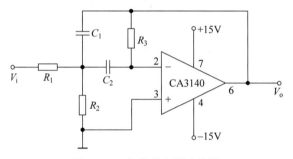

图 3-9　二阶带通有源滤波器

图 3-9 所示的带通有源滤波器可以用 5% 误差的电阻和电容组装（更高阶的滤波器则要求电阻精度更高）。但是,这种电路一般在中心频率处的增益 $H \leqslant 10$,带通滤波器的品质因数 Q 值也不很高。一般 $Q \leqslant 10$,它被定义为

$$Q = \frac{f_0}{\Delta f} \tag{3-15}$$

式中,f_0 是带通滤波器通频带的中心频率;Δf 是通频带的宽度;Q 值高表示相对带宽窄,选频特性强。

二阶带通有源滤波器的设计公式如下:

1）电路的电压增益

$$H(s) = \frac{V_O(s)}{V_i(s)} = \frac{-As}{s^2 + Bs + C} \tag{3-16}$$

式中,$A = \dfrac{1}{R_1 C_1}$;$B = \dfrac{1/C_1 + 1/C_2}{R_3}$;$C = \dfrac{1/R_1 + 1/R_2}{R_3 C_1 C_2}$;$s = \mathrm{j}2\pi f (= \mathrm{j}\omega)$。

2）电路在 f_0 处的增益 G

$$G = \frac{R_3 C_2}{R_1 (C_1 + C_2)} \tag{3-17}$$

3）带通滤波器的中心频率 f_0

$$f_0 = \frac{1}{2\pi} \left(\frac{1/R_1 + 1/R_2}{R_3 C_1 C_2} \right)^{\frac{1}{2}} \tag{3-18}$$

4）电路的 Q 值

$$Q = \frac{[R_3 (1/R_1 + 1/R_2)]^{\frac{1}{2}}}{(C_2/C_1)^{\frac{1}{2}} + (C_1/C_2)^{\frac{1}{2}}} \tag{3-19}$$

5）通带宽度 Δf

$$\Delta f = \frac{f_0}{Q} = \frac{1/C_1 + 1/C_2}{2\pi R_3} \tag{3-20}$$

【实验仪器】

实验仪器有 LED 脉冲驱动模块、光电二极管、运算放大器、信号发生器、毫伏表、示波器。

【实验内容】

实验装置模块原理图如图 3-10 所示。

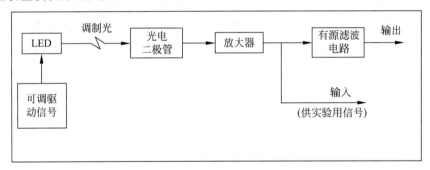

图 3-10 实验装置模块原理图

由电源提供光源调制电压，其电压幅值的频率可由电位器进行微调，但是光源发出的调制光总的来说是比较弱的。光电二极管受调制光照后输出的弱信号和噪声一起经后面连接的高倍率放大器进行放大。放大器输出信噪比很低的信号由装置面板上的"输入"旋钮引出并提供给实验者作为实验电路的输入信号。同时它也是实验装置内所装有源滤波电路的输入信号，此电路的输出可由装置面板上的"输出"旋钮上引出。

（1）计算二阶带通有源滤波器的电路参数。设 $f_0 = 5\mathrm{kHz}, Q = 5, G = 10$。

利用滤波器归一化公式 K 确定电路参数

$$K = \frac{100}{f_0 C} \tag{3-21}$$

式中，f_0 的单位是赫兹（Hz）；C 的单位是微法（μF）。

令 $K=1$，求出 C，并使 $C_1=C_2=C$，再用式（3-17）～式（3-20）计算出电路参数 R_1、R_2、R_3。

（2）按图3-9将元件插入面包板连好线。

（3）检查无误后，加上电源电压。

（4）用信号发生器测量所设计滤波器的参数，调节信号频率并保持输入信号电压不变。同时，在滤波器输出端用示波器或电压表测量输出信号幅度。测量时，要在 f_0 附近多测量几个点，将测量结果填入表3-2中，并画出滤波器的频率响应曲线。将测量结果与计算结果进行比较，并填入表3-3中。

表 3-2　滤波器频率特性曲线数据

f/Hz								
V_i/V								
V_o/V								

表 3-3　滤波器指标

方　　式	指　　标			
	G	f_o	Q	Δf
计算值				
实验值				

（5）把实验装置"有源滤波器"和装在面包板上的实验电路按照图3-11连接。把"有源滤波器"实验装置面板上"输入"旋钮的引线引至面包板上所装电路的输入端。用示波器观察实验电路的输出波形。调节"有源滤波器"面板上"幅度"电位计旋钮使示波器上能显示信号波形。调节"频率"电位计旋钮直至示波器所显示的输出信号幅度达到最大。

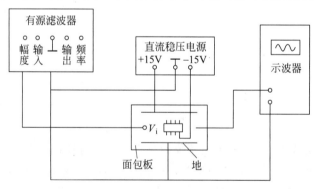

图 3-11　实验接线图

（6）调节"幅度"电位计旋钮，使光源发出很弱的光，以致信号淹没在噪声之中。此时用示波器观测实验电路的输入与输出。用毫伏表测出实验电路的输出值，并做记录。此数值是信号和噪声的叠加结果。

（7）将"幅度"电位计调至最小，即光源不发光的情况。用毫伏表测出所装实验电路的输入和输出噪声均方根电压值，做下记录。

（8）根据步骤（6）和（7）测得的结果和步骤（4）所得电路对中心频率的放大倍数，估算出所装电路其输出信噪比相对于输入信噪比改善的程度。

附：集成运算放大器 CA3140 引脚如图 3-12 所示。

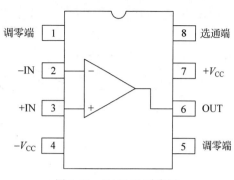

图 3-12 CA3140 引脚图

【实验数据处理】

（1）列出表 3-2、表 3-3 数据，绘制滤波器频率响应曲线。

（2）记录有弱光照和无光照时，用"有源滤波器"实验装置输出信号作为实验电路信号输入时的测试结果，并对结果进行分析和解释。

【预习思考题】

（1）有源滤波器和无源滤波器有何区别？

（2）为什么方波信号输入带通滤波器后输出为近似的正弦波？

3.3 彩色线阵 CCD 输出信号的二值化

【引言】

计算机能识别的数字是 0 和 1。在光电信号中，它既可以代表信号的有与无，也可以代表光信号的强弱程度，还可以检测运动物体是否运动到某一特定的位置，光电信号的二值化就是将光电信号转换成 0 或 1 数字量的过程。实际上，许多检测对象在本质上也表现为二值情况，如图纸、文字的输入，尺寸、位置的检测等。二值化处理一般将图像和背景作为分离的二值图像对待。例如，光学系统把被测物体的直径成像在 CCD 光敏元件上，由于被测物体与背景在光强上强烈变化，因此反映在 CCD 视频信号中所对应的图像边界处会有急剧的电平变化，通过二值化处理把 CCD 视频信号中被测物体的直径与背景分离成二值电平。

【实验目的】

（1）掌握线阵 CCD 的输出特性。

（2）了解运用线阵 CCD 进行物体尺寸和位置测量的基本方法。

（3）掌握 CCD 积分时间的变化对物体尺寸和位置测量的影响。

【实验原理】

1. 二值化的基本工作原理

线阵 CCD 的输出信号包含了 CCD 各个像元的光强分布信号和像元位置信息，在物体尺寸和位置测量中显得十分重要。

CCD 输出信号的二值化处理常用于对物体外形尺寸、物体位置、物体振动等的测量。如图 3-13 所示为测量物体外形尺寸（如棒材的直径 D）的光学系统原理图。被测物 A 置于成像物镜的物方视场中，线阵 CCD 像敏面安装在成像物镜的最佳像面位置。

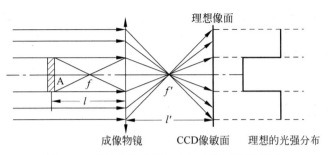

图 3-13　测量物体外形尺寸的光学系统原理图

均匀的背景光使被测物 A 通过成像物镜成像到 CCD 像敏面上。在像面位置可得到黑白分明的光强分布。CCD 像敏面上的光强分布载荷了被测物尺寸的信息，通过 CCD 及其驱动器将载有尺寸信息的像转换为如图 3-13 右侧所示的时序电压信号（输出波形）。

线阵 CCD 的输出信号 U_O 随光强分布的变化关系是线性的，因此，可用 U_O 模拟光强分布。采用二值化处理方法将物体边界信息检测出来是一种非常简单便捷的方法。有了物体的边界信息便可以进行上述测量工作。

2. 二值化处理方法的波形

图 3-14 所示为典型 CCD 输出信号与二值化处理的波形图。图中 SH 信号为行同步脉冲，SH 的上升沿对应于 CCD 的第一个有效像元输出信号，其下降沿为整个输出周期的结束。V_G 为绿色组分光的输出信号，它是经过反相放大后的输出电压信号。为了提取图 3-14所示 V_G 的信号所表征的边缘信息，采用如图 3-15 所示的固定阈值二值化处理电路。该电路中，电压比较器 LM393 的正相输入端接 CCD 输出信号 V_G，而反相器的输入端通过电位器接到可调电平（阈值电平）上，该电位器可以调整二值化的阈值电平，构成固定阈值二值化电路。经固定阈值二值化电路输出的信号波形定义为 TH。再进一步进行逻辑处理，便可以提取出物体边缘的位置信息 N_1 和 N_2。N_1 与 N_2 的差值即为被测物在 CCD 像敏面上所成的像占据的像元数目。物体 A 在像方的尺寸 D' 为

$$D' = (N_2 - N_1)L_0 \tag{3-22}$$

式中，N_1 与 N_2 为边界位置的像元数；L_0 为 CCD 像敏单元的尺寸。

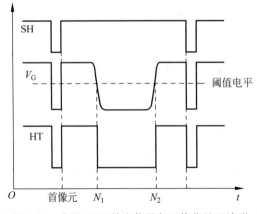

图 3-14　典型 CCD 输出信号与二值化处理波形

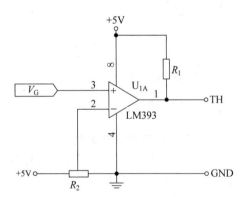

图 3-15　固定阈值二值化处理电路

3. 二值化处理电路原理方框图

二值化处理电路原理方框图如图 3-16 所示,若与门的输入脉冲 CR_t 为 CCD 驱动器输出的采样脉冲 SP,则计数器所计的像元数为 $(N_2 - N_1)$,锁存器锁存的数为 $(N_2 - N_1)$,将其差值送入 LED 数码显示器,则显示出 $(N_2 - N_1)$ 值。

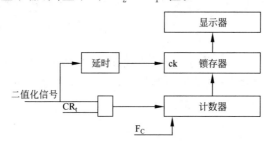

图 3-16　二值化处理电路原理方框图

同样,该系统适用于检测物体的位置和它的运动参数,设图 3-13 中物体 A 在物面沿着光轴做垂直方向运动,根据光强分布的变化,同样可以计算出物体 A 的中心位置和它的运动速度、振动频率等。

【实验仪器】

实验仪器有 1 台双踪迹同步示波器(带宽 50MHz 以上)、1 台彩色线阵 CCD 多功能实验仪。

【实验内容】

1. 实验准备

首先将示波器地线与实验仪的地线连接好,并确认示波器的电源和多功能实验仪的电源插头均插入交流 220V 插座;将测量物体依次放置好。打开示波器,将 CH_1 探头接到 Φ_1、Φ_2 脉冲输出端,仔细调节使之同步稳定,使示波器至少显示 2 个周期的 SH。测量 Φ_1、Φ_2、SH、RS、SP、CP 各路驱动脉冲信号的波形是否正确,如果与所示的波形相符,则继续进行下面实验;否则,应请指导教师检查。将二值化电路中的数码显示设置为 0,用示波器 CH_1 探头接 U_G 信号输出端,CH_2 探头接 U_1,观测两路输出信号波形,并进行比较。在其他条件不改变的情况下,二值化的值由 0 逐次改变到 3,观察 U_1 的变化。将 CCD 放入仪器箱内,将待测物体放入槽内,盖上盖板。按下线经测量按钮,此时线经测量电路模块显示的是待测物体的尺寸。

2. 实验过程

观测二值化处理过程中 CCD 的输出信号。在进行二值化阈值电平调整的过程中,观察阈值电平的调整对输出信号宽度的影响。进行物体尺寸的测量,通过改变有关参数(驱动频率和积分时间),观察对物体尺寸测量值的影响,分析影响物体尺寸测量的因素。

3. 实验结束

关闭实验仪,关闭示波器,关闭电源。

【预习思考题】

(1) 说明固定阈值二值化处理的优缺点和适用领域。

（2）思考积分时间的变化是否对测量值有影响？在什么时候会有影响？为什么进行尺寸测量时必须使 CCD 脱离饱和区？

3.4　四象限探测器定向与位置数据处理实验

【引言】

四象限探测器是目前光电探测系统中广为使用的多元非成像光电探测器。本实验中使用的四象限探测器具有尺寸小、灵敏度高等特点，常用作接收系统的位置传感器。要掌握其使用原理，需要对其定向方法有一定的了解。

【实验目的】

（1）了解并掌握四象限探测器定向原理。
（2）掌握四象限探测器定向算法。
（3）掌握运算放大器加减法电路和电阻网络加法电路工作原理。

【实验原理】

第 29 集
微课视频

第 30 集
微课视频

采用四象限探测器测定光斑的中心位置时，可以根据器件坐标轴线与测量系统基准线间的安装角度的不同采用不同的算法对信号进行处理。如图 3-17 所示，当器件坐标轴与测量系统基准线间的安装角度为 0°时，一般采用加减算法，当角度为 45°时，可以采用对角线算法和 Δ/Σ 算法。

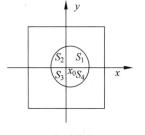

(a) 加减算法　　　　　　　　(b) 对角线算法和 Δ/Σ 算法

图 3-17　不同算法原理图

1. 加减算法

加减算法是将四象限探测器的坐标轴与测量系统的位置坐标的安装角度调整为 0°，即两个坐标轴重合，由于光斑沿横轴的方向移动，因此目标光斑沿系统的位置移动方向与探测器的坐标移动方向一致。加减算法是经典算法，一般计算中都采用这种算法，算法原理图如图 3-18 所示。

当目标光斑照射到探测器上时，从探测器的四个引脚输出相应象限的光电流 I_1、I_2、I_3、I_4，由于产生的光电流很小，为了能够处理，因此需要对电流信号进行 I/V 变换，假设 4 路放大电路的增益为 A，那么，四个象限对应的电压值分别为 V_1、V_2、V_3、V_4，即

$$V_i = I_i A \quad (i=1,2,3,4) \tag{3-23}$$

讨论中，假设目标光斑为与能量服从均匀分布的圆形光斑，则四象限探测器输出的四路

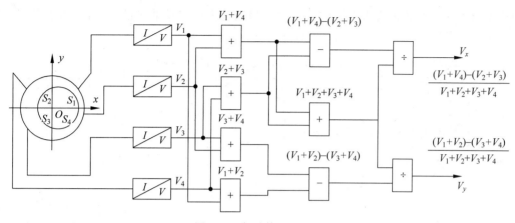

图 3-18　加减算法原理图

电流信号与光斑在探测器的光敏面上的面积成正比,比例系数为 k,于是,可以将式(3-23)写为

$$V_i = I_i A = S_i(kA) \quad (i=1,2,3,4) \tag{3-24}$$

假设光斑中心偏移探测器中心 O 的偏移量为 E,E_x 和 E_y 分别表示其在 x、y 轴上的偏移量,那么根据式(3-23)可以得到

$$\begin{cases} E_x \propto \dfrac{(V_1+V_4)-(V_2+V_3)}{V_1+V_2+V_3+V_4} \\[3mm] E_y \propto \dfrac{(V_1+V_2)-(V_3+V_4)}{V_1+V_2+V_3+V_4} \end{cases} \tag{3-25}$$

由式(3-25)可以看出,光斑的能量中心的偏移信号 E_x 和 E_y 都满足正比关系,但在实际中,并不是在整个光敏面区域都满足这种正比关系,而是在线性区域内才满足这种正比关系。如果在线性区域内,这种比例关系为一个常数,假设为 K,则式(3-25)可以改写为

$$\begin{cases} E_x = K\dfrac{(V_1+V_4)-(V_2+V_3)}{V_1+V_2+V_3+V_4} \\[3mm] E_y = K\dfrac{(V_1+V_2)-(V_3+V_4)}{V_1+V_2+V_3+V_4} \end{cases} \tag{3-26}$$

将式(3-24)代入式(3-26)中,消去比例常数 A 和 K 后,可以得到 E_x 和 E_y 与光斑打到探测器上各象限面积的关系为

$$\begin{cases} E_x = K\dfrac{(S_1+S_4)-(S_2+S_3)}{S_1+S_2+S_3+S_4} \\[3mm] E_y = K\dfrac{(S_1+S_2)-(S_3+S_4)}{S_1+S_2+S_3+S_4} \end{cases} \tag{3-27}$$

由式(3-27)可以看出,在线性区域内,光斑中心偏移探测器中心的偏移量 E_x 和 E_y 仅与光斑在探测器上的面积有关,只要得到了各象限面积之间的比例关系,即可得到光斑中心位置的坐标。

2. 对角线算法

从加减算法的分析中可以看出线性区域对算法的影响,为了扩展测量的线性区域,产生了对角线相减算法。对角线算法是将四象限探测器的坐标轴与测量系统的位置坐标的安装

角度调整为 $45°$，当目标光斑在定位系统中沿横轴的方向移动的时候，相对于探测器来说，相当于沿着其对角线方向移动，算法原理图如图 3-19 所示。

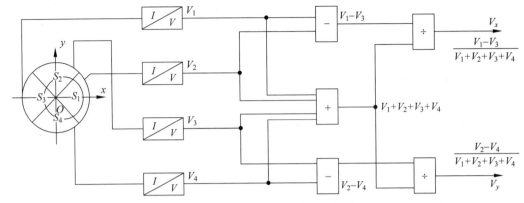

图 3-19　对角线算法原理图

采用与加减算法相同的分析方法，其偏移量公式为

$$\begin{cases} E_x \propto \dfrac{V_1 - V_3}{V_1 + V_2 + V_3 + V_4} \\[3mm] E_y \propto \dfrac{V_2 - V_4}{V_1 + V_2 + V_3 + V_4} \end{cases} \tag{3-28}$$

同样，在其线性区域内，将式（3-24）带入式（3-28）中，消去比例常数 A 和 K 后，可以得到 E_x 和 E_y 与光斑打到探测器上各象限面积的关系为

$$\begin{cases} E_x = K \dfrac{S_1 - S_3}{S_1 + S_2 + S_3 + S_4} \\[3mm] E_y = K \dfrac{S_2 - S_4}{S_1 + S_2 + S_3 + S_4} \end{cases} \tag{3-29}$$

由式（3-29）可以看出，在线性区域内，光斑中心偏移探测器中心的偏移量 E_x 和 E_y 同样仅与光斑在探测器上的面积有关，只要得到了各象限面积之间的比例关系，即可得到光斑中心位置的坐标。

3. Δ/Σ 算法

对角线算法在加减算法的基础上扩展了线性测量范围，但其测量灵敏度有所降低，为满足某些对测量灵敏度要求较高的场合需求，提出了 Δ/Σ 算法。Δ/Σ 算法与对角线算法测量原理相同，四象限探测器的坐标轴与测量系统的位置坐标的安装角度调整为 $45°$，但是对四路测量信号的处理方法有所差异。Δ/Σ 算法原理图如图 3-20 所示。

同样，采用与加减算法相同的分析方法，其偏移量公式为

$$\begin{cases} E_x \propto \dfrac{V_1 - V_3}{V_1 + V_3} \\[3mm] E_y \propto \dfrac{V_2 - V_4}{V_2 + V_4} \end{cases} \tag{3-30}$$

同样，在其线性区域内，将式（3-24）带入式（3-30）中，消去比例常数 A 和 K 后，可以得到 E_x 和 E_y 与光斑打到探测器上各象限面积的关系为

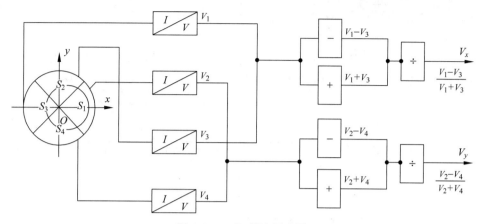

图 3-20 Δ/Σ 算法原理图

$$\begin{cases} E_x = K \dfrac{S_1 - S_3}{S_1 + S_3} \\[3mm] E_y = K \dfrac{S_2 - S_4}{S_2 + S_4} \end{cases} \tag{3-31}$$

在以上算法的基础上,假设目标光斑为能量服从均匀分布的圆形光斑,且光斑特性相同,光敏面的半径为 R,取目标光斑的半径为 $r = 0.5R$,那么两种不同的算法对应的示意图如图 3-17 所示。

从图 3-17 中可以看出,在图 3-17(a)中,当目标光斑沿着横轴的方向运动时,光斑中心位置的最大移动距离 $\Delta x_{\max} = r$,但在图 3-17(b)中,当目标光斑沿着横轴的方向运动时,光斑中心位置的最大移动距离 $\Delta x_{\max} = \sqrt{2}\,r$。由此可见,对角线算法有利于扩展线性区的范围。在相同的条件下,对角线算法将其线性区扩展到加减算法的 $\sqrt{2}$ 倍。

对角线算法虽然扩展了线性区域的范围,但是其灵敏度和线性等特性相对较差,所以针对不同的情况,应采用不同的算法进行计算。

由于 x 和 y 方向分析方法相同,在此仅对 x 方向进行算法仿真分析。激光光斑大小的选取对有效可测范围有较大的影响,如果光斑太小,四象限探测器的有效测量范围没有得到充分利用;如果光斑太大,有效的光照未被充分利用,降低了探测器的灵敏度,所以光斑半径 r 相对于圆形四象限光敏面半径 R 应存在一个最佳值。一般情况下,最合理的取值是 $r = 0.5R$,这样既能获得较大的有效可测范围,又能充分利用了全部光斑照射能量,提高灵敏度。本书中的实验使用的是光敏面为正方形的四象限探测器,假设边长为 D,在下面的仿真中均按照 $r = 0.25D$ 进行计算。

目标光斑为圆形均匀光斑是一种较理想和简单的模型。假设光斑半径为 1,能量均匀分布,可以得到如图 3-21 所示结果。

圆形均匀光斑模型是一种最为理想和简单的模型,但与实际应用情况有较大差距,普通激光器出射光斑能量一般为高斯分布,假设激光光斑半径为 1,能量分布函数表示为

$$I = I_0 \exp\left[-2(x - x_0)^2 - (y - y_0)^2\right] \tag{3-32}$$

式中,(x_0, y_0) 为激光光斑中心位置坐标;I 为激光束横截面上点 (x, y) 处的光强;I_0 为该截面上光强的峰值。椭圆形高斯光斑三种算法的计算结果如图 3-22 所示。

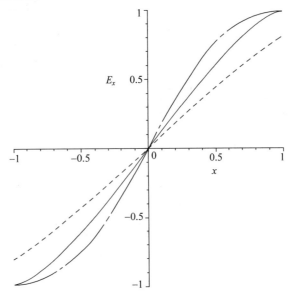

图 3-21　圆形均匀光斑模型计算结果

实线——加减算法；虚线——对角线算法；虚点线——Δ/Σ算法

　　本实验中使用硬件模拟定向原理，其中有两种定向方案：①采用运算放大器 LF353 进行 I/V 变化、信号放大和信号加减运算；②采用电阻网络进行信号加法运算，采用运算放大器进行信号减法运算；运算的结果通过 A/D 采集后送给单片机。本实验中所有的运算放大器都采用的 LF353，它是一双电源供电的 JFET 型线性双运算放大器，内部含有两个相同的线性放大器，带宽为 4MHz，开环增益为 110dB，转换速率为 13V，具有很低的输入偏置电流（50pA）和输入噪声电压，可灵活构成各类放大和滤波电路。实验中使用到电路原理图如图 3-23、图 3-24 和图 3-25 所示。

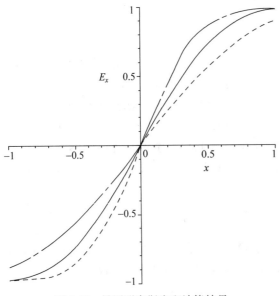

图 3-22　椭圆形高斯光斑计算结果

实线——加减算法；虚线——对角线算法；虚点线——Δ/Σ算法

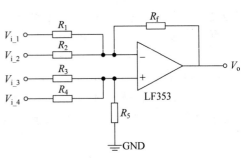

图 3-23　准备实验电路

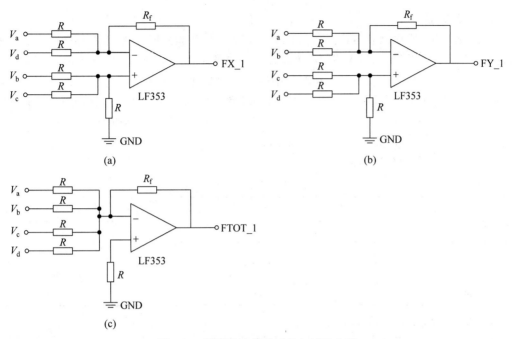

图 3-24 运算放大器构成的加减法电路

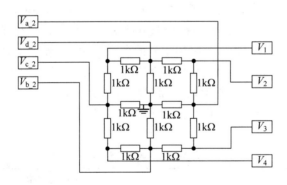

(a) 电阻网络加法电路

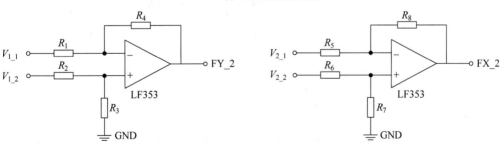

(b) 运算放大器减法电路

图 3-25 电阻网络和运算放大器构成的加减法电路

【实验内容】

1. 准备实验

(1) 按照四象限探测器实验(见 2.11 节)的步骤组装实验系统,注意请将连接线带有红色标记的一端接到实验箱上,激光器驱动方式选择开关拨到"直流驱动"位置,依次打开实验仪和激光器电源,调整升降台,使激光器和四象限探测器的高度在同一水平线上,激光光斑同时覆盖四象限探测器的各个象限,调节激光器组件前端螺母,使激光器输出光斑直径为 $2\sim3$mm。

(2) 用导线将探测器放大信号输出端 V_a、V_b、V_c、V_d 和准备实验电路部分输入端 V_{i_1}、V_{i_2}、V_{i_3}、V_{i_4} 按实验结果要求连接,使输出端分别输出 $(V_a+V_d)-(V_c+V_b)$,记录各路电压值,填入表 3-4 中,验证电路正确性。

表 3-4 实验数据记录

输入端	连接端	电压值	$(V_a+V_d)-(V_c+V_b)$
V_{i_1}			测量值
V_{i_2}			
V_{i_3}			计算值
V_{i_4}			

2. 运放构成的加减法电路

(1) 按照四象限探测器实验(见 2.11 节)的步骤组装实验系统,注意请将连接线带有红色标记的一端接到实验箱上,激光器驱动方式选择开关拨到"脉冲驱动"位置。

(2) 依次打开实验仪和激光器电源,调整升降台,使激光器和四象限探测器的高度在同一水平线上,激光光斑同时覆盖四象限探测器的各个象限,调节激光器组件前端螺母,使激光器输出光斑直径为 $2\sim3$mm,调节激光光斑位置,使其同时覆盖四个象限。

(3) 打开示波器电源,分别测量运放加减法电路输入端 V_a、V_b、V_c、V_d,输出端 FX_1、FY_1、FTOT_1 的输出信号波形,记录下频率和幅度值,填入表 3-5 中,分析与输入电压的关系。

表 3-5 实验数据记录

测试端	频率	幅度值		
		测量值	计算值	误差/%
V_a			—	—
V_b			—	—
V_c			—	—
V_d			—	—
FX_1				
FY_1				
FTOT_1				

(4) 通过二维平移台调节激光器光点位置,对应坐标轴,观察电压表显示变化。

(5) 关闭电源,拆除所有连线,结束实验。

3. 电阻网络和运放构成的加减法电路

(1) 按照四象限探测器实验(见 2.11 节)的步骤组装实验系统,注意请将连接线带有红色标记的一端接到实验箱上,激光器驱动方式选择开关拨到"脉冲驱动"位置。

(2) 依次打开实验仪和激光器电源,调整升降台,使激光器和四象限探测器的高度在同一水平线上,激光光斑同时覆盖四象限探测器的各个象限,调节激光器组件前端螺母,使激光器输出光斑直径为 $2\sim3\text{mm}$。

(3) 用导线依次连接 V_a、V_b、V_c、V_d 和 V_{a_2}、V_{b_2}、V_{c_2}、V_{d_2},打开示波器电源,分别测量输入端 V_{a_2}、V_{b_2}、V_{c_2}、V_{d_2},输出端 V_1、V_2、V_3、V_4 的输出信号波形,记录下频率和幅度,填入表 3-6 中,分析与输入电压的关系。

表 3-6　实验数据记录

测试端	频率	幅度值		
		测量值	计算值	误差/%
V_{a_2}			—	—
V_{b_2}			—	—
V_{c_2}			—	—
V_{d_2}			—	—
V_1				
V_2				
V_3				
V_4				

(4) 关闭电源,在步骤(3)的基础上不要改变激光光斑相对于四象限探测器的位置,用运算放大器组成减法电路,构成 $\text{FX}\_2=(V_{a\_2}+V_{d\_2})/2-(V_{c\_2}+V_{b\_2})/2$ 和 $\text{FY}\_2=(V_{a\_2}+V_{b\_2})/2-(V_{d\_2}+V_{c\_2})/2$,将设计好的连线方式填入表 3-7 中。

表 3-7　端口连接

输入端	输出端	输入端	输出端
V_{1_1}		V_{2_1}	
V_{1_2}		V_{2_2}	

(5) 打开电源,测量减法电路输入端 V_1、V_2、V_3、V_4 和输出端 FX_2、FY_2 的信号波形,记录下频率和幅度,填入表 3-8 中。

表 3-8　实验数据记录

测试端	频率	幅度值		
		测量值	计算值	误差/%
V_1			—	—
V_2			—	—
V_3			—	—
V_4			—	—
FX_2				
FY_2				

(6) 通过二维平移台调节激光器光点位置,对应坐标轴,观察电压表显示变化。

(7) 关闭电源,拆除所有连线,结束实验。

4. 数据测量实验

（1）按照四象限探测器实验（见 2.11 节）的步骤组装实验系统，注意请将连接线带有红色标记的一端接到实验箱上。

（2）依次打开实验箱电源，激光器驱动方式选择"直流驱动"，调整升降台，使激光器和四象限探测器的高度在同一水平线上，激光光斑位置落在四象限探测器中心上，调节激光器组件前端螺母，使激光器输出光斑直径为 2～3mm。

（3）调节一维平移台，将光斑完全移动到第二、第三象限，调节一维平移台，将光斑向第一、第四象限方向移动，自行选择每次移动的距离，同时记录 FX_1、FTOT_1 电压值，在数据测量中，由图 3-25 可知，FX_1 与 FTOT_1 均做了反向处理，所以注意理解电压值正负号，FY_1 同理，完成表 3-9，记录数据不少于 20 组。

表 3-9　FX_1、FTOT_1 数据测量

组别	移动距离/mm	FX_1	FTOT_1	E_x'
1				
2				
3				
⋮	⋮	⋮	⋮	⋮
n				

设光斑水平方向测量偏移量为 x，由绪论中算法相关内容可知

$$x = K_x \times \frac{\mathrm{FX\_1}}{\mathrm{FTOT\_1}} \tag{3-33}$$

（4）将光斑完全移动到第一、第二象限，调节升降台，将光斑向第三、第四象限方向移动，自行选择每次移动的距离，同时记录 FY_1、FTOT_1 电压值，填入表 3-10 中，记录数据不少于 10 组。

表 3-10　FY_1、FTOT_1 数据测量

组别	移动距离/mm	FY_1	FTOT_1	E_y'
1				
2				
3				
⋮	⋮	⋮	⋮	⋮
n				

设光斑水平方向测量偏移量为 y，由绪论中算法相关内容可知

$$y = K_y \times \frac{\mathrm{FY\_1}}{\mathrm{FTOT\_1}} \tag{3-34}$$

（5）关闭电源，拆除所有连线，结束实验。

【实验数据处理】

对表 3-10 和表 3-11 中的数据分别进行处理，绘制拟合曲线，求出比例系数 K_x、K_y，得到光斑中心偏移信号 E_x、E_y 与电压值的关系。数据初步处理过程中将 FX_1、FY_1 最小值处标定为 $x=0$，即光斑处于探测器中心位置。

【预习思考题】

（1）有哪些方法可以实现电压信号的加减运算？

（2）怎样利用四象限探测器进行光斑中心定位？

3.5　光子计数

【引言】

随着近代科学技术的发展，人们对极微弱光的信息检测产生了越来越浓厚的兴趣。单光子探测技术在高分辨率的光谱测量、非破坏性物质分析、高速现象检测、精密分析、大气测污、生物发光、放射探测、高能物理、天文测光、光时域反射、量子密钥分发系统等领域有着广泛应用。它已经成为各个发达国家光电子学界研究的课题之一。

所谓弱光，是指光电流强度比光电倍增管本身在室温下的热噪声水平（10～14W）还要低的光。因此，用通常的直流测量方法已不能把淹没在噪声中的信号提取出来。近年来，由于锁定放大器在信号频带很宽或噪声与信号有同样频谱时无能为力，而且它还受模拟积分电路漂移的影响，因此锁定放大器在弱光测量时受到一定的限制。

现代光子计数技术的优点是：有很高的信噪比；基本上消除了光电倍增管的高压直流漏电流和各倍增极的热电子发射形成的暗电流所造成的影响；可以区分强度有微小差别的信号，测量精度很高；抗漂移性很好；在光子计数测量系统中，光电倍增管增益的变化，零点漂移和其他不稳定因素对计数影响不大，所以时间稳定性好；有比较宽的线性动态范围，最大计数率可达 $10^6\,\mathrm{s}^{-1}$；测量数据以数字显示，并以数字信号形式直接输入计算机进行分析处理。

光子计数也就是光电子计数，是微弱光信号探测中的一种新技术。它可以探测极弱的光能，可以探测弱到光能量以单光子到达时的能量。目前已被广泛应用于喇曼散射探测，医学、生物学、物理学等许多领域里微弱发光现象的研究。光子计数输出信号的形式是数字量，很容易与计算机连接进行信息处理。

【实验目的】

（1）了解光子计数器的构成原理和使用方法。

（2）掌握测量极弱光信号的方法。

（3）了解极弱光的概率分布规律。

【实验原理】

单个光子对应的能量是很微弱的。例如，光波长 $\lambda=600\mathrm{nm}$（红光）的光子能量 E_p 为

$$E_p = \frac{hc}{\lambda} = \frac{6.6\times10^{-34}\times3\times10^8}{6\times10^{-7}} = 3.3\times10^{-19}\mathrm{J}$$

式中，$h=6.6\times10^{-34}\mathrm{J\cdot s}$，为普朗克常数；$c=3\times10^8\mathrm{m/s}$，为光速。

如果每秒接收到的光子数 λ_s 为 10^4 个，则对应的光强 I_p 为

$$I_p = \lambda_s E_p = 10^4 \times 3.3 \times 10^{-19} = 3.3 \times 10^{-15}\,\text{W}$$

由此可见，光功率是极其微弱的。尽管如此，当前的技术已经发展到能够对单光子进行计数的程度，而且已有许多光子计数器商品在出售。

本实验的原理如图 3-26 所示，其中，白炽灯发出的光经过衰减片后，成为极微弱的光信号。光电探测器将单光子信号转换成单脉冲电信号，然后在光子计数器中进行脉冲计数，从而测得入射光子数。

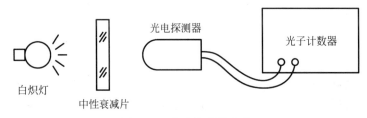

图 3-26　光子计数器实验

1. 光子计数器的组成

典型的光子计数器的组成如图 3-27 所示。它主要包括光电探测器 PMT 及其密闭外壳、幅度甄别器、计数器、高压电源和显示装置等。光电探测器将光子信号转换成电脉冲信号，宽带放大器对电脉冲信号进行线性放大，然后在幅度甄别器中甄别出光子脉冲信号，并在计数器中对光子脉冲进行计数，最后用数码管显示出来，或通过数模变换输出电压信号。

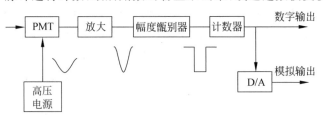

图 3-27　光子计数器的组成

图中采用光电倍增管接收光信号，它输出负脉冲。幅度甄别器甄别出光子脉冲后，对输入脉冲进行整形，输出矩形脉冲，计数器再对此矩形脉冲进行计数。

1）光电探测器

因为要探测极微弱的信号，所以只有内部具有倍增作用的光电探测器才能用作光子计数。实际使用的有光电倍增管、带像增强的光电倍增管和雪崩光敏二极管等。

这里仅讨论光电倍增管（PMT）用在光子计数器中的性能要求和使用特点。

光电倍增管的主要性能有

$$量子效率\ \eta = \frac{电子数}{光子数}$$

光子计数用的光电倍增管要有很高的效率，其典型值为 $\eta = 0.1$。

光电倍增管中的某些随机起伏因素会影响光子计数的效果。一是倍增管增益的随机起伏，由于打拿极二次发射的电子数有随机性，造成倍增管增益起伏。打拿极增益起伏的统计规律有两种类型，其中以泊松分布型较好，第一打拿极增益起伏对总增益影响最大。二是打拿极热电子发射的随机起伏，它对光子计数将引入热噪声，影响计数精度。第一打拿极发射的热电子将经过后面多级打拿极倍增，它对总的热电子数影响最大。三是光电子渡越时间的随机起伏,光电子从阴极到阳极所经的路程因许多因素而变。由于路程不同,从打拿极倍增后的电子将在不同的时刻到达阳极,其后果是这使光电子脉冲宽度加宽了,渡越时间的起伏还可能使两个光子脉冲重叠在一起被误认为是一个脉冲,引入计数误差。

光阴极在确定数量的光子作用所产生的光电子数也是随机的。此外,光阴极自身还有热电子发射。因为热电子与光电子具有同样的幅度和输出波形,所以难以区分开。选择暗电流小的光电倍增管,再加上阴极冷却措施可减小光阴极热电子发射。把阴极面积做小一些,也可减少热电子发射和减小光电子渡越时间的起伏。

光阴极产生的光电子和热电子经第一打拿极后能量倍增 m_1 倍(m_1 是第一打拿极倍增因子),它比第一打拿极自身产生的热电子所形成的输出脉冲要高。利用高度的差别,可用幅度甄别器将各打拿极自身热电子发射的影响在光子计数时去掉。

光电倍增管的负载电阻 R_L 应取标准值 50Ω。若 R_L 太大,分布电容将使输出脉冲宽度变宽。

下面列举一些数据并画出输出波形。

设倍增管增益为 10^6,由光电子激发而输出电脉冲的电荷量为
$$Q = 10^6 \times 1.6 \times 10^{-19}\text{C} = 1.6 \times 10^{-13}\text{C}$$

设光电子脉冲的脉冲宽 $t_p = 10\text{ns}$,则平均电流为
$$\langle i \rangle = \frac{Q}{t_p} = \frac{1.6 \times 10^{-13}}{10 \times 10^{-9}} = 16\mu\text{A}$$

负载电阻 R_L 上的电压降为
$$\langle V \rangle = \langle i \rangle R_L = 16 \times 10^{-6} \times 50 = 0.8\text{mV}$$

由光阴极产生的热电子也具有以上数据。而由第一打拿极产生的热电子的数据却只有上述数据的三分之一。

Q、i 和 V 的波形如图 3-28 所示。

2)光电倍增管的偏压

光电倍增管工作时需外加高电压偏置。偏置电压有两种接地方式,即高压正极接地或负极接地。光子计数条件下需采用负极(即阴极)接地,这样可避免屏蔽壳与光电倍增管的管壳间因电位差引起漏电而产生暗电流噪声。但是在结构上还要注意高压绝缘好,否则,它相对管壳漏电会激发出荧光,严重时还会产生火花放电现象,使光子计数完全失效。

光电倍增管输出信号由阳极引出,通过耐高压的隔直电容与后面电路耦合。此隔直电容的耐压值应大于管子所加偏压值的三倍。

打拿极的偏置电压仍由电阻链对高压分压获得。为使打拿极的倍增因子不受信号电流的影响,选取偏置电路电阻值时应使偏置电流大于信号电流的 100 倍。但是,信号电流自身很小。例如,光电子速率为 100MHz,平均电流也只有

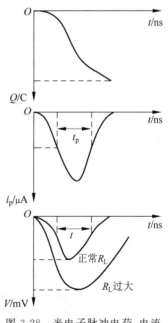

图 3-28 光电子脉冲电荷、电流和电压波形

$$\langle i_M \rangle = Q \times 10 \times 10^6 = 1.6 \times 10^{-13} \text{A} \cdot \text{s} \times 10 \times 10^6 / \text{s} = 1.6 \mu\text{A}$$

所以偏置电流不会很大。偏置电流小，在偏置电阻上散耗的热量也小，由此引入的热噪声也比较小。

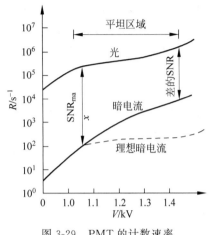

图 3-29 PMT 的计数速率

偏置电压对信号电流的增益和非线性均有影响。偏压越高、增益越大，非线性也越大，由离子或反馈光引起的电脉冲也越多。当偏压提高到一定值后，信号电流会逐渐饱和，而暗电流却迅速增大。暗电流增大的现象常常是因为打拿极形状不规则引起尖端放电而出现的。质量高的打拿极，尖端放电小。当偏压增高时，暗电流也会出现饱和现象。图 3-29 中表明了计数率 R（单位时间内平均光电子数或热电子数）与偏压之间的关系。从图 3-29 可以看出，最佳偏压应选择在信号电流开始出现饱和的位置。

寻找最佳偏压的工作应在无光照条件下进行，至少要用 24 小时去测量偏压和暗电流的关系，才能找到稳定的最佳偏压。

3）幅度甄别器

幅度甄别器用于甄别光电子脉冲、打拿极热电子脉冲和宇宙射线激发的电脉冲。宇宙射线激发的电脉冲幅度最大（激发荧光造成多电子），光电子脉冲的幅度居中，打拿极的热电子脉冲最小。根据这些特点，将幅度甄别器设计成如图 3-30 所示的样子。上甄别器只让幅度小于宇宙射线激发的电脉冲通过，即光电子脉冲和热电子脉冲均可通过；而下甄别器只让幅度大于打拿极的热电子脉冲通过，即只让宇宙射线的电脉冲和光电子脉冲通过。反符合电路在同时有两个脉冲输入时，才产生一个矩形脉冲。根据上面的分析，只有光电子脉冲才能同时通过上甄别器和下甄别器而到达反符合电路的两端，因而能输出一个矩形脉冲。而宇宙射线激发的电脉冲和打拿极的热电子脉冲都不能激发反符合电路输出矩形脉冲。

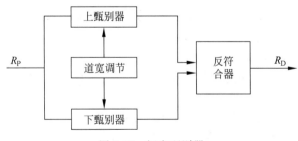

图 3-30 幅度甄别器

两个甄别器的甄别电平是可以调节的，以适应光波波长、PMT 增益和环境温度的改变。两个甄别器的甄别电平差称为道宽。道宽的宽度越宽，则光电子、热电子和宇宙射线激发的电子越易通过反符合电路，而输出矩形脉冲。当道宽超过一定范围后，光电子数不再增加，而其他两种电子数却成正比增加，因此，道宽的值应当取得合适。道宽的位置也是重要的，偏向高电平方向和偏向低电平方向都是不恰当的。

4）计数方法

方法 A：直接计数法

直接计数法方块原理如图 3-31 所示。计数器 A 用来累计光电子脉冲数 n。计数器 B 对时钟脉冲进行计数，用来控制光电子脉冲计数的时间间隔 T。

计数器 B 在计数开始前可预置一个脉冲数 N。测量时，计数器 A 和 B 各自同时启动进行计数。当计数器 B 计数值达到 N 时，立即输出计数停止信号，一方面控制计数器 A 停止计数，另一方面反馈至计数器 B 使它停止计数。

若时钟计数率（频率）为 R_c，计数器 B 被预置的脉冲数为 N，光电子脉冲计数率为 R_A，在计数时间间隔 T 内的光电子脉冲数为 n，则有

$$n = R_A T = R_A \cdot (N/R_c) = R_A \times 常数 \tag{3-35}$$

方法 B：反比计数法

其原理方块图如图 3-32 所示。这一方法与上述方法不同之处在于：用可预置计数器 B 对光电子脉冲计数，而用计数器 A 对时钟脉冲进行计数。于是有

$$T = N/R_A \tag{3-36}$$

计数器 A 输出的计数值 n 为

$$n = R_c \cdot (N/R_A) = (1/R_A) \times 常数 \tag{3-37}$$

式(3-37)表明：计数值 n 与 R_A 成反比。

这一方法的优点是：预置的脉冲数 N 是常数，对弱光（即光电子脉冲较稀）进行测量，计数时间长些；对强光进行测量，计数时间短些。相应的计数值 n 与光电子脉冲计数率 R_A 成反比。如果这个光子计数器用于测量某物对入射光的吸收率，那么，把 n 值进行 D/A 转换后即可直接显示出被测对象的吸收率。

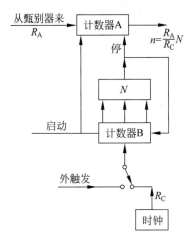

图 3-31　直接计数法

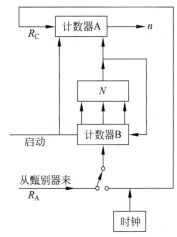

图 3-32　反比计数法

2. 改进光子计数的方法

上述简单计数方法会因为光源强度不稳、杂光和热电子的影响而产生很大误差，需要设法消除。

1）抵消光源强度变化的方法

这种方法采用双光路及双光子计数装置，如图 3-33 所示。其中一路通过了被测对象；

另一路不通过被测对象,而是由它产生的光电子脉冲作为时钟脉冲进行计数,可以补偿光源强度的变化。

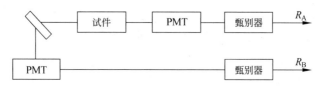

图 3-33　取消光源强度变化的双通道系统

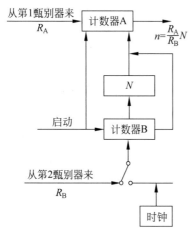

图 3-34　正比计数器

设第一通道的光电子产生率为 R_A,第二通道的光电子产生率为 R_B,累计的光电子数分别为 n_A 和 n_B,则

$$n_A = R_A T = R_A \frac{n_B}{R_B} = \frac{R_A}{R_B} n_B = \frac{R_A}{R_B} \times 常数$$

(3-38)

式中,n_B 可以人为设定,故是常数。当光源强度改变时,比值 R_A/R_B 保持不变,从而消除了光源强度变化的影响。

图 3-34 所示是这种计数法的正比计数器,它与图 3-31 不同之处在于用通道 B 的光电子脉冲代替时钟。

2）背景抑制方法

由杂光或阴极热发射产生的光电子脉冲基本上具有不变的产生率,有可能通过两次计数而将上两项计数消除。两次计数的方法是:首先将光源挡住,测出时间间隔 T 内的计数值 n_A;然后让光源起作用,再次测出 T 内的计数值 n_B,于是,真正的光信号计数为

$$n = n_A - n_B = R_s \times 常数$$

(3-39)

式中,R_s 是信号光电子产生率。

对光源射出的光实现遮断或通过的方法是用调制盘,如图 3-35 所示。其中调制盘既调制光源,又提供时基信号。时间调节器将此时基信号变成控制计数器 A 和 B 计数时间间隔的信号,实质上就是让计数器 A 和 B 轮流计数。

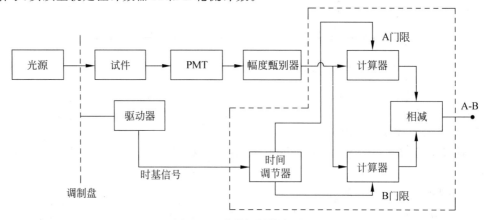

图 3-35　背景抑制技术原理

3）光子计数器原理图

根据以上所述，完整的光子计数器如图 3-36 所示。

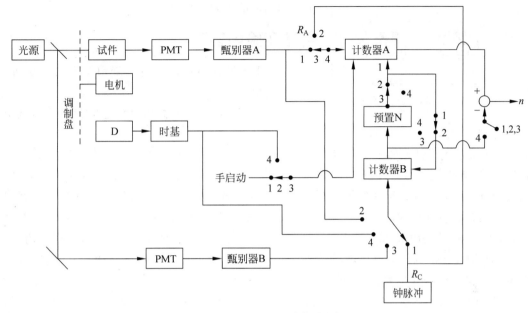

图 3-36　1112 型光子计数器方框图

1—方法 A　2—方法 B　3—方法 C　4—抑制背景方法　D—透光传感器

注：各交叉点均不相通

【实验仪器】

本实验采用的实验仪器，如图 3-37 所示。图中的白炽灯、衰减片及光电倍增管均安装在密闭的实验暗箱中。为了避免漏光，还要在暗箱外面蒙上黑布。光子计数器是一台外购的光子计数仪器。图 3-37 中只画出了它的主要组成部分。

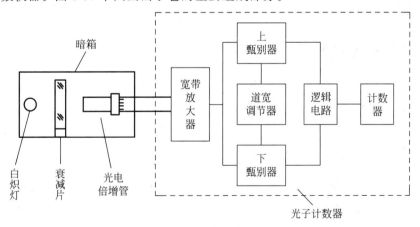

图 3-37　实验仪器

光子计数仪器的面板如图 3-38 所示。

旋转甄别电平旋钮可以改变甄别电平，旋转道宽旋钮可以改变上、下甄别电平的差值，

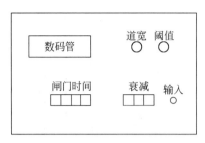

图 3-38 光子计数仪器面板

而旋转闸门时间旋钮则可以改变计数的时间间隔。

妥善确定甄别电平、道宽和计数时间间隔，可以探测不同功率的微弱光信号。

【实验内容】

（1）将光源的电源输出电压旋钮调至最小位置，接着开动电源。

（2）将光电倍增管的高压电源电压旋钮调至最小位置，接通电源，1 分钟后将输出电压调为 700 V。

（3）接通光子计数器电源，将计数时间间隔旋钮指向一秒刻度，将甄别电平旋钮调至 30 位置，然后观察数码管的计数，若数码管指示数值为 0 或 1，很少变动，则缓慢增大道宽（向右缓慢旋转道宽旋钮），数码管上将开始出现大的暗脉冲计数。然后反过来缓慢旋转道宽旋钮，减小道宽，直到计数器的计数轮流出现 0、1 或 2 为止，此时，暗脉冲计数很小，可以忽略不计，若数码管指示的暗脉冲数很大，则缓慢减小道宽，直到数码管轮流出现 0、1 或 2 为止。

（4）增大光源的供电电压，数码管的计数 n 不断增大，计数值可以到达几万，然后将电源电压调整到数码管显示的平均值 $\bar{n}$ 为 2000 左右。

（5）改变甄别电平，观察数码管的数值变化情况，然后将甄别电平调回到数码管显示的平均值 $\bar{n}$ 为 2000 左右。

（6）改变道宽，观察数码管的数值 n 的变化情况，然后将道宽调回到数码管显示的平均值 $\bar{n}$ 为 2000 左右。

（7）进行测定 n 的分布实验，连续实验 15min，不断读取数码管上的瞬时值 n_i，并作好记录，记录的瞬时值个数应不少于 500 个。

（8）增大光源供电电压，使数码管显示的平均值 $\bar{n}=2000$ 左右，重复步骤（7），记下不少于 500 个瞬时值 n_i。

（9）关闭光子计数器电源，将高压电源电压调至最小，并关闭高压电源，将光源电压调至最小，并关闭电源。

【实验数据处理】

（1）按实验内容（7）和（8）测得的数据绘制概率分布 $P(n)$ 曲线。
（2）将上述两条 $P(n)$ 曲线进行对比。
（3）将上述 $P(n)$ 曲线与典型概率分布曲线进行对比。

【预习思考题】

（1）为什么由持续照射的光源得到的弱光信号可以用脉冲计数的方法检测？
（2）现代光子计数技术有何优点？

第 4 章

光电信号的数据采集

与计算机接口技术实验

4.1 彩色线阵 CCD 的 A/D 数据采集

【引言】

CCD(电荷耦合器件)检测物体时具有非接触、实时、易与计算机接口等优点,在非接触测量领域得到广泛的应用。此外,CCD 应用技术在现代光子学、光电检测技术和现代测试技术领域中成果累累,方兴未艾。在定量分析线阵 CCD 输出信号幅值时,如用线阵 CCD 检测光强的分布进行图像的扫描输入,进行多通道光谱分析等,需要对线阵 CCD 输出信号进行 A/D 数据采集。

【实验目的】

(1) 掌握线阵 CCD 的 A/D 数据采集的基本原理。
(2) 掌握线阵 CCD 积分时间与光照灵敏度的关系。
(3) 掌握本实验仪配套软件的基本操作,熟悉各项设置和调整功能。
(4) 学会基本数据采集软件的编写和应用。

【实验原理】

线阵 CCD 的 A/D 数据采集的种类和方法很多,这里只介绍实验仪所采用的 8 位并行接口方式的数据采集基本工作原理。

如图 4-1 所示为以 8 位 A/D 转换器件 TLC5510A 为核心器件构成的线阵 CCD 数据采集系统。以 CPLD 完成地址译码器、接口控制、同步控制、存储器地址译码等逻辑功能。计算机软件通过向数据端口发送控制指令对 CPLD 复位。CPLD 等待 SH 信号上升沿(对应于 CCD 第一个有效输出信号)触发 A/D 转换器件开始工作,A/D 转换器件则通过 SP 信号完成对每个像元的同步采样,A/D 转换器件输出的 8 位数字信号则存储在一个 32KB 的静态缓存器中(62256),当一行像元的数据转换完成后,CPLD 会生成一个标志转换结束的信号,同时停止 A/D 转换器件和 SRAM 存储器的工作。计算机软件在查询标志信号后,读取 SRAM 存储器中的数据,完成数据曲线显示等一系列功能。当软件读取并处理完一行数据后,再次发送复位指令循环上述过程。

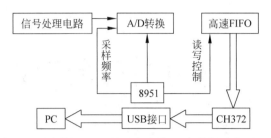

图 4-1　计算机 USB 接口方式的 A/D 数据采集原理

【实验仪器】

实验仪器有 1 台彩色线阵 CCD 多功能实验仪、1 台双踪示波器（带宽 50MHz 以上）、1 台实验用计算机及 1 套"A/D 数据采集及角度测量"软件。

【实验内容】

1. 实验准备

（1）将实验仪的数据端口和计算机 USB 端口用 USB 数据线连接好，如果不能确定，请咨询实验指导教师。

（2）启动计算机电源，完成系统启动后进行下面的操作。

（3）打开实验仪的主电源开关，用示波器测量 Φ_1、Φ_2、SH、RS、SP、CP 等各路驱动脉冲的波形是否正确，如果与实验箱上驱动波形相符，继续进行下面的实验，否则，应请指导教师检查。

（4）运行"A/D 数据采集及角度测量"软件。

2. 运行"A/D 数据采集及角度测量"软件

（1）运行"A/D 数据采集及角度测量"软件，计算机应显示出如图 4-2 所示的程序主界面。

（2）如图 4-3 所示，采集方式菜单分为"连续采集""单次采集"和"平均采集"3 种采集方式，为调试方便应选择连续采集方式，单击"连续采集"便可进行连续采集方式的工作，先设置采集次数，然后单击"平均采集"便可进行平均采集方式的工作。

（3）将 CCD 和物体放置好，调节积分时间，观测输出波形的变化。

（4）A/D 转换的输出波形曲线以 *.txt 数据格式存储在本软件安装的根目录下，文件名分别为"单次采集结果.txt"和"平均采集结果.txt"，如图 4-4 所示。

（5）如图 4-5 所示，单击"打开文件"按钮，选择要打开的数据文件，显示 A/D 数据采集的数据，观测每一像元的数据和整行数据的特点。

（6）观测与分析输出波形，分析输出波形与被测物体图像的关系。

3. 编写 A/D 数据采集连接与处理软件

（1）利用上面所保存的数据文件求出一行数据的最大值和最小值。

（2）利用数据文件找出信号的变化周期，分析所采集数据的特点。

（3）根据提供的接口程序设计编写简单的接口软件与简单的处理软件，编写接口软件需要具备较好的 VC++软件基础，根据实际情况进行选做，研究生或指导教师可以自行编写难度更高的应用软件，在该项实验中做更多的工作。

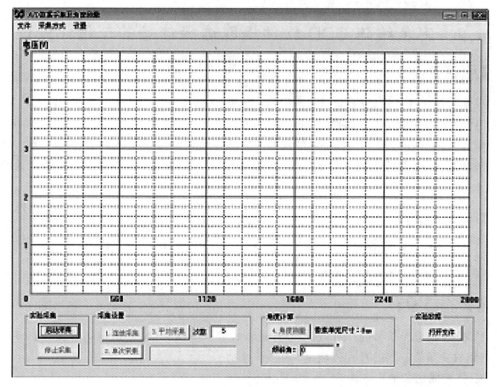

图 4-2　"A/D 数据采集及角度测量"软件主界面

图 4-3　采集方式设置界面　　　图 4-4　数据采集结果　　　图 4-5　打开实验数据

（4）结束关机。①关闭实验仪；②关闭计算机；③关闭示波器；④关闭电源。

【实验数据处理】

（1）记录 A/D 转换的输出波形曲线，总结 CCD 输出信号的幅度与积分时间及光照灵敏度之间的关系，思考能否验证在同样的光照下输出信号的幅度随积分时间的增长而幅度增大。

（2）利用数据文件找出信号的变化周期，分析所采集数据的特点。

【预习思考题】

（1）如何用 VC++语言完成进行计算机端口操作和绘图的基本功能？

（2）简述线阵 CCD 的 A/D 数据采集基本原理。

（3）用线阵 CCD 的 A/D 数据采集实验能否进行物体尺寸的测量？若能，该如何安排这个实验？

（4）能否列举出利用本实验进行其他目的的实验？

4.2　彩色线阵 CCD 软件提取边缘信号的二值化处理

【引言】

一幅图像包括目标物体、背景还有噪声，要想从多值的数字图像中直接提取出目标物体，最常用的方法就是设定一个阈值 T，用 T 将图像的数据分成两部分：大于 T 的像素群和小于 T 的像素群。这是研究灰度变换的最特殊的方法，称为图像的二值化（Binarization）。本实验介绍了线阵 CCD 输出信号经 A/D 转换器件进入计算机系统后，利用软件进行二值化处理来提取边缘信号。

【实验目的】

（1）掌握用软件提取线阵 CCD 输出信号 V_O 所含物体边界信息的两种方法。

（2）学习使用 VC++ 语言编写简单的测量软件。

【实验原理】

线阵 CCD 输出信号经 A/D 转换器件进入计算机系统后，软件提取边缘信号有多种方法，这里只介绍最基本的 3 种方法。

1. 固定阈值二值化方法

用计算机软件提取边缘信号的最基本方法是固定阈值二值化提取方法，原理类似于硬件二值化提取方法。不同点在于硬件固定阈值二值化提取方法的阈值由硬件设置，软件固定阈值二值化提取方法的阈值可由软件以数字方式设置。它比硬件固定阈值二值化提取方法更容易改变或设置阈值。在能够保证系统光源稳定的情况下，这种方法简单易行。图 4-6 所示为软件固定阈值二值化提取的信号波形图，阈值以数字形式由软件设置。

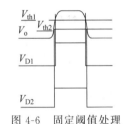

图 4-6　固定阈值处理

2. 浮动阈值二值化方法

在固定阈值的基础上软件做浮动阈值处理要比硬件的浮动阈值简单得多，软件采集到一行周期 V_O 输出的数据后，根据背景光信号的强度信号设置阈值，该阈值可以根据背景光幅值的百分比来设置，因此所设置的阈值将跟随背景光的变化而变化，即跟随背景光的强弱浮动。在一定程度上消除了因背景光的不稳定带来的误差。另外软件还可以采用多次平均、叠加的算法提高测量的稳定性和精度。

3. 微分二值化方法

提取边缘信号的第 3 种方法是斜率算法，采用二次微分的算法。这种方法很像硬件的二次微分处理方法。图 4-7 所示为这种算法的波形图，线阵 CCD 输出的载有被测物体边界信息的电压信号 V_O 经数据采集系统送入计算机，该信号的一次微分结果记为 V_W，二次微分结果记为 V_{RW}，由此可以采用提取一次微

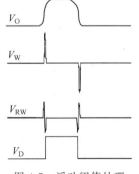

图 4-7　浮动阈值处理

分信号的峰值或者二次微分信号的过零点作为边界信息。这种算法要求信号的边界锐利,以便判断。

当物体成像较为清晰时,物体边界处所对应的输出信号变化很快,利用这个特点很容易从线阵 CCD 输出的信号中提取边界信息,完成测量。当然,光谱分析中的光谱信号类似于微分后的输出波形,因此经常采用这种算法计算光谱的准确位置。

【实验仪器】

实验仪器有 1 台彩色线阵 CCD 多功能实验仪、1 台双踪示波器(带宽 50MHz 以上)、实验用计算机、VC++ 软件及相关的实验软件。

【实验内容】

1. 实验准备

首先将实验仪器的数据端口和计算机 USB 端口连接好。打开计算机电源,完成系统启动后进入下一步操作。打开仪器的主电源开关,用示波器测量 Φ_1、Φ_2、SH、RS、SP、CP 各路脉冲信号的波形是否正确。如果与实验箱上驱动波形相符,继续进行下面实验;否则,应请指导教师检查。确认是否已经正确安装实验仪软件,否则,请首先安装实验仪软件。打开实验仪上盖板将被测物体插入测量槽中。打开仪器顶盖,确定 CCD 为水平位置,运行"A/D 数据采集及角度测量"软件,单击"单次采集"按钮或"平均采集"按钮,得到实验数据,并将实验数据保存在该软件的根目录下。

2. 实验过程

选择"固定阈值测量",设定"阈值"为 150(软件主界面如图 4-8 所示)。单击"打开文件"按钮,打开第一步中得到的实验数据。单击"二值化"按钮,观察固定阈值二值化后得到的波形。

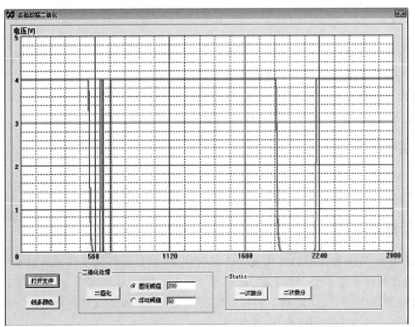

图 4-8　实验数据二值化软件主界面

图 4-9　二值化处理

该实验仿照固定阈值二值化测量实验进行。选择"浮动阈值"单选钮，设置"浮动阈值"百分比（如图 4-9 所示）。"浮动阈值"的取值范围应为 10%～100%，在实际操作中实际阈值按下面公式计算

实际阈值＝（信号的最大值－信号的最小值）×
浮动阈值% ＋信号的最小阈值

由此可见，如果使用"浮动阈值"的方法，其"阈值"的实际值每次都随测量结果而变化。本实验所取的"阈值"为浮动阈值的 50%。

最后，单击"打开文件"按钮，打开第一步中得到的实验数据；单击"一次微分"按钮，观察一次微分后得到的波形，并与二值化法得到的波形进行比较，找到峰值点，得到边缘信息。单击"二次微分"按钮，观察二次微分后得到的波形，找到过零点位置，得到边缘信息。

3. 实验结束

关闭实验仪器，关闭计算机，关闭示波器，关闭电源。

【实验数据处理】

记录实验中二值化法得到的波形，并与一次微分及二次微分后得到的波形进行比较，找到过零点位置，得到边缘信息。

【预习思考题】

（1）分析二值化法和二次微分测量的特点和适用场合。
（2）试编写二次微分测量算法。

4.3　物体角度测量

【引言】

CCD（电荷耦合器件）是 20 世纪 70 年代初发展起来的新型半导体集成光电器件。经过多年的发展，元件及其应用技术的研究取得了巨大的成就，特别是在图像传感及非接触测量领域，发展更为迅速。本实验介绍了利用彩色线阵 CCD 对物体角度进行测量的原理和方法。通过本次实验可以加深对其工作原理的认识，掌握测量角度的方法。

【实验目的】

（1）掌握线阵 CCD 测量被测物体角度的基本原理。
（2）掌握线阵 CCD 角度测量的方法。

【实验原理】

利用线阵 CCD 测量被测物体角度的方法有很多，其实质都属于尺寸测量和位移量的测量。常用的有两种方法。第一种方法如图 4-10 所示。图中水平粗线为线阵 CCD 像敏单元阵列，假设待测物体在 CCD 像面上的测量宽度为 D，当该物体旋转角度 α 后，CCD 感光线上测量的宽度值也发生了相应变化，变为 S。

从图 4-10 可以推导出待测角度 $\alpha = \sin^{-1}(D/S)$。

这种方法比较简单,适用于低精度大尺寸测量且光学放大倍数不高的场合,并且必须保证被测物体的宽度是已知的。当待测物体本身的宽度 D 有显著变化时,会影响测量精度。

测量角度的第二种方法是利用彩色线阵 CCD 测量物体角度。彩色线阵 CCD 由 3 条相互平行的像敏单元阵列构成,当被测物与线阵 CCD 像敏单元阵列成角度 α 时,可以利用彩色线阵 CCD 两条平行的阵列传感器进行角度测量。

如图 4-11 所示,假设被测物在像面的投影如灰色部分所示,G、B、R 分别为彩色线阵 CCD 的 G、B、R 三条像敏单元阵列(阵列传感器)。由图中可以看出,三条阵列传感器对待测物体成像后的边界是相互错开的,通过对 G、R 阵列传感器的边界信息提取测量,便可以测得图中的 S。而相邻感光线的间距为 $64\mu m$ 为已知量,则 G、R 阵列传感器的边界间的距离 $L_0 = 128\mu m$。

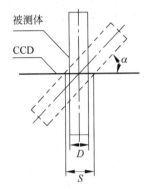

图 4-10　CCD 测角方法之一

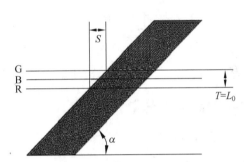

图 4-11　CCD 测角方法之二

由此可以推导出待测角度为

$$\alpha = \arctan(T/S) \tag{4-1}$$

由于彩色线阵 CCD 的相邻阵列传感器的距离 L_0 较宽,而同列像元的中心距 l_0 很小,因此用这种方法测量角度可以获得较高的精度。这种方法测量的角度分辨率为

$$\alpha_{\min} = \arctan(l_0/L_0) \tag{4-2}$$

【实验仪器】

实验仪器有 1 台彩色线阵 CCD 多功能实验仪 CXWHUTCCD-Ⅲ、1 台双踪迹示波器(带宽 50MHz 以上)、实验用计算机、VC++软件及相关的实验软件。

【实验内容】

1. 实验准备

首先将实验仪器的数据端口和计算机并行端口通过专用数据电缆连接好。提前将计算机并行端口设置为 EPP(增强型并行接口)工作模式,如果不能确定,请咨询实验指导教师。打开计算机电源,完成系统启动后进入下一步操作。打开 CXWHUTCCD-Ⅲ 的主电源开关,用示波器测量 Φ_1、Φ_2、SH、RS、SP、CP 各路脉冲信号的波形是否正确。如果与实验箱上驱动波形相符,继续进行下面实验;否则,请指导教师检查。确认已经正确安装实验仪软

件；否则，请首先安装实验仪软件。打开实验仪器右下角盖，放置好 CCD 和被测物体，运行
"A/D 数据采集及角度测量"软件，单击"连续采集"按钮。

2. 实验过程

打开实验仪器右下角盖，放置好被测物体。单击"算法 1"按钮（如图 4-12 所示），此时
U_G 为列传感器的输出信号；设置阈值为"浮动阈值"，数值选为 50。选择"压缩"显示，数据
采集间隔设为 0s，设置采集次数为 10 次，采集方式为 10 次采集取平均值；运行测量软件，
并将所显示的测量结果（如图 4-13 所示）记录在实验报告中。单击"算法 2"按钮采用
TCD2252D 的 U_R、U_G 输出信号进行测量。被测物用片夹 E 的图形代替。实验步骤同角度
测量方法一。

图 4-12 算法选择

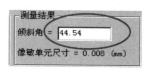

图 4-13 实验结果的显示

3. 实验结束

关闭实验仪器，关闭计算机，关闭示波器，关闭电源。

【实验数据处理】

记录测量软件测量的结果，并进行分析。

【预习思考题】

（1）参考本实验角度测量原理，试设计一个用两个平行放置的线阵 CCD 对圆形棒材直
径进行测量的装置，允许棒材产生适当的倾斜，写出求解测量公式。

（2）试比较两种测量方法并分析各有什么优缺点。

4.4 基于单片机的 PSD 信号采集系统设计实验

【引言】

单片机又称为微控制器（Micro Controller Unit，MCU），主要应用于工业控制领域，用
来实现对信号的检测、数据的采集及对应用对象的控制。单片机具有体积小、省元件、功能
强、可靠性高、应用灵活等突出优点，用来取代经典电子控制电路。经典 PSD 信号处理电路
中的前置放大、加法器、减法器和除法器都是模拟电路，电路的噪声、温漂等都会给电路的精
度带来很大的影响，这种处理电路通常在不需要计算机进行信息处理与控制时采用。显然，
电路中的运算功能完全可以通过直接的数字运算来实现，对于需要通过计算机进行信号处
理的 PSD 位置检测系统，可以用软件来实现原 PSD 处理电路中的模拟运算。

【实验目的】

（1）掌握基于单片机的 PSD 信号采集方法。

（2）掌握模数转换芯片 ADS7886 的使用及其 51 单片机的控制。

（3）掌握 51 单片机的 LCD1602 液晶显示及其 4 位数据控制方法。

（4）掌握 USB 通信实现实时数据采集的方法。

（5）掌握 USB 通信芯片 CH372 的使用及其 51 单片机的控制。

（6）掌握 PSD 上位机软件的使用方法。

【实验原理】

PSD 信号采集系统由发射端和接收端组成，其中接收端又由模拟信号处理部分和数字数据采集部分组成，并由机械模块使发射端和接收端产生相对位移。系统总体功能框图如图 4-14 所示。整个信号链路的工作原理描述如下：光源发射的激光照射在 PSD 的光敏面上，PSD 输出两路光电流信号。前置放大电路将其转换为电压信号并进行放大；经加法电路和减法电路得到两路信号的和与差，其中加法电路输出电压的极性为正，而减法电路输出电压的极性不确定，所以需要对减法电路的输出进行电平抬升和相位调整，以方便模数转换电路（Analog-Digital Converter，ADC）进行数据采集。数据采集部分的核心控制单元为单片机部分，其主要任务有控制 ADC 进行数据采集、对采集到的数据进行处理和控制液晶显示器进行显示，并将数据通过 USB 通信电路上传到上位机应用软件，对数据进行进一步的处理显示与保存。图 4-15 为数据采集部分电路原理图。

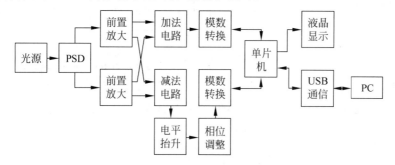

图 4-14　系统总体功能框图

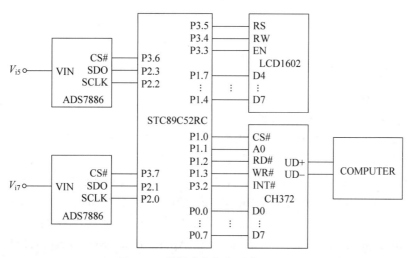

图 4-15　数据采集部分电路原理图

1. 模数转换模块

为了使数字电路能够处理模拟信号,必须把模拟信号转换成相应的数字信号,方能将其送入数字系统进行处理。实现从模拟信号到数字信号转换功能的电路,称为模数转换器,简写为 ADC。模数转换的过程是首先对输入的模拟电压信号采样,采样结束后进入保持时间,在这段时间内将采样的电压量化为数字量,并按一定的编码形式给出转换结果。为了保证数据处理结果的准确性,ADC 必须有足够高的转换精度。同时,为了适应快速过程的控制和检测的需要,ADC 还必须有足够快的转换速度。因此,转换精度和转换速度是衡量 ADC 性能的主要标志。

ADS7886 是 Texas Instruments 公司推出的 12 位采样精度,1MSPS 采样速率的高性能逐次逼近(SAR)型 ADC,采用 6 脚的 SOT23 超小封装,串行数据接口,串行速率高达 20MHz。有较宽的电源电压供电范围(2.35～5.25V),可直接用电源作为参考电压,电路简单,无须任何外围器件。ADS7886 内部功能框图和引脚功能图分别如图 4-16 和图 4-17 所示。

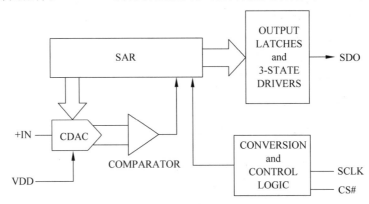

图 4-16　ADS7886 内部功能框图

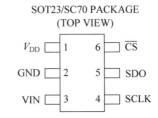

图 4-17　ADS7886 引脚功能图

2. 单片机模块

单片机自诞生以来由于其固有的优点——低成本、小体积、高可靠性、具有高附加值、通过更改软件就可以改变控制对象等,成为电子产品设计的首选器件之一。过去通过复杂电路才能完成的功能,现在用一个纯单片机芯片也许就能实现。

本实验所用单片机采用宏晶科技推出的 8 位 8051 内核单片机 STC89C52RC,完全兼容工业标准 8051 单片机系列指令集。STC89C52RC 具有 8K 字节闪存用于存储程序代码,512 字节 RAM 用于存储数据。STC89C52RC 支持使用自身的串口在系统中编程(In System Programming,ISP)和在应用中编程(In Application Programming,IAP)两种方式用于下载和更新单片机程序,无须额外的编程器和其他设备,也不需要将芯片从系统中取下,其使用非常方便。ISP 方式允许其使用者在不需要从系统中将芯片取下的情况下直接对芯片进行程序下载更新。IAP 方式则允许使用者在系统程序运行时对闪存单元进行数据写入和读取。STC89C52RC 运行时钟有 12 时钟周期/机器周期和 6 时钟周期/机器周期两种模式,并支持用户进行配置。STC89C52RC 单片机保留了经典 8051 单片机的所有性能指标,并额外增加了定时器 2,具有 4 级优先级的 8 路中断源结构,片内高精度RC 振荡器和看门狗。

STC89C52RC 主要性能参数如下:

(1) 增强型 8051 中央处理单元,6T/12T 每机器周期。

(2) 工作电压范围为 3.3～5V。

(3) 工作频率范围为 0～40MHz@6T,0～80MHz@12T,实际工作频率最高可达 48MHz。

(4) 片内 8KB 闪存,具有 ISP 和 IAP 能力。

(5) 片内 512B RAM。

(6) 片外 RAM 寻址容量最高可达 64KB,片外 Flash 寻址容量最高可达 64KB。

(7) 双数据指针(DPTR)加速数据搬移。

(8) 8 路中断源,4 级中断优先级。

(9) 1 路增强型 UART 串口,具有硬件地址识别、帧错误检测和自适应波特率产生能力。

(10) 一路 15 位看门狗定时器,带有 8 位预分频。

(11) 片内集成 MAX810 硬件复位电路。

(12) 两种电源管理模式:空闲和掉电模式。

(13) 39 或 35 个可编程通用 I/O 口。

(14) 工作温度范围为 −40～85℃(工业级)和 0～75℃(商业级)。

(15) 封装类型:LQFP-44,PDIP-40,PLCC-44。

3. 液晶显示模块

液晶显示模块因其具有微功耗、体积小、显示内容丰富、超薄轻巧和使用方便等诸多优点,现已取代数码管等传统显示器件广泛应用于通信、仪器仪表、电子设备和家用电器等低功耗应用的系统中,液晶显示模块的应用使得电子设备人机交互界面变得越来越直观形象。

本实验采用目前工业控制系统广泛使用的 LCD1602 液晶显示模块。LCD1602 是一款字符型点阵液晶,点阵字符大小为 5×7,根据显示屏的容量可分为 1 行 16 个字符(1601),2 行 16 个字符(1602),4 行 16 个字符(1604),2 行 20 个字符(2002),4 行 20 个字符(2004),等等。

LCD1602 字符型液晶显示模块的应用非常广泛,而各种厂家均有提供几乎都是相同规格的 LCD1602 液晶显示模块或兼容模块,所以尽管各厂家的对其各自的产品命名不尽相同但功能和操作方式都是类似的。LCD1602 字符型液晶显示模块最初采用的液晶显示控制器是 HD44780,在各厂家生产的 LCD1602 字符型液晶显示模块中,基本上也都采用了与之兼容的控制 IC,所以从特性上来讲基本上是一样的。当然,很多厂商提供了不同的字符颜色、背光颜色之类的显示模块。LCD1602 字符型液晶显示模块内置标准字库,控制器内部的字符发生存储器(CGROM)已经存储了 192 个 5×7 点阵字符,32 个 5×10 点阵字符,这些字符包括阿拉伯数字、英文字母大小写、常用符号及单位和日文片假名等。LCD1602 字符型液晶显示模块框图如图 4-18 所示。

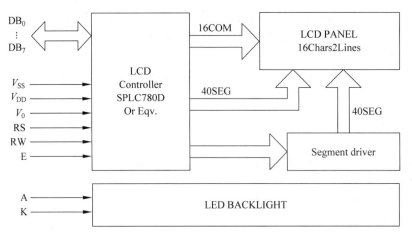

图 4-18　LCD1602 字符型液晶显示模块框图

LCD1602 字符型液晶显示模块主要技术参数如下：

（1）逻辑工作电压（V_{DD}）：4.5～5.5V。

（2）LCD 驱动电压（$V_{DD}-V_0$）：4.5～13V。

（3）工作温度范围：0～60℃（常温），−20～75℃（宽温）。

（4）工作电流：＜2mA。

（5）屏幕视域尺寸：62.5mm×16.1mm。

4. USB 通信接口模块

下位机与 PC 之间数据传输目前广泛使用 USB 通用串行总线接口。USB 协议最早由 Intel 和 Microsoft 公司联合主导发起，USB 通信接口最显著的优点是支持热插拔和即插即用。在使用时，设备插入主机接口，主机开始枚举设备并加载相应的驱动程序，其使用的便利性大大优于计算机并口、RS232、PCI 和 ISA 等总线协议。

USB 接口的数据传输速度要远远高于以往的计算机并口（如 EPP、LPT、SPP）和串行接口（如 RS-232）等传统电脑总线接口。在最开始推出的 USB 协议标准中，USB 1.1 支持的最大传输速率为 12Mbps，USB 2.0 支持的最大传输速率为 480Mbps。2010 年推出的 USB 3.0 更是从 480Mbps 提升到 5Gbps。USB 协议规定其设计为非对称式的，USB 的拓扑结构由一个 USB 主机控制器和若干个通过 USB 集线器连接的设备以树形连接的拓扑结构构成。单个 USB 主机控制器最多可以连接 5 级 USB 集线器（USB Hub），包括 USB 集线器，单个 USB 主机控制器最多可以连接 128 个不同的 USB 设备（这是由于协议采用了 7bit 设备寻址字段）。

由于 STC89C52RC 微控制器本身不具备 USB 通信功能，因此本系统设计中选择具有 USB 设备功能的器件来实现系统与 PC 机之间的 USB 通信功能。目前市场上具有 USB 设备功能的器件比较多，比较典型的 USB 设备芯片有 NXP 公司的 PDIUSBD12、南京沁恒电子有限公司的 CH372/375 等。综合成本及易用程度等方面考虑，本实验选择南京沁恒电子有限公司推出的 CH372 USB 总线接口芯片在计算机应用层与本地端单片机之间提供端对端的连接。

5. 上位机应用软件

上位机应用软件是数据实时采集系统的中心，其功能主要有：开启或关闭通信设备、检测通信设备、设置数据传输管道、设置 A/D 状态和数据采集端口、实时从通信接口采集数据和显示并分析数据。本实验仪所使用的上位机应用软件界面如图 4-19 所示,分为如下 5 部分。

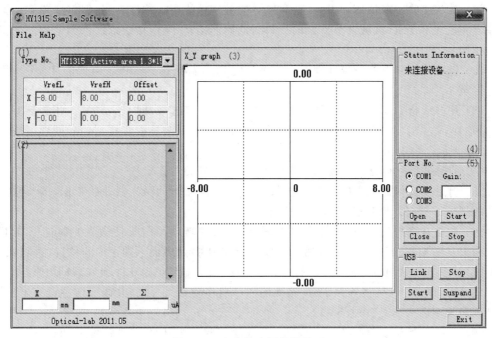

图 4-19　上位机应用软件界面

图 4-19 中标记(1)的部分为传感器型号选择部分。此部分包括一个下拉列表框和一个量程分组框,当在下拉列表框中选择不同的传感器型号时,其相应的量程将在量程分组框里显示出来,在光斑坐标显示视图里也将进行相应的改变。虽然系统采用的位置敏感探测器为一维器件,但是该软件也可以应用于二维位置敏感探测器和象探测器等类似系统中。

图 4-19 中标记(2)的部分为接收数据显示部分。此部分包括一个显示历史数据信息的编辑框和三个显示当前数据信息的编辑框,将显示入射光斑在传感器光敏面上的 X 轴、Y 轴坐标信息和传感器总输出电流的大小。

图 4-19 中标记(3)的部分为当前光斑坐标显示视图。

图 4-19 中标记(4)的部分为设备状态显示部分,负责显示接口设备的连接情况。

图 4-19 中标记(5)的部分为接口设备控制部分。此部分包括串口通信分组框和 USB 通信分组框,其主要组成部分为交互式按钮,用户通过此部分给应用程序发出交互式命令,控制与下位机的通信,其中串口通信部分主要用于调试,系统完成后的通信任务主要由 USB 部分完成。

除此之外,本软件设计了菜单栏,主要用于对这个软件的控制和对采集到的数据进行文件保存。

【实验仪器】

实验仪器有 1 台 WHUTPSD-Ⅱ型综合实验仪、1 套一维机械调节支架、1 根电源线、1 根 7 芯航空插头连接线、若干连接导线、1 根 USB 连接线、1 台计算机。

【实验内容】

1. 实验准备

（1）准备实验所需仪器和设备，观察航空插头连接线两端的接头，分别与位置敏感探测器综合实验仪和 PSD 机械调节支架的接口对准后连接，注意连接线带红色标记的一端与实验仪相接。

（2）将实验仪面板上信号处理模块测试区的 PSD 输出端 PSD_I_{o1} 和 PSD_I_{o2} 分别用导线连接至 I_{i1} 和 I_{i2}。

（3）用导线将 PSD 信号处理模块的各单元电路连接起来，即 V_{o1} 与 V_{i1} 相连接，V_{o2} 与 V_{i2} 相连接，V_{o4} 与 V_{i3} 相连接，将电压表量程调到 20V，其测试引线接到信号处理模块测试区的 V_{o5} 和 GND 上。

（4）打开实验仪侧面总电源，信号处理模块电路开始工作。

（5）打开实验仪面板上的激光器电源，机械调节支架上的激光器开始工作，调节激光器前端的螺纹部分，使一字型激光光斑呈垂直状。

（6）调整升降杆架、接杆和杆架上的固定螺母，并转动测微头使激光光斑能够在 PSD 光敏面上从一端移动到另一端，最后将光斑定位在 PSD 光敏面上的正中间位置（目测）。

（7）打开电压表电源开关，缓慢调整测微头，当电压表显示值为 0 时，此位置即为原点位置。

（8）转动测微头，使光斑从 PSD 光敏面的一端移动到另一端，并调节增益调节电位器，使电压表显示值为 $-2.5\sim2.5$V。

（9）关闭激光器电源，关闭电压表电源，关闭实验仪总电源，清理器件，拆除航空插头连接线和导线。

2. 下位机软件编写与调试

（1）在了解整个系统电路结构的基础上，编写 51 单片机的 ADC 数据采集程序和 LCD1602 液晶显示程序。

（2）编写数据处理程序，计算得到光斑位置，并用 LCD1602 字符型液晶显示模块显示。

（3）将编译通过的程序下载到 51 单片机中。

（4）关闭电源，重新用导线将 PSD 信号处理模块各单元电路和数据采集模块电路连接起来，即 PSD_I_{o1} 与 I_{i1} 相连接，PSD_I_{o2} 与 I_{i2} 相连接，V_{o1} 与 V_{i1} 相连接，V_{o2} 与 V_{i2} 相连接，V_{o3} 与 V_{i5} 相连接，V_{o4} 与 V_{i6} 相连接，V_{o7} 与 V_{i7} 相连接。

（5）打开实验仪总电源，打开激光器电源，打开 MCU 电源。

（6）缓慢转动测微头，使激光光斑从 PSD 的一端开始移动，取 $\Delta X=0.5$mm。读取 LCD 位置显示值，填入表 4-1 中，绘制 PSD 位置测量系统性能曲线。

（7）根据表 4-1 所列的数据，对比 LCD1602 字符型液晶显示模块的位置值和千分尺读数的误差。

（8）关闭激光器电源，关闭实验仪总电源，清理器件，整理航空插头连接线和导线。

表 4-1　PSD 传感器位移值与单片机测量显示值

位移量/mm	0	0.5	1	1.5	2	2.5	3	3.5
测量显示值/mm								
位移量/mm	4	4.5	5	5.5	6	6.5	7	7.5
测量显示值/mm								

3. USB 数据采集及上位机软件实验

（1）在了解整个系统电路结构的基础上，编写 51 单片机的 ADC 数据采集程序和 USB 通信程序。

（2）将编译通过的程序下载到 51 单片机中。

（3）关闭电源后，重新用导线将 PSD 信号处理模块各单元电路和数据采集模块电路连接起来，即 PSD_I_{o1} 与 I_{i1} 相连接，PSD_I_{o2} 与 I_{i2} 相连接，V_{o1} 与 V_{i1} 相连接，V_{o2} 与 V_{i2} 相连接，V_{o3} 与 V_{i5} 相连接，V_{o4} 与 V_{i6} 相连接，V_{o7} 与 V_{i7} 相连接。

（4）打开实验仪总电源，打开激光器电源，用 USB 连接线将实验仪与 PC 机连接起来，再打开 MCU 电源。

（5）运行 HY1315 Sample Software. exe 应用程序，进入显示界面，在 Type No. 栏中选择 PSD-0108，在上位机界面的 Gain 编辑框中填入模拟电路的放大增益（本实验仪为 10KΩ）。单击 Link 按钮，连接设备，单击 Start 按钮，开始接收数据。

（6）缓慢转动测微头，使激光光斑从 PSD 的一端开始移动，取 $\Delta X = 0.5\text{mm}$。读取 LCD 位置显示值，填入表 4-2 中，绘制 PSD 位置测量系统性能曲线。

（7）根据表 4-2 所列的数据，对比上位机软件测量显示的位置值和千分尺读数的误差。

（8）关闭激光器电源，关闭实验仪总电源，清理器件，整理航空插头连接线、导线和 USB 连接线。

表 4-2　PSD 传感器位移值与上位机软件测量显示值

位移量/mm	0	0.5	1	1.5	2	2.5	3	3.5
测量显示值/mm								
位移量/mm	4	4.5	5	5.5	6	6.5	7	7.5
测量显示值/mm								

【实验数据处理】

（1）对比两组数据的测量值与实际位移值，分析 PSD 信号采集系统计算位移的误差来源。

（2）若加减运算也由软件进行处理，思考模拟信号处理部分需要做哪些改动。

（3）总结整个系统实验中的主要收获。

【预习思考题】

（1）如何通过软件计算，从采集到的电压信号数据得出总电流？

（2）模拟信号处理电路中减法电路的输出结果被抬升了 2.5V，软件设计时该如何得到真实值？

4.5　四象限探测器坐标计算与软件定向实验

【引言】

随着光电技术的发展，光电探测的应用范围也越来越广泛，由于四象限探测器（Four-Quadrant Detector, QPD）能够探测光斑中心在四象限工作平面的位置，因此在空间卫星通信 ATP 技术、激光自动跟踪、激光制导等领域得到了广泛的应用。四象限探测器定位算法的处理可以采用硬件定向法和软件定向法，软件定向法主要是通过 A/D 转换电路对四个象限的输出数据进行采集处理，经过单片机运算处理，将数据送至电脑，由上位机软件实时显示定向结果，这种方法能够得到比硬件定向法更准确的定位精度，而且具有易更改、易移植的优点。

【实验目的】

（1）了解并掌握四象限探测器的定向原理。

（2）掌握 QPD 定位系统上位机软件的使用方法。

（3）熟悉 STC89C52 单片机的编译与下载软件的使用。

【实验原理】

1. 实验硬件与软件系统部分

四象限探测器信号处理与传输系统的信号放大部分原理图在 3.4 节的实验中已给出，经过加减运算的三路电压信号为模拟信号，要将此信号送入微处理器中进行下一步处理，需先将其转换成为数字信号，本实验中使用的是 Texas Instruments 公司推出的 12 位采样精度的 ADS7886。硬件部分主要包括信号放大、A/D 转换、数据采集、USB 通信。软件部分主要包括信号处理模块、传输模块及上位机应用软件模块。单片机程序设计主要由 A/D 转化器驱动、数据采集、USB 接口控制及液晶显示四部分组成。图 4-20 所示为单片机系统的总体流程图。

在四象限探测系统的硬件设计部分，上位机和下位机的通信采用了 CH372 芯片。CH372 芯片具有三个相互独立的端对端的逻辑传输通道，在上位机与下位机之间，设计人员可以根据自己的需要，定义各个通道的用途，约定各个通道之间的数据格式。该芯片还具有一个类似于数据下传通道的逻辑传输通道——辅助数据下传通道，该通道的端点地址和中断状态为 01H，下位机的单次最大长度为 8 字节。

四象限探测系统中，上位机软件通过 CH372 芯片与下位机的通信流程如图 4-21 所示。

为了能够直观、方便地观察实验数据，需要一套功能全面、界面友好的上位机软件，增强系统的实际应用性。设计的上位机软件需要在 Windows2000 以上的操作系统中运行，这里采用 Visual C++（VC++）6.0 来实现。VC++ 拥有强大的功能和友好的界面，可以为用户提供一个良好的可视化开发环境。在 Windows 环境下，可以将 VC++ 作为一种程序设计语言，开发用 C++ 或者 C 编写的任何程序，包括程序的建立、打开、浏览、编辑、保存、编译、链接、调试和优化等；同样，也可以将其作为一个集成开发工具，使用自带的工具、向导及 MFC 类库，方便快速地创建一个完整的应用程序。

人机界面设计是接口设计的一个重要组成部分，对于交互式系统来说，人机界面设计和数据处理及绘图显示一样重要。人机界面设计主要包括视图设计、按钮设计、菜单设计。

利用 MFC AppWizard 创建一个 MFC 应用程序框架，它能够自动生成这个 MFC 应用程序框架所需要的全部文件。在自动生成的框架中，通过添加相应的程序代码，可以满足不同应用程序的不同需求。

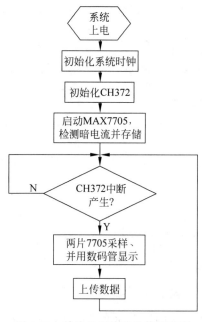

图 4-20　单片机系统的总体流程图

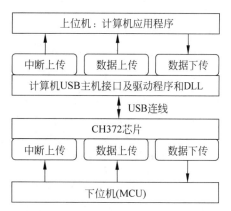

图 4-21　上位机与下位机的通信流程

利用 MFC AppWizard 产生一个新的应用程序的步骤如下：

（1）利用 AppWizard 生成一个新项目，生成的文件包括源文件、头文件和资源文件。

（2）在资源编辑器中修改源文件及资源文件，并进行编译。

（3）源文件经过编译器编译后，生成了 obj 文件，而资源文件经过编译后，生成了 res 文件。

（4）编译器将 obj 文件、res 文件及库文件结合到一起，生成可以执行的 exe 文件。

至此，一个新的应用程序就开发完成。参照此过程，使用 MFC AppWizard 创建一个基于对话窗的应用程序。上位机应用软件的最终界面如图 4-19 所示。

该软件的操作方法如下：

（1）打开“HY1315 Sample Software. exe”应用程序，进入如图 4-19 所示界面。

（2）“Type No.”下拉菜单中有可供选择的器件，在坐标栏“X_Y graph”中，会显示相应器件型号的坐标范围。单击 USB 组合框中的 Link 按钮，连接设备，若连接成功，在状态显示栏中会显示“设备已打开……”的字样。然后单击 Start 按钮，开始接收数据。此时会显示“开始接收数据……”，光斑的坐标值和总电压值显示在界面左下角的编辑框中。同时，坐标栏中可显示光斑的当前位置。左侧的显示框中显示历史接收数据。单击 Suspand 按钮可以暂停接收数据，同时按钮转变成 Continue 按钮，再次单击，则继续接收数据。单击 Stop 按钮，停止接收数据。单击 Exit 按钮，或者菜单栏 File 下的 Exit，都可以退出程序。

2. 实验算法部分

常用的定位算法有加减算法、对角线算法，3.4 节的实验还提到 Δ/Σ 算法。相对来讲，Δ/Σ 算法的定位精度比较高，若要扩展测量的线性范围，对角线相减法则是比较好的选择，加减算法在两种特性上均居中。但这三种算法都是建立在线性区域内的，假设 x、y 方向上的比例系数分别为 K_x、K_y，但实际上的位移-电压关系曲线并不是严格的直线，直接使用一次拟合式会减小探测器的有效测量范围。如图 4-22 所示，以圆形高斯光斑的加减算法为例，假设光斑半径为 1，其线性范围仅为 0.5。

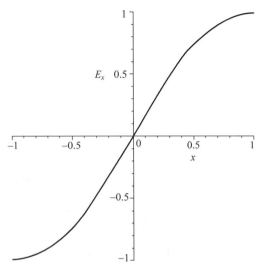

图 4-22　圆形高斯光斑的加减算法

为了增大测量区域，可以使用高次多项式，对图 4-22 中模拟曲线进行多项式曲线拟合，在满足计算速度的基础上提高探测精度。

目标光斑的特性主要包括光斑的形状、大小、能量分布，对于同一款四象限探测器，目标光斑的特性参数不同，所需要的位移-电压关系曲线也不同。根据系统中不同的光斑参数，为实现精确定位，需要及时调节。

【实验内容】

（1）按照 2.11 节实验中的二维系统、光源的组装调试实验步骤组装实验系统，注意请将连接线带有红色标记一端接到实验箱上，激光器驱动方式任选。

（2）依次打开实验仪和激光器电源，调整激光器和四象限探测器高度在同一水平线上，激光光点位置落在四象限探测器中心上，调节激光器组件前端螺母，使激光器输出光点直径为 2～3mm。

（3）关闭电源开关，通过串口线将实验仪与电脑相连，然后再打开电源，运行"HY1315 Sample Software.exe"应用程序，进入显示界面。

（4）在 Type No. 栏中选择 QP36，在上位机应用软件界面中填入 3.4 节实验所得比例系数 K_x、K_y。

（5）单击 Link 按钮，连接设备，单击 Start 按钮，开始接收数据。

（6）手动调节升降台和一维平移台移动光斑位置，在上位机观察光斑移动的轨迹和上位机定位精度，微调 K 值，通过改变 K 值来修正定向精度，找到最佳 K_x 与 K_y 值，单击 Exit 按钮，退出程序。

（7）利用所得 K_x 与 K_y 值替换单片机程序中的位置计算的比例系数，利用 STC_ISP 下载软件将程序下载到 STC89C52 单片机中，移动二维平移台，验证其显示精度。

（8）关闭电源，拆掉所有连线，完成实验。

【实验数据处理】

分析 K_x 与 K_y 修正前后的定位误差。

【预习思考题】

（1）了解上位机通信与下位机通信的主要原理。

（2）对于硬件定向法和软件定向法，位移-电压关系曲线的低次和高次拟合式各自的优缺点。

（3）分析由 3.4 节的实验测量的数据得出的比例系数 K_x、K_y 在本实验中仍需要进行修正的原因。

<table>
<tr><td>第 5 章</td><td rowspan="2"></td></tr>
<tr><td>CHAPTER 5</td></tr>
</table>

光电系统设计与应用实验

5.1 光电控制系统的设计与调试

【引言】

光电控制技术正在迅速取代常规电气控制技术,在红外遥控、光电运动控制、工程监控系统等领域得到广泛的应用。光电探测器由于具有响应速度快、无接触、低耗能、体积小、安装简便等优点而被广泛应用于控制系统。随着光电控制技术的发展和更新,了解和掌握光电控制技术与系统的原理、结构和应用是非常必要的。

第 31 集
微课视频

【实验目的】

(1)学会分析光电控制系统。

(2)掌握红外发光管脉冲调制电路、光电二极管接收和放大电路的构成与调试。

【实验原理】

1. 光电控制系统框架图

光电控制系统一般由发光部分、接收部分和信号处理部分组成。本实验采用振荡电路产生的方波信号对红外发光管进行调制,使之输出光脉冲信号。光脉冲信号由光电二极管接收,放大还原为脉冲电信号,其框架图如图 5-1 所示。

图 5-1　光电控制系统框架图

2. 红外发射部分

红外发光管具有发光效率高、体积小、截止频率高、使用方便的特点。本实验中使用的红外发射管的型号为 SE301A,其宽辐射角为 $\pm 18°$,光谱响应特性曲线如图 5-2 所示。为了抑制干扰和噪声,便于进行信号处理,一般将其内调制成脉冲光源。方波脉冲发生器推荐采用集成块,本实验中使用 555 时基集成电路芯片。

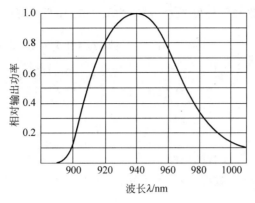

图 5-2　SE301A 光谱响应特性曲线

3. 红外接收部分

光电接收电路采用光电二极管组成放大电路。根据负载的不同，放大电路可以采用不同的形式。本实验提供普通三极管和运算放大器组成电路。本实验中使用的红外接收管的型号为 PH302，其宽辐射角为 $\pm 35°$，其光谱响应特性曲线如图 5-3 所示。

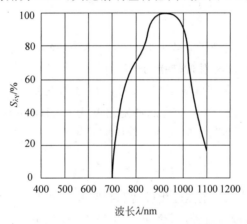

图 5-3　PH302 的光谱响应特性曲线

系统电路图如图 5-4 所示。

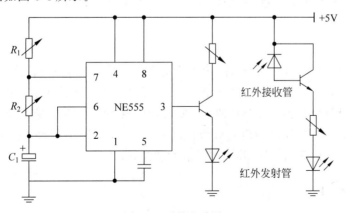

图 5-4　系统电路图

系统电路由振荡电路和红外发光管（白）组成。555 电路的输出振荡频率由 R_1、R_2 及 C_1 决定，$f = \dfrac{1.43}{(R_1 + 2R_2)C_1}$。555 芯片的 3 脚为输出端，其输出信号为方波，占空比为 $\dfrac{R_2}{R_1 + R_2}$。

【设计要求】

（1）设计出驱动发光二极管的电路。

（2）设计出驱动发光管（或继电器）的电路。

【实验内容】

（1）基于 555 芯片设计脉冲发生器电路。

（2）组装脉冲发生器电路并进行调试，电路如图 5-4 所示：取 $C_1 = 10\mu F$，此时可计算出：$f = \dfrac{1.43}{(2.2 + 51) \times 10^3 \times 10 \times 10^{-6}} = 2\,(Hz)$，此频率可从接收部分发光二极管直观地显示出来，便于调试。

（3）设计光接收电路（基于运算放大器 CA3140 或三极管设计）。

（4）组装光接收电路，将光脉冲转换为电脉冲。

（5）联调：①将发射管与接收管对准，使接收部分的发光二极管随发射信号一亮一暗地闪动；②将 C_1 换成 $0.2\mu F$（发射的光脉冲随之变为 100 Hz 左右），在示波器上观察接收电路经放大后的输出波形，并与发射部分波形比较。

第 32 集
微课视频

【预习思考题】

（1）试述 NE555 脉冲发生电路输出脉宽和频率调节原理。

（2）试述在实验电路调节过程中，将 9013 三极管 Q_2 调节到刚好导通的状态的原因。

5.2　基于光敏电阻的声光控制开关设计与调试

【引言】

当今社会人们更加关注节能环保，声光控制照明灯开关通过自动控制做到白天关灯、夜晚亮灯、人走灯灭，具有灵敏低耗、性能稳定、使用寿命长和节能明显等特点。声光控制开关可用于楼梯、厕所等公共场所照明灯的自动管理，是一种非常实用的家庭及公共场所理想的照明开关。在基于 51 单片机的声光分级控制实验中，还使用了模数转换器来定量测定光强，并以此来控制灯的亮暗，进一步起到了节能减排的作用。

【实验目的】

（1）熟练掌握声光综合控制电路的工作原理及调试过程。

（2）综合运用光电技术、电子技术知识设计一个声光控制自动延时节能开关。

【实验原理】

1. 基于555的声光控制开关设计原理

声光控制开关分为两部分：声光转换部分和定时照明部分，其原理框图如图5-5所示。

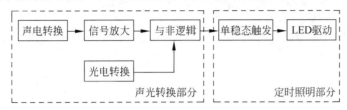

图5-5 声光控制开关原理框图

1）声光转换部分

声光转换部分包含两个模块：声电转换和信号放大模块及光电转换模块。

（1）声电转换及信号放大模块。声电转换模块使用了两端式的驻极体话筒作为声音传感器，其实物图和结构图如图5-6所示。驻极体话筒是利用驻极体材料制成的一种特殊电容式声-电转换器件，它主要由声-电转换和阻抗变换两部分组成。当驻极体膜片遇到声波振动时，就会引起与金属极板间距离的变化，即驻极体振动膜片和金属极板之间的电容随着声波变化。由于电容的容量比较小，一般为几十皮法，因而它的输出阻抗（$X_C = 1/2\pi f$）很高，超过几十兆欧。这样的高阻抗是不能直接与一般音频放大器的输入端相匹配的，所以在话筒内部接入了场效应管来进行阻抗变换。

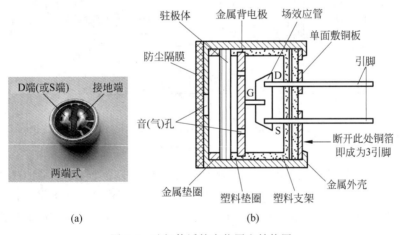

图5-6 驻极体话筒实物图和结构图

若有声音被MIC接收，则由于声波的振动，MIC的阻值也随之改变。经过R_1分压之后转变为带有直流分量的交流信号。交流信号经C_1耦合后去除直流成分，由R_2和R_5构成的偏置电路抬升后进入Q_1进行放大，最终在R_3上形成音频电压，使CD4011的1脚变为高电平。

（2）光电转换模块。光电转换模块使用了光敏电阻作为光强传感器，实物图如图5-7(a)所示。光敏电阻器是利用半导体的光电效应制成的一种电阻值随入射光的强弱而改变的电阻器，其光强与阻值的关系曲线图如图5-7(b)所示：当入射光强增大时，电阻减小；当入射光强减小时，电阻增大。

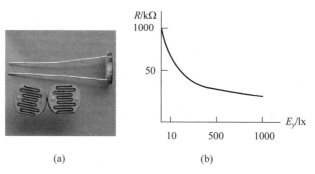

(a)   (b)

图 5-7　光敏电阻实物图和光强与阻值的关系曲线图

当白天或光线较强时，光敏电阻阻值较小。由图 5-8 可知，CD4011 的 2 脚为低电平。不论声电转换模块的输出信号是高电平还是低电平，CD4011 的 3 脚输出都为高电平。对 555 定时器构成的单稳态触发器来说，当输入端 2 脚 V_i 一直是高电平时，单稳态无法触发，输出端 3 脚 V_{OUT} 始终保持低电平。即在白天或光线较强的情况下，即使有声音，灯也不会亮。

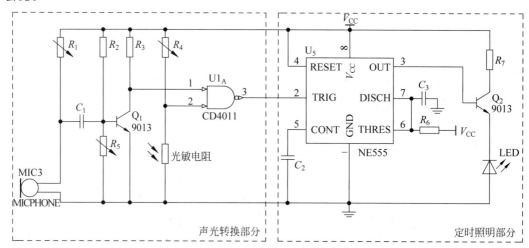

图 5-8　基于 555 的声光控制开关系统电路图

当晚上或光线较弱时，光敏电阻阻值较大。由电阻分压原理可知，CD4011 的 2 脚电位升高为高电平。此时若有声音信号，声电转换及信号放大模块输出高电平。由与非逻辑可知，CD4011 的 3 脚输出由高电平向低电平跳变，产生的下降沿可作为定时照明部分的触发信号。

2）定时照明部分

定时照明部分包含两个模块：单稳态触发器模块及 LED 驱动模块。

（1）单稳态触发器模块。采用 NE555 构成单稳态触发结构。如图 5-8 所示，当单稳态触发器接收到下降沿，会产生一个固定脉宽的脉冲信号，其时间长度

$$\tau = 1.1(C_3 * R_6) \tag{5-1}$$

在 555 构成的单稳态触发器的 2 脚 V_{TRIG} 接收到下降沿后，输出端 3 脚 V_{OUT} 输出固定脉宽的方波，电路进入暂稳态。3 脚输出高电平，三极管开关导通，发光二极管变亮。此后一段时间若无声音被 MIC 接收，CD4011 的 3 脚恢复为低电平，三极管开关断开，发光二极

管熄灭。下次再有声音触发时如此循环往复。

（2）LED 驱动模块。单稳态触发器产生一个固定脉宽的脉冲输出信号，通过三极管 Q_2 驱动 LED 的亮灭。

2. 基于 51 单片机的声光分级控制原理

基于 51 系列单片机来实现声光自动控制的实验原理框图如图 5-9 所示。整体设计分为声光传感器模块、微控制器模块、模数转换模块及 LED 阵列模块。

图 5-9　基于 51 单片机的声光分级控制原理框图

光敏电阻会随着光强度的改变而产生阻值的变化。根据这一特性，使用 51 单片机通过连续地读取 ADC0809 的 IN0 口电压来分辨外界光强的强弱以实现亮度的自动控制。当外界光强足够强，即使此刻有声音被 MIC 接收，灯也不会亮。当外界光强较弱，有声音被 MIC 接收后，在单片机的 I/O 口上会产生中断信号，51 单片机将会随着外界光强的强弱来产生 PWM 波控制 LED 的亮暗并使其定时熄灭。

1）声光传感器模块

声音传感器采用的是驻极体话筒，光电传感器采用的是光敏电阻。其原理和相关电路在实验原理"1. 基于 555 的声光控制开关设计原理"中已说明，在此不再赘述。

2）微控制器模块

微控制器采用 ATMEL 的 89S51 系列单片机。由于其功能完备、指令系统丰富、发展最为成熟，成为应用最为广泛的 8 位单片机之一。

89S51 最小系统包括时钟、复位、JTAG 下载和电源四部分。最小系统使用的是 12MHz 晶振作为单片机时钟输入；使用电容电阻构成复位电路；P1^5～P1^7 为 JTAG 下载管脚；89S51 系列单片机使用 +5V 电源。在单片机的 40 个 I/O 口中，P0 口是开集电极输出，添加上拉电阻后才能与数据线相连接；EA/VPP 管脚为外部寻址控制端，须添加上拉电阻。

本实验中，需要对 89S51 系列单片机编写程序，以完成三个主要功能：对 MIC 产生的中断进行响应、对 ADC0809 的驱动和数据进行采集、针对采集的不同数据输出不同占空比的 PWM 波点亮 LED 并定时熄灭。

3）模数转换模块

模数转换器（Analog to Digital Converter，ADC）是一种将连续变量的模拟信号转变为离散的数字信号的器件。实验中采用的是 8 位模数转换芯片 ADC0809。该芯片使用 +5V 电源供电，拥有 8 个输入通道和转换起停控制端，适用于一般的模拟量采集场合。这里使用 89S51 微控制器产生驱动时序，实现对电压值的实时采集。

4）LED 阵列模块

LED 阵列由 8 个 LED 组成。LED 的正极经过限流电阻与电源相连接，负极与单片机的 I/O 口相连接。单片机根据 ADC0809 采集的电压值来判断外界光强，输出不同的 PWM 波来控制 LED 亮暗，以达到亮度自动控制的目的。

【设计要求】

（1）白天或光线较强时,即使有较大的声响也能控制灯泡不亮。

（2）晚上或光线较暗时通过声音,如楼道脚步声、谈话声等触发灯亮,经过约十秒钟（可由电路参数自行设定）自动熄灭。

（3）为安全起见,规定电路工作电压不超过5V。

【实验内容】

1. 基于555的声光控制开关设计

整体设计分为两部分,如图5-5所示。一部分为声光转换部分,另一部分为定时照明部分。

（1）调试基于MIC和光敏电阻的声电转换模块和光电转换模块,如图5-8所示。在有光照时,无论MIC是否接收到声音信号,CD4011的3脚始终保持高电平;在无光或弱光时,MIC在接收到声音信号后,CD4011的3脚会产生下降沿。

① 根据MIC的阻值变化范围设计R_1。在有声条件下使用示波器观察MIC上的电压波形,调节R_1使MIC的电压信号峰峰值为最大。

② 根据三极管Q_1的基极-射极的导通电压来设计R_5。在无声条件下调节R_5,使三极管Q_1正好处于恰好导通的临界状态,此时三极管Q_1的集电极应为低电平。

③ 根据光敏电阻的阻值设计R_4。根据光敏电阻阻值的变化范围确定R_4的合理阻值。调节R_4的阻值,使其在光照较强、光敏电阻阻值较低时,光敏电阻的输出电压为低电平;在无光条件下,光敏电阻阻值较高时,光敏电阻的输出电压为高电平。

（2）调试基于555的单稳态触发器模块,如图5-8所示的定时照明部分。当单稳态触发器的2脚有下降沿触发信号输入时,输出端3脚会产生一个固定脉宽的脉冲信号驱动LED的亮灭。可通过改变R_6和C_3的值改变此脉冲的脉宽。

① 根据单稳态触发器的脉宽时间设计R_6和C_3的值。单稳态触发器的输出信号的高电平持续时间可根据公式(5-1)计算电阻R_6和电容C_3的乘积。

② 搭建基于555的单稳态触发器电路。电路中C_2为去耦电容,取$0.01\mu F$。电阻R_7和三极管Q_2构成电子开关控制LED的亮灭。

（3）对系统进行联合调试,根据实验结果修改设计参数。

2. 基于单片机的声光分级控制

（1）调试基于MIC和光敏电阻的传感器模块,原理和调试同实验内容"基于555的声光控制开关设计",在此不赘述。

（2）调试89S51最小系统和模数转换模块:①查阅单片机相关书籍,设计并调试基于89C51的最小系统模块,包括电源、JTAG下载、复位、时钟等部分;②仔细阅读ADC0809的数据手册,根据其时序要求在KEIL C中编写驱动代码,实现三个主要功能:对MIC产生的中断进行响应、对ADC0809的驱动和数据采集、针对采集的不同数据输出不同占空比的PWM信号点亮LED并定时熄灭。

（3）调试LED阵列模块,根据所需的LED亮度设计合适的限流电阻阻值。通过51单片机自带的定时器功能来控制LED阵列点亮的持续时间。根据从ADC0809读取的电压值来分级输出不同的控制信号,输出不同占空比的 PWM 波,以达到自动控制 LED 亮度的目的。

【实验数据处理】

(1) 叙述基于光敏电阻的声光控制开关设计原理。
(2) 完成声光控制开关的组装和调试。
(3) 对设计工作进行评价,并写出设计与调试心得体会。

【预习思考题】

(1) 查询 NE555、ADC0809 数据手册,了解芯片使用方法和外围电路。
(2) 如何实现对单稳态触发器输出脉冲信号脉宽的控制?
(3) 如何在 51 单片机中实现 PWM 波的输出?

5.3 基于硅光电池的照度计设计与调试

【引言】

光源照度与人们的生活有着密切的联系,充足的光照可以使人们免遭意外事故的伤害。反之,过暗的光线引起人体疲劳的程度远远超过眼睛本身,较差的照明条件是造成事故和疲劳的主要原因之一。测定生活环境中的光源照度是非常重要的。测量光源照度通常用照度计(或称勒克斯计),普通照度计通常由硅光电池或硒光电池构成。

【实验目的】

(1) 掌握光电信号的处理方法。
(2) 熟练掌握光电系统的调试方法。
(3) 掌握照度计的标定原理并对所设计的照度计标定。

【实验原理】

1. 系统设计原理

当光电池的光敏面受到光照射时,PN 结耗尽区内的光生电子与空穴在内建电场力的作用下分别向 N 区和 P 区运动,在闭合的电路中产生光电流。首先使光电流经过 I/V 变换和电压放大后变成直流电压信号,其次通过模数转换电路将处理得到的直流电压信号转换为数字电压信号,再通过单片机处理后得到可以反映光照度的数字信号,最后通过 LCD 实时显示出来。照度计的系统框图如图 5-10 所示。

1) 光电池型号及参数

本系统选用的光电池型号是 SFH206K,其光谱响应波长一般为 $0.4\sim1.1\mu m$,峰值响应波长为 $0.9\mu m$,其特性曲线如图 5-11 所示。光电池适合作为一般情况光源照度检测的传感器使用。

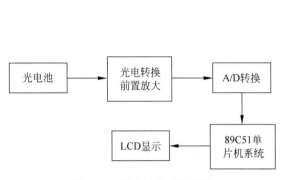

图 5-10　照度计的系统框图

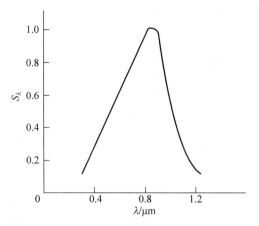

图 5-11　硅光电池光谱响应特性曲线

2）光电信号处理模块

在不同光源照度下，硅光电池有不同的电信号输出值，且二者之间具有单值对应关系，据此，通过检测其输出电信号并根据其输出特性关系，可以得到对应的光源照度信息，以达到光照度检测的目的。光电信号处理模块的主要功能是把光电池输出的光电流信号进行 I/V 变换及合理放大，得到比较稳定的电压信号。目前，I/V 变换及放大电路的模型主要有三种：直接用电阻得到电压信号，用三极管构建放大电路得到电压信号，用集成运算放大器芯片构建放大电路得到电压信号。三种 I/V 变换电路原理图如图 5-12 所示。

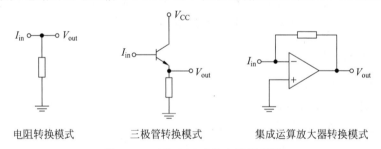

电阻转换模式　　　　三极管转换模式　　　集成运算放大器转换模式

图 5-12　三种 I/V 变换电路原理图

三种方法有各自的优缺点，纯电阻电路适合在电流较大的情况下使用，三极管电路适合在电流变化范围小的情况下使用，集成运算放大器芯片适用范围广，但成本会提高很多。要从系统信号的实际要求和成本预算等各方面考虑来选择合适的 I/V 变换电路。

3）A/D 转换模块

对于测量系统，核心控制芯片只能处理数字信号，所以必须把处理得到的模拟电压信号经过模数转换得到相应的数字电压信号，以便系统的控制和处理。模数转换电路设计的优劣直接影响测量系统的精度的高低，该模块的模数转换芯片选用的是国家半导体生产的 ADC0809。其引脚封装图如图 5-13 所示。

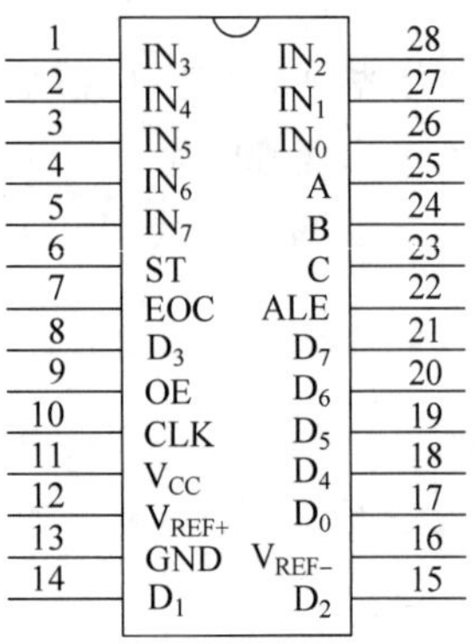

```
1  ┌──∪──┐ 28
──┤ IN₃  IN₂ ├──
2  │          │ 27
──┤ IN₄  IN₁ ├──
3  │          │ 26
──┤ IN₅  IN₀ ├──
4  │          │ 25
──┤ IN₆   A  ├──
5  │          │ 24
──┤ IN₇   B  ├──
6  │          │ 23
──┤ ST    C  ├──
7  │          │ 22
──┤ EOC  ALE ├──
8  │          │ 21
──┤ D₃    D₇ ├──
9  │          │ 20
──┤ OE    D₆ ├──
10 │          │ 19
──┤ CLK   D₅ ├──
11 │          │ 18
──┤ V_CC  D₄ ├──
12 │          │ 17
──┤ V_REF+ D₀├──
13 │          │ 16
──┤ GND V_REF-├──
14 │          │ 15
──┤ D₁    D₂ ├──
   └──────────┘
```

图 5-13　ADC0809 引脚封装图

ADC0809 各脚功能如下：$D_7 \sim D_0$：8 位数字量输出引

脚。$IN_0 \sim IN_7$：8 位模拟量输入引脚。V_{CC}：＋5V 工作电压。GND：地。REF（＋）：参考电压正端。REF（－）：参考电压负端。START：A/D 转换启动信号输入端。ALE：地址锁存允许信号输入端。EOC：转换结束信号输出引脚,开始转换时为低电平,当转换结束时为高电平。OE：输出允许控制端,用以打开三态数据输出锁存器。CLK：时钟信号输入端（一般为 500kHz）。

4）单片机控制模块

单片机控制模块的主要功能有：控制驱动 ADC0809 芯片并采集模数转换后的数字信号；对采集的数字信号进行处理；控制 LCD 显示系统检测得到的照度值。该模块的系统电路原理图如图 5-14 所示。

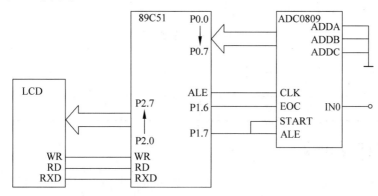

图 5-14　单片机控制模块的系统电路原理图

2. 定标原理及方法

1）定标的基本原理

使光源垂直照射光电池,由 $E = i_p / r^2$ 可知,改变 r 可得到不同光源照度下的光电流值,根据 E 与 i 的对应关系将电流刻度转换为照度刻度。

2）定标的基本方法

利用光强标准灯,在近似点光源的工作距离下,改变光电池与标准灯的距离 l,记录各个距离下的电流计的读数,由距离平方反比定律 $E = i_p / r^2$ 计算光照度 E,由此可以得到一系列不同照度的光电流值 i_p,用作光电流 i_p 与照度 E 的变化曲线,即为照度计的定标曲线。由此可对照度计表盘进行分度即为照度计的定标。

3）定标曲线的影响因素

光电池更换时需重新定标；照度计使用一段时间后应对照度计重新进行定标（一般一年内应检定 1～2 次）；高精度的照度计可用光强标准灯进行检定；扩大照度计的定标量程可改变距离 r,也可选用不同的标准灯或选用小量程的电流计。

【实验要求】

（1）要求系统测量范围为 0～800lx,测量精度达到 1lx。

（2）设计光电池输出信号处理电路,要求可以控制处理后的电压幅度。

（3）设计照度计硬件电路系统,要求系统各个模块能够正常工作。

（4）设计照度计软件控制系统,要求系统整体工作稳定。

（5）给设计系统定标,要求测量结果误差在 1% 以内。

【实验内容】

（1）利用硅光电池设计光电传感与信号处理电路（主要进行 I/V 变换和信号放大），要求光电流经过处理后得到 0～5V 的电压输出。

（2）以 51 单片机为核心对输出电压信号进行 A/D 转换，在单片机控制程序中对采集到的数据进行一定的处理，最后经过 LCD 显示屏显示光照度结果（提示：可利用 MATLAB、Origin 等软件进行数据分析，建立电流与光强的对应关系，或者建立数据库）。

（3）联调：①单片机系统的运行调试；②I/V 变换电路的调试；③模数转换电路的调试；④LCD 显示电路的调试。

（4）将液晶显示数据及实际光照度记录在表 5-1 中。

表 5-1　实验数据记录

实际照度/lx								
测量照度/lx								
误差								

【实验数据处理】

分析实验误差。

【预习思考题】

（1）光电池输出信号的常用处理方法有哪些？
（2）编写系统控制程序。

5.4　脉冲激光测距系统的设计与调试

【引言】

随着激光技术的出现和广泛运用，人们对周围环境的认识也进入了一个全新的时代。激光测距是激光最先应用的场合之一。脉冲式激光测距技术与一般的测距方法相比有着量程大、构造简单的特点，广泛运用于工程测量、地形勘探等领域。

【实验目的】

（1）掌握脉冲式激光测距的原理。
（2）掌握雪崩光敏二极管的性能、参数及设计应用。
（3）综合运用光电技术、模拟电路和数字电路及微控制器知识，使用脉冲激光管和雪崩光敏二极管设计一个脉冲式激光测距电路。
（4）熟练掌握光电信号处理系统的调试技术。

【实验原理】

脉冲式激光测距是基于飞行时间法（Time of Flight，TOF）实现距离测量的。在测距点向被测目标发射一束脉宽短、功率大的激光脉冲,经过目标漫反射后的一部分激光信号被接收器所接收。假定光脉冲在发射点与目标之间来回一次所经历的时间间隔为 ΔT,那么被测距离 L 可表示为

$$L = \frac{c\,\Delta T}{2} \tag{5-2}$$

式中,L 表示所测距离;c 为光速;ΔT 为时间差。

激光测距系统原理图如图 5-15 所示。

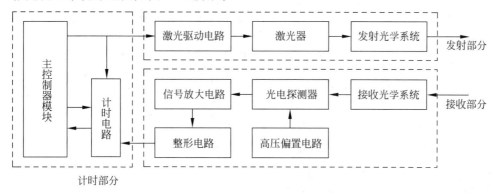

图 5-15　脉冲式激光测距系统原理图

脉冲式激光测距系统由三部分组成,即激光发射部分、信号接收部分和计时部分。激光发射部分的功能是发射峰值功率高、光束发散角小的激光脉冲,在光学系统准直后射向目标。信号接收部分的功能是接收从被测目标反射回来的微弱脉冲信号,经接收光学系统聚焦后照在探测器光敏面上,转变为电信号后经前置放大,作为计时电路的起止时间标志。计时部分的主要功能是测量激光脉冲从测距点到被测目标往返一次的时间 ΔT,并转换成准确的距离。

整个测距系统的工作原理描述如下:由主控制器发出起始触发信号,一方面触发激光器发射一个激光脉冲,经由光学系统校准后射向目标。另一方面进入计时电路中作为计时的起始标志。经过 ΔT 时间后,被目标漫反射回来的回波脉冲被接收光学系统接收,经放大电路放大之后成为电信号进入整形电路。起始信号和回波信号之间的时间间隔测量是由计时电路完成。计时电路部分是主控制器通过四线 SPI 接口与 TDC-GP2 通信,将其初始化后从中读取时间数据。主控制器从计时电路读取数据后,将数据实时显示并通过串口发送至 PC 端进行数据采集和处理。

1. 激光发射部分

激光发射装置包括激光器、窄脉冲发射电路和发射部分光学系统三部分,分述如下。

1) 激光器

激光器是脉冲测距系统的光源。脉冲式激光测距系统中,要求激光脉冲具有脉宽窄、瞬时功率大、大气穿透力强等特点。本实验中采用波长为 905nm 的 SPLPL90-3 型红外脉冲式激光器,如图 5-16 所示。

2) 窄脉冲发射电路

脉冲激光器需要由瞬时大电流来驱动。本实验中以 GA301 晶闸管作为开关,利用电容充放电时产生的

图 5-16　SPLPL90-3 型红外脉冲式激光器

瞬时电流脉冲作为驱动信号。图 5-17 中的窄脉冲发射电路是基于 MAX5028 作为 DC-DC 控制器设计的电荷泵 BOOST 电路。

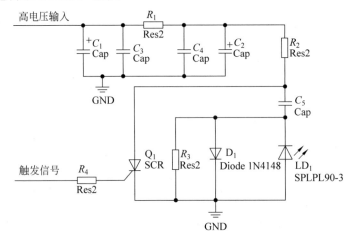

图 5-17　窄脉冲发射电路

3）发射部分光学系统

激光器发出的激光通常带有一定的发散角度，若不加准直光学系统就直接向空间发射，到达远处目标后会有较大的光斑。若通过加上光学系统来压缩发散角度，就可以缩小目标处的光斑直径。在反射面积一定的情况下，能量越集中，单位面积上的能量密度就越大，反射到接收光学系统的能量就越强，测距系统的作用距离就越远。发射部分光学系统如图 5-18 所示。

2. 回波接收部分

激光接收装置通常有接收光学系统、光电探测器、前置放大电路、自动增益控制电路、APD 偏压发生电路和整形电路等。

1）接收光学系统

为了尽可能多地将目标反射回来的激光能量聚焦到探测器的光敏面上，并适当地限制接收视场，在接收装置前也要加一个聚焦作用的光学系统。这样可以减小杂散光的干涉，提高接收机的灵敏度和信噪比，以提高测距系统的测距精度和作用距离，如图 5-19 所示。

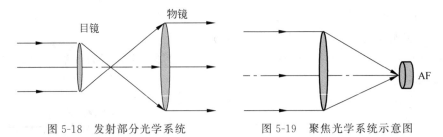

图 5-18　发射部分光学系统　　　图 5-19　聚焦光学系统示意图

2）光电探测器

本实验中，光电探测器采用的是 Pacific Silicon Sensor 公司的 AD500-9-TO52-S1 型 APD。这是一款对红外波长敏感的雪崩光敏二极管，在 905nm 处有接近峰值的响应。为实现高内部增益，需要对 APD 提供 250V 以内的直流反偏电压，如图 5-20 所示。

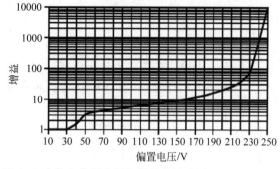

图 5-20 AD500-9 型 APD 实物和偏置电压与增益的关系图

3）前置放大电路

本实验中采用了高频晶体管来代替传统的运算放大器，该晶体管具有高带宽、高增益和低噪声的特点。利用晶体管电路的低噪声高增益的特性，可将 APD 光电流信号在低噪声的条件下转换成电压信号并进行放大，如图 5-21 所示。

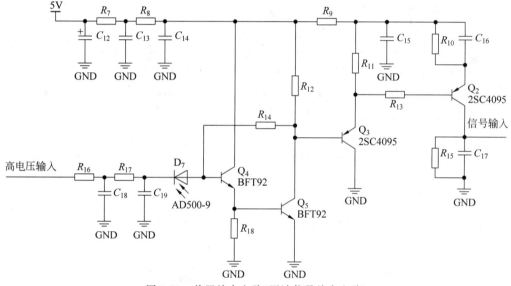

图 5-21 前置放大电路（回波信号放大电路）

4）自动增益控制电路

由于目标的远近不同，反射信号经过放大后的输出信号幅值也会不一样。信号幅值不稳定会造成混频电路输出信号的不稳定。为满足在输入信号幅值不定情况下稳定输出信号幅值的要求，本实验中采用基于 AD603 设计的自动增益控制电路，如图 5-22 所示。

5）APD 偏压发生电路

脉冲激光经过障碍物的漫反射后的回波信号十分微弱，需要通过增大反偏电压来提高 APD 内部增益。本实验中的 APD 偏压发生电路是基于电荷泵的思想，采用 DC-DC 控制器 MAX5028 设计 BOOST 升压电路。电路中采用了多级肖特基二极管和电容级联构成电荷泵进行升压，如图 5-23 所示。

6）整形电路

APD 将回波信号放大后的波形一般为钟形，需要使用高速比较器对其进行整形。图 5-24 为使用 MAX913 设计的迟滞比较器整形电路。

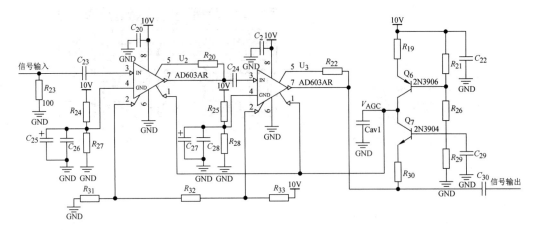

图 5-22　自动增益控制电路

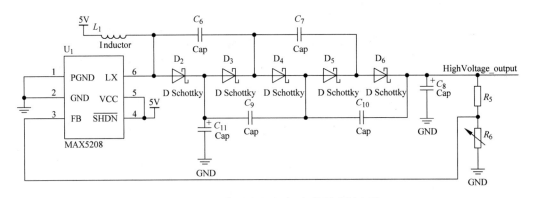

图 5-23　APD 偏压发生电路（电荷泵升压电路）

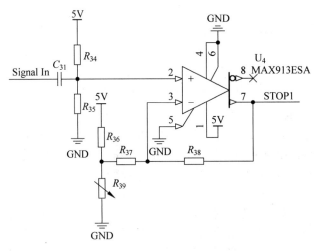

图 5-24　迟滞比较器整形电路

3. 计时电路

由于光速极快，需要使用高精度时间测量电路才能对激光脉冲的飞行时间进行测量。实验中使用 TDC-GP2 作为计时芯片，微控制器驱动 GP2 测量时间差并采集数据。TDC-GP2

内部集成了四线制 SPI 接口,易于和微控制器通信,计时电路图如图 5-25 所示。

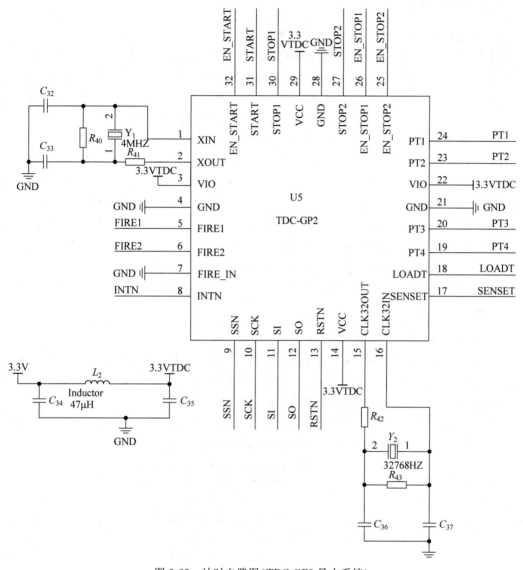

图 5-25　计时电路图(TDC-GP2 最小系统)

【实验仪器】

实验仪器有 1 个脉冲激光管 SPLPL90-3、1 个 AD500-9 型雪崩光电二极管、1 个高压偏置模块、1 个 TDC-GP2 计时模块、1 个高频晶体管信号放大模块、1 个窄脉冲激光发射模块、1 个信号整形模块、2 套光学透镜组、1 台双踪宽带示波器、1 个万用表、1 个电源模块、若干导线。

【设计要求】

(1) 在无合作目标情况下,激光测距机测距范围达到 30m,精度为 0.2m 以内。

(2) 在合作目标情况下,激光测距机测距范围达到 100m,精度为 0.2m 以内。

【实验内容】

1. 采用晶闸管 GA301 设计窄脉冲发射电路

按照图 5-17 连接电路，C_5 推荐使用 CBB 电容。直流高压通过 R_5 对 C_5 进行充电。当主控制器发出触发信号后，晶闸管瞬时导通，形成了电容放电回路。放电产生的瞬时大电流驱动激光管产生脉冲激光信号。通过调整 C_5 和 R_3 的值可以调整脉冲的峰值和脉宽。使用示波器观察激光管两端的波形，调节 C_5 和 R_3，观察脉冲波形的变化。

2. 采用微波晶体管设计回波信号放大电路

采用微波晶体管 BFT92 和 2SC4095 构成 APD 回波信号放大电路，如图 5-21 所示。通过改变 R_{14} 的值可调整放大电路的反馈系数，使电路稳定。通过调整 R_{10} 和 C_{16} 可改变低通滤波器性能，滤除高次谐波信号。通过调整 R_{15} 和 C_{17} 可以改变高频性能。

实验中使用一块 1.5m×1.5m 的挡板作为合作目标。在 0～50m 内取 10 个测量点，测量 APD 回波信号放大电路的脉冲电压幅值，并记录在表 5-2 中。

表 5-2　不同距离处前置放大电路的输出电压

距离/m	5	10	15	20	25	30	35	40	45	50
电压/V										

3. 采用 AD603 设计自动增益控制电路

采用 AD603 设计自动增益控制电路，如图 5-22 所示。由于待测目标的远近不同，回波信号的强度也会随之变化。自动增益控制电路可以随着输入信号的幅度改变而将输出信号的幅度稳定，有利于提高激光测距的精度。

实验中使用一块 1.5m×1.5m 的挡板作为合作目标。在距离 0～50m 处取十个测量点，测量 APD 回波信号放大电路的脉冲电压幅值，并记录在表 5-3 中。

表 5-3　不同距离处自动增益控制电路的输出电压

距离/m	5	10	15	20	25	30	35	40	45	50
电压/V										

4. 采用 MAX913 设计迟滞比较器整形电路

如图 5-24 所示，利用电阻反馈构成迟滞形式，有利于噪声的消除。将迟滞比较器整理电路的输入信号和输出信号图片保存并附于实验报告中。

5. 采用 TDC-GP2 设计高精度计时电路

仔细阅读 TDC-GP2 的官方数据手册，掌握四线 SPI 协议，采用微控制器驱动 TDC-GP2 并读取数据。以 CPLD 作为基准时间源，在 0～4ms 内选取 20 个测量点。每个测量点采集 200 组数据，将数据显示并通过串口发送至 PC 端。使用串口调试助手采集数据并存入 Excel 文件中，并使用 Origin 软件对数值进行误差分析，并记录在表 5-4 中。

6. 系统联调

连接好发射部分、接收部分、计时电路。使用挡板作为合作目标，采用参考法测量距离，即用皮尺作为测距参考。通过计时电路板上的 LCD1602 来观察数据，通过串口将数据发送至 PC 端，存入 Excel 文件中以便后续数据的线性拟合和误差分析，并记录在表 5-5 中。将分析结果写入报告内。

表 5-4　0～4ms 内的测量值

时间/ns	20	50	100	200	500	600	700	800	900	1000
测量值/ns										
时间/μs	5	10	50	100	200	500	750	1000	2000	4000
测量值/μs										

表 5-5　不同距离处的测量值

参考距离值/m	5	10	15	20	25	30	35	40	45	50
测量平均值/m										

【数据处理】

(1) 写出实验报告,写明主要芯片的工作原理。

(2) 说明硬件电路图的工作原理和设计思路。

(3) 对所测量的数据进行处理,分析误差。

5.5　光电相位测距系统的设计与调试

【引言】

距离的精确测量对于工程应用和国防建设都有十分重大的意义。相位式激光测距技术有着高精度、小体积和昼夜可用的特点,适用于近程范围内对测距结果要求较严格的场合。

【实验目的】

(1) 掌握相位式激光测距系统的测距原理。

(2) 掌握无源滤波器和有源滤波器的设计。

(3) 综合运用光电技术、模拟电路、数字电路和微控制器的知识设计相位式激光测距系统。

(4) 熟练掌握光电信号处理系统的调试技术。

【实验原理】

1. 相位式激光测距原理

相位式激光测距仪使用一定频率对激光束进行幅度调制,测定调制激光往返一次所产生的相位延迟,再根据调制信号的波长,换算成相位延迟所代表的距离值。这相当于使用测量相位差的方法间接地测定激光往返的距离值。在实际测量中为了有效地反射信号以保证测量精度,一般都配置专用的反射镜作为合作目标。

相位式激光测距中,激光光源所发出的连续光是将高频信号调制成光强变化,经准直后射向目标,其原理如图 5-26 所示。

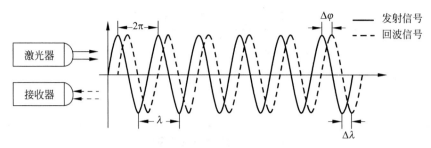

图 5-26　相位式激光测距原理

调制光的光强随时间有周期性变化。假设激光调制的频率为 f，波长为 λ。可知光波在量程内传播而产生的相位差为

$$\phi = (2n\pi + \Delta\varphi) = (n + \Delta n)2\pi \tag{5-3}$$

式中，n 为 0 或者整数；Δn 为小于 1 的小数，且 $\Delta n = \dfrac{\Delta\varphi}{2\pi}$。则可推算出量程 L 为

$$L = ct = c\frac{\phi}{2\pi f} = (n + \Delta n)\lambda \tag{5-4}$$

式中，t 为光传播的时间；ϕ 为传播的相位延迟；f 为调制的频率。由式(5-4)可知，可以将激光调制信号的调制频率看作是一把"光尺"，激光的波长可以看作光尺中的一个"单位刻度"。

在实际运用中，由于相位测量技术无法测量出光波相位差中 2π 的整数倍，而只能测量出相位差中的尾数 $\Delta\varphi$，即上式中的 Δn。由此可知，单用一种频率会遇到测量值的多值性问题，这是无法测量出真实距离的，需要有不同的频率配合。只有当 $n = 0$ 时，测相结果才不存在多值性问题。

从以上分析可以看出，可通过改变激光调制的频率来提高测量量程。测量的待测距离的精度与鉴相系统的误差有紧密的联系，即所选择的调制频率越低，量程越大，误差也越大。假设测相误差为 0.1%，可得到表 5-6。

表 5-6　测尺长度和误差表

调制频率	测尺长度/m	测距误差
150kHz	1000	1m
1.5MHz	100	10cm
15MHz	10	1cm
150MHz	1	1mm

在本实验中，采用了 1.5MHz 和 15MHz 的双调制频率的"粗尺"和"细尺"来对距离值进行测量。

2. 差频测相技术原理

由于对于高频信号的相位直接测量较难实现，这里采用基于混频器的差频测相技术。混频器实质上是一个乘法电路，主要由乘法电路、本地振荡电路和带通滤波器（选频网络）组成，混频器内部结构图如图 5-27 所示。

假设主控振荡器（图 5-27 中的主振）的信号为

$$E_{S_1} = A\cos(\omega_s t + \varphi_s) \tag{5-5}$$

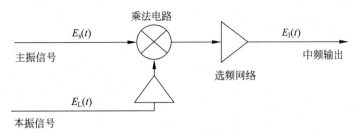

图 5-27　混频器内部结构图

发射后经过一段光程返回接收机,接收的信号为

$$E_{S_2} = B\cos(\omega_s t + \varphi_s + \Delta\varphi) \tag{5-6}$$

式中,$\Delta\varphi$ 为光程造成的相位变化。

假设本地振荡器(图 5-27 中的本振)的信号为

$$E_1 = A\cos(\omega_1 t + \varphi_1) \tag{5-7}$$

将 E_1 送入混频器 Ⅰ 和 Ⅱ 中,分别与 E_{S_1} 和 E_{S_2} 进行下变频处理。经过选频网络滤除高频分量后,在混频器的输出端得到差频参考信号 E_R 和 E_S,它们分别为

$$E_R = D\cos[(\omega_s - \omega_1)t + (\varphi_s - \varphi_1)] \tag{5-8}$$

$$E_S = E\cos[(\omega_s - \omega_1)t + (\varphi_s - \varphi_1) + \Delta\varphi] \tag{5-9}$$

差频处理后的低频信号 E_R 和 E_S 的相位差 $\Delta\varphi$ 与直接测量高频调制信号的相位差 $\Delta\varphi$ 是一样的,即混频器只变频率不变相位。使用鉴相器测出这两个混频信号的相位差 $\Delta\varphi$ 后再进行计算,就可以算出对应的距离值 ΔL

$$\Delta L = \frac{\Delta\varphi c}{4\pi f} \tag{5-10}$$

式中,c 为光速;f 为主振频率;ΔL 为所测量的距离值。

3. 相位式激光测距系统设计方案

相位式激光测距系统由三部分组成:激光调制电路、光电信号放大电路和数字鉴相电路。激光调制电路的功能是发射高频调制后的激光信号,使其精确射向合作目标。光电信号放大电路的功能是接收被测目标反射回来的微弱调制信号,使调制光信号转变为调制电信号,并经放大器放大后作为主振信号。数字鉴相电路的功能是通过混频器的差频测相原理将高频调制信号下变频为低频信号,且保持相位不变。通过比较器后的低频信号经过比较器电路后送入时差测量电路中进行时间测量,根据所得的时间计算距离值。相位式激光测距系统原理框图如图 5-28 所示。

实验中,激光调制部分采用 DDS 芯片 AD9834 产生稳定的 15MHz 和 1.5MHz 主振信号,以及 14.999MHz 和 1.499MHz 的本振信号。主振信号分别由 LC 椭圆滤波器滤去噪声后,经过信号调理电路放大并抬升至 2.5V 左右、峰峰值为 1V 的电压信号驱动激光器发射连续调制激光信号。一方面,主振信号和本振信号送入以 AD831 作为混频器的混频电路进行混频,经过椭圆低通滤波器后输出 1kHz 的混频输出信号 Ⅰ;另一方面,在光电放大部分中,APD 接收到激光回波信号后产生微弱光电流,经由信号处理电路后与本振信号进行混频,输出 1kHz 的混频输出信号 Ⅱ。在数字鉴相电路中,首先将两路 1kHz 混频输出信号送入 MAX274 的有源滤波器中进行滤波处理;再将滤波后的信号送入基于 MAX913 的整形

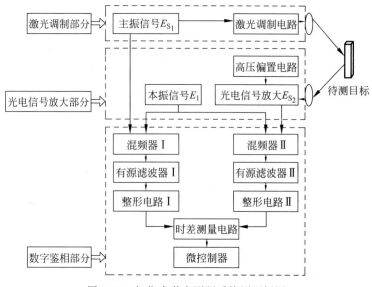

图 5-28　相位式激光测距系统原理框图

电路中；最后将两路整形后的信号送入时间测量单元计时，即可根据相位差计算距离值。各模块分述如下。

1）激光调制电路

本实验中采用 DDS 芯片 AD9834 产生稳定的 15MHz 和 1.5MHz 主振信号，以及 14.999MHz 和 1.499MHz 的本振信号。芯片上的 FSYNC、SCLK 和 SDATA 引脚分别与微控制器相连接，DDS 芯片的频率、相位配置数据将由微控制器以串行的形式写入芯片寄存器中。AD9834 芯片的外围电路如图 5-29 所示。

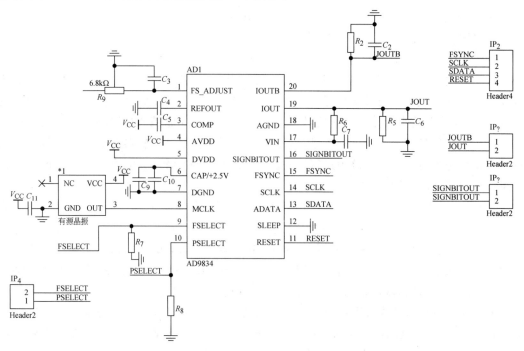

图 5-29　AD9834 芯片的外围电路（DDS 电路图）

主振信号分别由 LC 低通滤波器滤去噪声后,经过信号调理电路放大并抬升至 2.5V 左右、峰峰值为 1V 的电压信号驱动激光器发射连续调制激光信号,激光调制电路如图 5-30 所示。

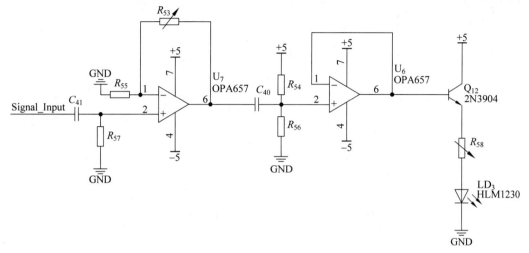

图 5-30　激光调制电路

2）光电放大电路

实验中,使用 APD 作为光电探测器。为实现 APD 内部增益,这里采用了 MAX5028 设计的升压电路,详见 5.4 节实验原理回波接收部分中的"APD 偏压发生电路",在此不再赘述。一方面,主振信号和本振信号送入以 AD831 作为混频器的混频电路进行下变频,经过低通滤波器后输出 1kHz 的混频输出信号。另一方面,APD 接收到激光回波信号后产生微弱光电流,经由 OPA657 构成信号放大电路后与本振信号进行混频,输出 1kHz 的下变频输出信号。由于目标的距离远近不同,回波信号的幅值也不相同。这里使用 AD603 构成自动增益控制电路,实现了输出信号的幅度控制,见 5.4 节实验原理回波接收部分中的"自动增益控制电路"。实验中,激光发射模块的准直光学系统和接收信号模块的聚焦光学系统均采用 5.4 节实验原理"发射部分光学系统"和"接收光学系统"部分,在此不赘述。图 5-31 所示为回波信号放大电路。

3）数字鉴相电路

数字鉴相电路由混频电路、有源滤波电路、比较器电路和时差测量电路组成。其中,比较器电路和时差测量电路与 5.4 节实验原理"APD 偏压发生电路"和"计时电路"部分相同,在此不赘述。

（1）混频电路。信号由光电放大电路放大滤波后送入混频电路中实现下变频。图 5-32 为混频电路原理图。

（2）有源滤波电路。分别将两路 1kHz 混频输出信号送入 MAX274 的有源滤波器中进行滤波处理。基于 MAX274 的二阶有源滤波器电路如图 5-33 所示。

（3）比较器电路和时差测量电路。滤波后的信号送入 MAX913 中进行比较。将对比后的信号送入时间测量单元,即可根据相位差 $\Delta\varphi$ 推算距离值 ΔL。具体电路见 5.4 节实验原理"整形电路"和"计时电路"部分所述。

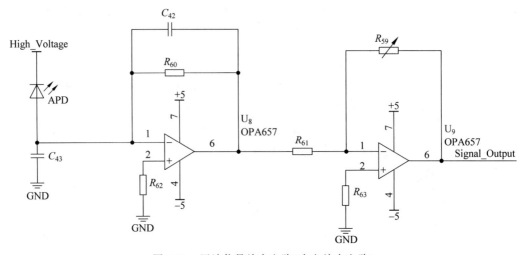

图 5-31　回波信号放大电路（光电放大电路）

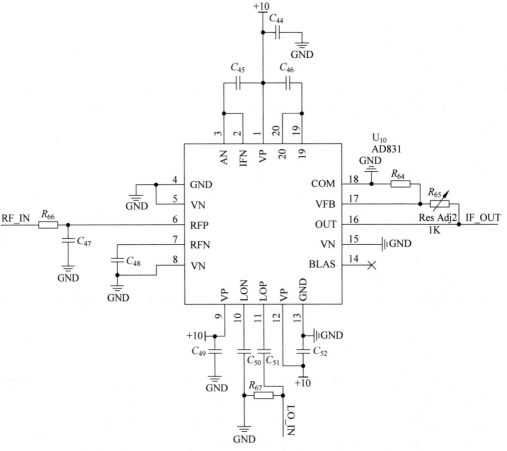

图 5-32　混频电路原理图

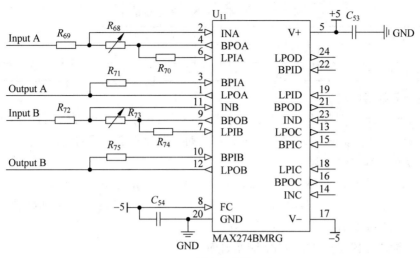

图 5-33 有源滤波器电路

【实验仪器】

实验仪器有一个 HLM1230 型激光器、一个 AD500-8 型雪崩光电二极管、四个高速运放 OPA657、两个高速比较器 MAX913、一个 TDC-GP2 计时模块、一个压控放大器 AD603、两个混频器 AD831、两个有源滤波器 MAX274、若干电阻电容、若干导线、一个示波器、一个万用表、一个电源模块。

【设计要求】

在 0～10m 的范围内使用合作目标,测距系统的精度达到±2mm。

【实验内容】

使用镜子作为合作目标,在光学平台上搭建系统以保证激光光斑在合作目标移动时能准确、稳定地落在 APD 光敏面上。

1. 使用微控制器驱动 DDS 产生特定频率的正弦波

仔细阅读 AD9834 的官方数据手册,对照时序图编写代码,使用微控制器驱动 AD9834 产生两路 DDS 信号,频率分别为 15MHz、14.999MHz、1.5MHz、1.499MHz。将驱动后的 DDS 输出信号使用示波器观察,保存波形图并附于实验报告中。

2. 设计 DDS 信号激光调制电路

利用 OPA657 运算放大器制作 DDS 信号放大滤波电路,将信号放大为峰峰值为 1V 的正弦信号。使用三极管驱动激光器发射出已进行信号调制的激光信号。使用示波器观测并保存波形图,附于实验报告中。

3. 设计 APD 光电信号放大滤波电路

利用 OPA657 设计低噪声高增益的光电流放大电路和二阶有源滤波器电路。利用示波器观测 FFT 波形,观察放大和滤波效果。将所测量的信号放大电压值 I 和自动增益控制后的电压值 II 填入表 5-7 中。

表 5-7   不同距离处的时间差测量值

参考距离/m	1	2	3	4	5	6	7	8	9	10
电压值 I /V										
电压值 II /V										

4. 设计混频器电路

仔细阅读 AD831 混频器的官方数据手册，了解 AD831 的使用方法，制作混频器电路。将两路主振信号输入混频器中，观测不同距离时两路混频输出信号的相位差。

5. 计算有源滤波器参数

仔细阅读有源滤波器 MAX274 的官方数据手册，计算电路中的参数值，制作电路板。将混频器输出信号接入滤波器中，观察滤波前后的效果。计算截止频率和 Q 值，并将滤波信号的 FFT 波形图保存并附于实验报告中。

6. 使用微控制器驱动 TDC-GP2 测量时间

仔细阅读 TDC-GP2 的官方数据手册，掌握四线 SPI 协议，利用微控制器驱动 TDC-GP2 测量时间。在 $0\sim10m$ 的范围内取 10 个点作为测量点。分别记下每个测量点的 100 组 TDC-GP2 时间测量值，换算为相位差、距离值之后将数据保存于 Excel 文件中，使用 Origin 软件进行标准误差计算，分析偏差原因，将不同观测点的时间测量平均值填入表 5-8。

表 5-8   不同距离处的时间差测量值

参考距离/m	1	2	3	4	5	6	7	8	9	10
时间差/μs										
相位差/rad										
距离值/m										

【实验数据处理】

（1）写出实验总结报告，注明各芯片的工作原理。

（2）说明硬件电路的工作原理和设计思路。

（3）对测量数据进行数据分析，分析测距误差。

【预习思考题】

（1）查询 OPA657、MAX913、AD603、AD831 数据手册，了解芯片的特性参数。

（2）查询 TDC-GP2 相关文献，了解芯片使用方法。

（3）简述混频器工作原理。

5.6   光电法测量透过率系统的设计与调试

【引言】

测量透过率的方法有多种，其中以激光作为光源的光学透过率测量方法具有远距离、高精度、非接触等优点。透过率的测量是光学测量的一项重要内容，在物质结构分析、物体的化学性质、生物医学等领域得到了广泛的应用。

【实验目的】

(1) 学习典型光电系统的设计方法。

(2) 理解激光透过率测量的原理。

(3) 设计激光透过率测量系统的各部分电路。

【实验原理】

一般情况下,辐射源的辐射要受到中介媒质(如大气、光学系统元件等)的吸收、散射等,最后只有一部分辐射功率透过媒质被探测器接收。当以平行辐射束在媒质中传播时,若媒质有吸收,则在传播一段距离之后,在垂直于传播方向单位面积上的辐通量将减少。

实验证明,对于均匀吸收媒质,如果不考虑散射,被吸收的辐通量的相对值——$\mathrm{d}\Phi/\Phi$与通过的路程 $\mathrm{d}x$ 成正比,即

$$-\frac{\mathrm{d}\Phi}{\Phi}=\alpha\,\mathrm{d}x \tag{5-11}$$

将上式从 0 到 x 积分,得到 x 处的辐通量

$$\Phi(x)=\Phi(0)\mathrm{e}^{-\alpha x} \tag{5-12}$$

式中,α 为吸收系数,是个有量纲的量,当 x 以米为单位时,α 的单位是 m^{-1};$\Phi(0)$ 为 $x=0$ 处的辐射功率。由式可见,当辐射在媒质中传播 $1/\alpha$ 距离时,辐通量就衰减为原来的 $1/\mathrm{e}$。

除了吸收,散射也是辐射衰减的原因之一。设有一辐通量为 Φ 的平行辐射束,入射到包含许多微粒质点的非均匀媒质上,由于媒质内微粒的散射而衰减的相对值 $\mathrm{d}\Phi/\Phi$ 与通过的距离 $\mathrm{d}x$ 成正比,即

$$-\frac{\mathrm{d}\Phi}{\Phi}=s\,\mathrm{d}x \tag{5-13}$$

将上式从 0 到 x 积分,得到在 x 处的辐通量

$$\Phi(x)=\Phi(0)\mathrm{e}^{-sx} \tag{5-14}$$

该式称为散射定律,式中 $\Phi(0)$ 为在 $x=0$ 处的辐射功率,s 为散射系数,与吸收情况相似,媒质散射也使辐通量按指数规律衰减。

如果传播媒质中同时存在吸收和散射,则辐通量为 Φ 的入射辐射在传播 x 距离之后,透过的辐通量为

$$\Phi(x)=\Phi(0)\mathrm{e}^{-(\alpha+s)x}=\Phi(0)\mathrm{e}^{-\mu x} \tag{5-15}$$

上式称为比尔-朗伯定律。式中,$\mu=\alpha+s$ 为衰减系数。

激光透过媒质后的光强与透过前的光强的比值称为透过率,又称透射率或透射系数。如前所述,其计算公式为

$$T_\lambda=\frac{I_1}{I_0}\times 100\% \tag{5-16}$$

式中,T_λ 为透过率;I_1 为透过后的光强;I_0 为透过前的光强。

1. 系统框图

激光透过率测量系统原理框图如图 5-34 所示。

由经过调制的激光器发出的一定波长的激光经过介质后衰减,光强减小,分别测量出激

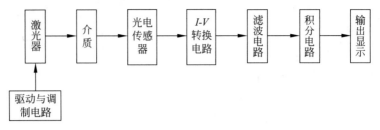

图 5-34　激光透过率测量系统原理框图

光通过介质前后的光强,即可测出激光通过此介质的透过率。光电传感器将入射的光信号转变成电信号,经信号处理电路,如 I/V 转换电路、滤波电路、积分电路,将交流信号变成直流信号,该直流信号的大小与入射到光电传感器上的光信号的强度成正比,通过测量该直流电流的大小即可测量出激光通过介质的透过率。

2. 各部分电路说明

（1）驱动与调制电路。半导体激光器外接一个＋12V 的直流电源,调制信号可以使用函数发生器中的方波,方波信号频率可以变化。本实验中,半导体激光器的调制频率采用 1kHz。

（2）光电传感 I/V 转换电路。光电传感器采用光电池,光电池输出为电流信号,后续电路采用集成运算放大器 CA3140 构成 I/V 转换电路,如图 5-35 所示。其输出电压为

$$V_{P0} = I(R_8 + R_2 + R_8 R_2 / R_{10}) \tag{5-17}$$

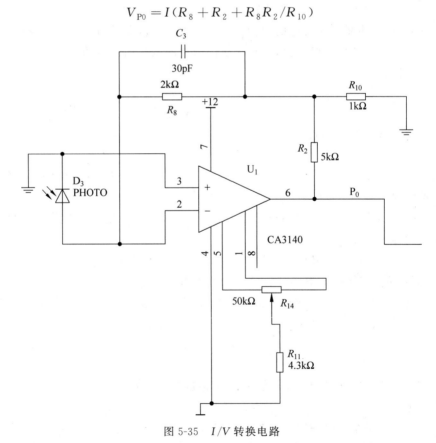

图 5-35　I/V 转换电路

（3）带通滤波电路。本方案设计一个2阶压控电压源带通滤波器，要求中心频率 $f=$ 1kHz，增益 $A_v=2$，品质因数 $Q=10$，带通滤波电路如图5-36所示。

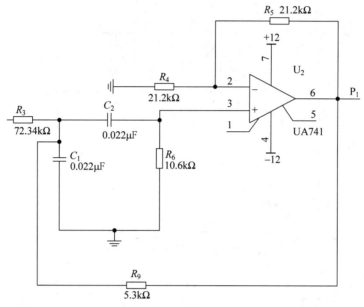

图 5-36　带通滤波电路

带通滤波器的性能参数

$$\omega_0^2 = \frac{1}{R_6 C^2}\left(\frac{1}{R_3} + \frac{1}{R_9}\right) \tag{5-18}$$

$$Q = \frac{\omega_0}{BW} \text{ 或 } \frac{f_0}{BW}(BW \ll \omega_0 \text{ 时}) \tag{5-19}$$

$$A_v = 1 + \frac{R_5}{R_4}(A_v \leqslant 2) \tag{5-20}$$

（4）积分电路。积分电路的作用是将输入的交流信号变成直流信号，本实验采用专用真有效值转换芯片 AD536。AD536 能够计算直流和交流信号的真有效值，AD536 的典型应用电路如图 5-37 所示。

经过 AD536 后输出的是直流信号，在一定范围内，直流信号的大小与入射到光电传感器上的光信号的强度成正比。

【实验装置】

实验中使用仪器较多，主要有半导体激光器、GDT-1 型透射率检测实验装置、直流稳压电源、函数发生器、示波器、台式数字万用表等。

图 5-38 所示是激光透射率测量实验装置示意图，电源给半导体激光器提供+5V 的直流电源；函数发生器提供调制信号；载物台上放置被测物体，GDT-1 型透射率检测实验箱包含 I/V 转换电路、滤波电路和积分电路，示波器用来观察调制电路、I/V 转换电路和滤波电路输出的波形；台式数字万用表用来测量积分电路输出的电压。

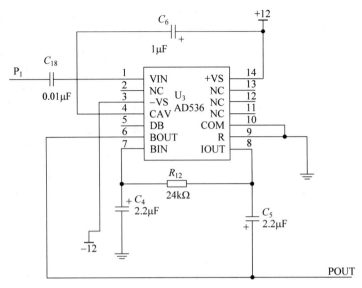

图 5-37　AD536 的典型应用电路

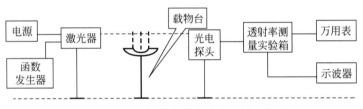

图 5-38　激光透射率测量实验装置示意图

【实验内容】

（1）按图 5-38 连接好实验仪器，接通半导体激光器直流稳压电源。

（2）接通函数发生器电源开关，设置函数发生器为 1kHz 的方波，半导体激光器应输出一束被调制了的激光。

（3）调整好光路，使激光束正好可以入射到光电传感器上。

（4）接通 GDT-1 型透射率检测实验箱的电源，同时用示波器观察调制电路（即函数发生器输出信号）、I/V 转换电路的波形，调整 I/V 转换电路的输出，两个波形应基本相同。

（5）接通台式数字万用表的电源，用直流电压测量挡测量积分电路输出的直流电压 V_O。

（6）将标称透过率为 0.90、0.79、0.50、0.32、0.10 的五个标准样品依次置于载物台上，调整好光路，分别记录五种情况下积分电路输出的直流电压，填入表 5-9 中。

表 5-9　直流电压记录

	V_O				
标准样品	0.90	0.79	0.50	0.32	0.10
电压/mV					
透过率					

（7）计算标准样品的透过率实测值，与标称透过率比较，说明误差产生的原因。

【实验数据处理】

计算标准样品的透过率，分析测量误差产生的原因。

【预习思考题】

（1）本实验中，半导体激光器的调制频率为什么采用 1kHz？

（2）实验中如何验证整个系统的正确性？

（3）若要增大测量的距离，本测量装置应如何改进？

5.7 基于 CPLD 的彩色线阵 CCD 驱动信号的设计

【引言】

自 CCD 发明以来，机器视觉得到了广泛的应用。目前 CCD 主要应用于工业检测和消费电子两个领域，工业检测多用线阵 CCD，消费电子多用面阵 CCD。不管在哪个领域，CCD 应用的关键在于对 CCD 传感器的驱动设计。传统驱动电路的设计是基于数字逻辑电路构成的，随着微处理器、单片机在内的大规模集成电路的发展，一些芯片的功能和集成度不断提高。CPLD 作为逻辑器件向 FPGA 器件过渡的可编程逻辑器件，是目前应用于驱动设计比较广泛的集成芯片。

【实验目的】

（1）掌握彩色线阵 CCD 的工作原理和驱动方法。

（2）熟悉 CPLD 的基本结构及工作原理。

（3）熟悉 QuartusⅡ软件的基本使用方法。

（4）学会使用硬件描述语言编写基本逻辑时序并设计出线阵 CCD 的驱动电路。

【实验原理】

1. TCD2252D 驱动设计原理

线阵 CCD 对驱动脉冲的时序有较为严格的要求，驱动脉冲的准确性直接决定了 CCD 能否可靠工作，进而充分发挥其光电传感性能。所以在线阵 CCD 的应用中，最关键的就是线阵 CCD 驱动电路的设计。不同公司或不同型号的 CCD，其驱动脉冲是不同的。本设计采用的 CCD 是东芝公司生产的 TCD2252D 芯片，为了使该芯片正常工作，需要设计如下几路驱动信号：驱动脉冲信号 Φ_1 和 Φ_2，转移脉冲信号 SH，复位脉冲信号 RS，采样保持信号 SP，钳位脉冲信号 CP。TCD2252D 的驱动脉冲时序图如图 5-39 所示，驱动脉冲时钟特性如表 5-10 所示。

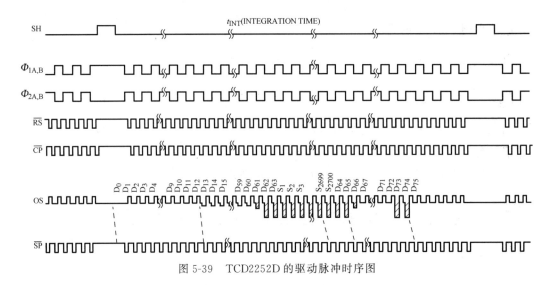

图 5-39　TCD2252D 的驱动脉冲时序图

表 5-10　驱动脉冲时钟特性

特性	符号	频率典型值/MHz	频率最大值/MHz
时钟脉冲	Φ	0.5	2.0
复位脉冲	$\overline{RS}$	1.0	4.0
采样保持脉冲	$\overline{SP}$	1.0	4.0
钳位脉冲	$\overline{CP}$	1.0	4.0

驱动脉冲时序要求如图 5-40 所示,驱动时序参数如表 5-11 所示。

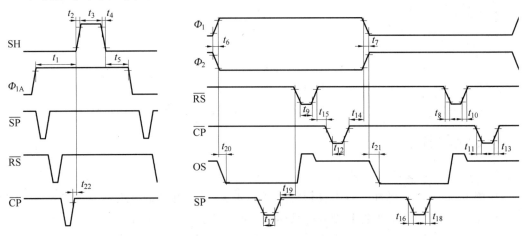

图 5-40　驱动脉冲时序要求

表 5-11　驱动时序参数

特性描述	符号	最小值/ns	典型值/ns
SH 与 Φ_{1A} 脉冲间隔	t_1	110	1000
	t_5	200	1000
SH 上升时间,下降时间	t_2, t_4	0	50

续表

特性描述	符号	最小值/ns	典型值/ns
SH 脉冲宽度	t_3	1000	2000
Φ_1 和 Φ_2 脉冲上升时间,下降时间	t_6,t_7	0	50
$\overline{RS}$ 脉冲上升时间,下降时间	t_8,t_{10}	0	20
$\overline{RS}$ 脉冲宽度	t_9	45	100
$\overline{CP}$ 脉冲上升时间,下降时间	t_{11},t_{13}	0	20
$\overline{CP}$ 脉冲宽度	t_{12}	30	100
Φ_{1B} 和 Φ_{2B} 与 $\overline{CP}$ 脉冲时间	t_{14}	20	40
$\overline{RS}$ 与 $\overline{CP}$ 脉冲时间	t_{15}	60	80
SP 脉冲上升时间,下降时间	t_{16},t_{18}	0	20
$\overline{SP}$ 脉冲宽度	t_{17}	45	100
$\overline{RS}$ 与 SP 脉冲时间	t_{19}	0	20
视频数据延迟时间	t_{20},t_{21}	—	80
SH 与 $\overline{CP}$ 脉冲时间	t_{22}		500

2. CPLD 与 QuartusⅡ 应用简介

CPLD 由可编程逻辑的功能块围绕一个可编程互连矩阵构成,固定长度的金属线实现了逻辑单元之间的互连并增加了 I/O 控制模块的数量和功能。CPLD 的基本结构可以看成由可编程逻辑阵列(LAB)、可编程 I/O 控制模块和可编程内部连线(PIA)三部分组成。可编程内部连线的作用是在各逻辑宏单元之间及逻辑宏单元和 I/O 单元之间提供互连网络,各逻辑宏单元通过可编程连线阵列接收来自输入端的信号,并将宏单元的信号送达目的地。这种互连机制有很大的灵活性,它允许在不影响引脚分配的情况下改变内部的设计。本设计采用 Altera 公司的 MAX7000S 系列的 EPM7128SL84-10 型可编程逻辑器件。MAX7000S 系列是 Altera 公司第二代 MAX 乘积项结构,采用先进的 CMOS EEPROM 工艺制造的 CPLD,与传统的数字电路设计相比,其具有明显优势。

QuartusⅡ是 Altera 公司的综合性 PLD 开发软件,支持原理图、VHDL、VerilogHDL 及 AHDL 等多种设计输入形式,内嵌自有的综合器及仿真器,可以完成从设计输入硬件配置的完整 PLD 设计流程。

QuartusⅡ可以在 XP、Linux 及 UNIX 系统上使用,提供了完善的用户图形界面设计方式,具有速度快、界面统一、功能集中、易学易用等特点。QuartusⅡ支持 Altera 的 IP 核,包含 LPM/MegaFunction 宏功能模块库,用户可以充分利用成熟的模块,简化了设计的复杂性,加快了设计速度。对第三方 EDA 工具的良好支持也使用户可以在设计流程的各个阶段使用熟悉的第三方 EDA 工具。QuartusⅡ通过和 DSP Builder 工具与 Matlab/Simulink 相结合,可以方便地实现各种 DSP 应用系统;支持 Altera 的片上可编程系统(SOPC)开发,集系统级设计、嵌入式软件开发、可编程逻辑设计于一体,是一种综合性的开发平台。QuartusⅡ的基本使用方法如下:

(1)工程的建立。打开 QuartusⅡ软件,选择 File 下拉菜单中的 New Project Wizard 选项,按照提示选择工程建立的路径及工程的名称,建议每个工程都建立独立的文件夹作为保存路径。

(2)文本的建立。在建立好工程之后,选择 File 下拉菜单中的 New 选项,在弹出菜单中选择要建立的文本文件并保存到相应的工程文件夹中，本设计实验选择 VHDL 文本文件，一个工程下的文件名最好与工程名一致，在建立的文本文件中编写 VHDL 程序。

（3）程序的仿真。程序的仿真包括程序仿真和波形仿真两部分，程序仿真的目的是检测 VHDL 编写的程序是否完全正确，若有问题，根据仿真结果提示进行修改，直到仿真完全正确。波形仿真的目的是检测程序的逻辑结果是否符合要求，首先按照第二步建立波形文件并保存在相应文件夹，其次往波形文件中导入该工程的输入输出端口，最后通过仿真观测逻辑结果。

（4）程序的下载。当程序仿真结果都没有问题后，将程序中的输入输出引脚按照设计要求配置到芯片的各个引脚，最后将程序下载到 CPLD 驱动板中用双踪示波器观测相应引脚的波形是否正确。

VHDL 来源于美国军方，其他的硬件描述语言则多来源于民间公司。这些不同的语言传播到国内，比较有影响的有两种硬件描述语言：VHDL 语言和 VerilogHDL 语言。这两种语言已经成为 IEEE 标准语言。VHDL 语言在 Quartus Ⅱ 软件平台中具有 C 语言设计风格，易学好用，因此被众多用户使用。

VHDL 程序包含实体（entity）、结构体（architecture）、配置（configuration）、包集合（package）、库（library）五部分。

简单的实体是由实体和结构体两部分组成的。实体用于描述设计系统的外部接口信号，结构体用于描述系统的行为、系统数据的流程或者系统组织结构形式。设计实体是 VHDL 程序的基本单元，是电子系统的抽象。实体由实体名、类型表、端口表、实体说明部分和实体语句部分组成。根据 IEEE 标准，实体的一般格式为：

```
ENTITY 实体名 IS
[GENERIC(类型表); ]        ——可选项
[PROT(端口表); ]          ——必需项
实体说明部分;            ——可选项
[BEGIN
实体语句部分; ]
END [ENTITY] [实体名];
```

实体说明以"ENTITY 实体名 IS"开始，以"END 实体名"结束。EDA 工具对 VHDL 语言的大小写字母不加区分。

结构体指明了该设计实体的行为，定义了该设计实体的功能，规定了该设计实体的数据流程，指派了实体中内部元件的连接关系。用 VHDL 语言描述结构体有 4 种方法。

（1）行为描述法：采用进程语句，顺序描述被称设计实体的行为。

（2）数据流描述法：采用进程语句，顺序描述数据流在控制流作用下被加工、处理、存储的全过程。

（3）结构描述法：采用并行处理语句描述设计实体内的结构组织和元件互连关系。

（4）采用多个进程（process）、多个模块（blocks）、多个子程序（subprograms）的子结构方式。

结构体的一般格式为：

```
ARCHITECTURE 结构体名 OF 实体名 IS
定义语句,内部信号,常数,数据类型,函数定义
BEGIN
```

[并行处理语句];
[进程语句];
…
END 结构体名;

一个结构体的组织结构从"ARCHITECTURE 结构体名 OF 实体名 IS"开始,到"END 结构体名"结束。

3. CPLD 驱动板简介

CPLD 驱动板主要包括电源模块、时钟输入模块、JTAG 下载模块、主芯片、驱动信号处理模块、CCD 模块、测试区及扩展 I/O 口模块。CPLD 驱动板分布图如图 5-41 所示。

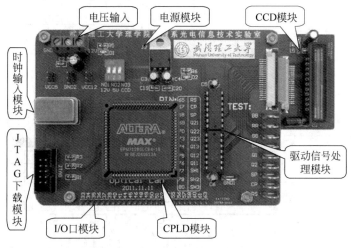

图 5-41　CPLD 驱动板分布图

驱动板的组成模块及各模块的功能如下。

(1) 电源模块:包括 12V 电源输入和 12V 转 5V 电路,实验板有三个电源开关,分别为 N_{o1}、N_{o2} 和 N_{o3},N_{o1} 为实验板电源输入开关,闭合此开关,12V 转 5V 电路工作;N_{o2} 为 5V 电源开关,闭合此开关,实验板有 5V 电源输入;N_{o3} 为 CCD 电源开关,闭合此开关,CCD 模块有 12V 电源输入。

(2) 时钟输入模块:时钟输入模块为 50MHz 有源晶振提供,可以在 CPLD 模块中分频和倍频到不同的频率时钟。

(3) JTAG 下载模块:该模块是程序 JTAG 下载口,通过该模块实现程序下载。

(4) CPLD 模块:该模块包含一块 CPLD 芯片和 I/O 口。

(5) 驱动信号处理模块:该模块包含十二路非门电路,实现对驱动信号的处理,提高驱动信号的驱动能力。

(6) CCD 模块:该模块包含 CCD 芯片及其配置电路,该模块与 CPLD 下载板通过一条 20 芯排线连接。

基于 CPLD 的 CCD 驱动原理图如图 5-42 所示。

图 5-42 中左边的 clk 模块是时钟输入程序模块,中间的 CCD 模块是 VHDL 编写的 CCD 驱动程序形成的 bdf 程序模块,右边输出的是 CCD 驱动信号输出,程序的仿真结果如图 5-43 所示。

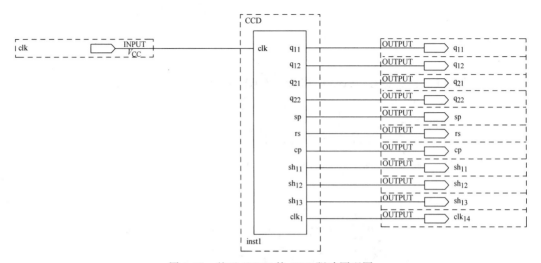

图 5-42　基于 CPLD 的 CCD 驱动原理图

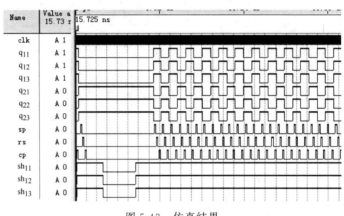

图 5-43　仿真结果

【设计要求】

（1）能够基于 Quartus Ⅱ 软件平台使用 VHDL 语言编写逻辑时序。

（2）能够独立设计 CCD 驱动电路，并让 TCD2252D 芯片正常工作。

（3）能够实现外部信号控制驱动频率的变化。

【实验内容】

（1）使用 Quartus Ⅱ 软件进行编程实验，完成分频程序和延时程序的设计并进行仿真，通过对比仿真结果与理论要求，寻找设计的不足之处并加以改善，直到仿真结果符合理论要求。

（2）使用 Quartus Ⅱ 软件分别下载分频和延时程序至 CPLD 驱动板，用双踪示波器测试对应的输出信号是否符合设计要求。

（3）编写 CCD 驱动程序，打开 Quartus Ⅱ 软件，建立新工程，建立新 VHDL 文件和波形文件并保存在相应工程内，编写驱动程序并仿真，比较仿真结果是否符合驱动要求，按照驱动要求调试程序，直到仿真结果符合驱动要求。

（4）将仿真无误的驱动程序下载到 CPLD 驱动板中，打开线阵 CCD 模块电源，用双踪示波器观测 Q_1、Q_2、SH、RS、SP、CP 引脚输出波形及 CCD 输出波形。

（5）设计外部控制驱动频率的驱动电路，仿真无误后下载到 CPLD 驱动板中，用双踪示波器观测 Q_1、Q_2、SH、RS、SP、CP 引脚输出波形及 CCD 输出波形，用外部信号控制驱动频率的改变，观测各个输出波形的变化。

【实验数据处理】

（1）观察各阶段设计仿真结果，并用示波器观察驱动板输出波形，做出简要分析。

（2）总结 CPLD 驱动 CCD 设计性实践经验，写出个人心得体会。

【预习思考题】

（1）简述 CPLD 的工作原理。

（2）简述 CCD 的工作原理及驱动要求。

（3）用 VHDL 语言编写 CCD 的驱动时序。

5.8 光电法测量转盘转速与转向系统设计

【引言】

转速是各类电机运行时一个重要的物理量。在工程实践中，经常会遇到各种需要测量转速的情况。转速是描述各种旋转机械技术性能的一个重要参量，是电机一个极为重要的参数，在很多运动系统的测控中，都需要对电机的转速进行测量。飞机、汽车、电机等动力设备的研究、制造和使用等，都与转速的测量有着密切的关系。精确地检测转速是提高控制精度的关键，如何准确、快速而又方便地测量电机转速极为重要。

对转盘转速进行测量，常用的测量方法有机械式、电磁式、光电式等。其中，机械式测转速是比较常见的方法，但因为需要接触被测物体，磨损较严重，精度低，且只适用于测量较低的转速，故应用受到了很大的限制。电磁式转速测量是应用电磁感应原理，通过转盘旋转引起的磁场周期性变化进行转动速度的测量。电磁法可以用来测量高速转动转盘的转速，但仍需与被测物体直接接触，也存在一定的测量磨损。光电式转速测量的优越性在于可以实现非接触测量，具有较大的优越性。

【实验目的】

（1）掌握光电信号调制、发送、接收、放大及处理等光电测量和光电系统基础知识。

（2）提高学生光电技术基础理论知识的综合理解能力、分析问题和解决问题的能力。

（3）培养学生简单光电系统的设计能力和动手能力及光电创新能力和团队合作精神。

【实验原理】

采用光电法测量转盘转速，其原理框图如图 5-44 所示。发光二极管发出某一波长的红外光，由转盘上的反光材料反射，并分别被光电探测器 1 和 2 接收。光电探测器 1 和 2 进行光电转换以后，由放大器放大，送入整形电路，转换成方波信号，由单片机进行计数和方向判别。电机控制电路可分挡控制电机的转速；脉冲电路产生周期性的方波信号，供计数电路计数；译码器和数码管显示电路，显示转动速度（转/秒）。

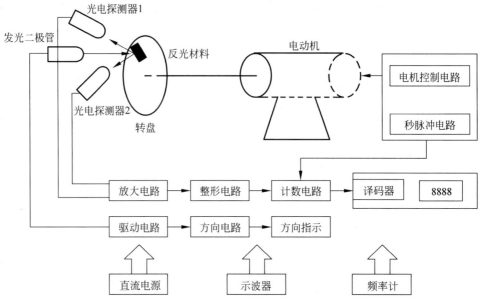

图 5-44　转盘转速测量装置原理框图

在转盘转速方向上设置两个光电探测器，调试光路使之均能接收反射材料的反射光，通过判别两个探测器输出电信号的初相位即可对转盘的转动方向作出判断，转盘转动的正反方向用两个不同颜色的 LED 来指示。

由计数电路记下转盘速度，产生的转速信号经由锁存器输出，显示器件用发光二极管数码显示管，锁存器输出的信号是一组二进制数字符号，必须进行译码显示，采用集成译码显示芯片，送到数码管显示电路显示出来，使得每一计数脉冲下降沿一来都既可以对转速进行更新，同时又可以锁存前一脉冲所记录的转速。

1. 光电发送接收电路

将一个高反射率的反光材料固定在转盘上，发光管发出的光束照射在转盘上，转盘转动时可带动反光材料一起转动，反光材料只在光束照射的瞬间反射光束，由反射光强变换成脉冲，产生的反射光脉冲被光电探测器接收，产生电脉冲信号，而在其余时间，光电检测器中仅有暗电流流过，这样就在每转提供了一个光电计数脉冲。

2. 放大电路

"放大"的本质是实现能量的控制，即能量的转换：用能量比较小的输入信号来控制另一个能源，使输出端的负载上得到能量比较大的信号。"放大"的对象是变化量，"放大"的前提是传输不失真。一般温度变化引起的工作点不稳定、电路元器件参数误差造成的放大特性的变化等，都可以看作是一种共模信号，放大电路对上述变化有良好的适应性，能保持工作状态和放大特性具有较高的稳定度，因而被广泛地应用于各种电路中。它能够利用 BJT 的电流控制作用把微弱的电信号增强到所要求的数值。

集成电路运算放大器是用集成工艺制成的、具有高增益的直接耦合多级放大电路。它一般由输入级、中间级、输出级和偏置电路四部分组成。为了抑制温漂和提高共模抑制比，常采用差分式放大电路做输入级;中间级为电压增益级;互补对称电压跟随电路常用作输出级;电流源电路构成偏置电路。为了衡量一个放大器的性能,可采用若干技术指标来表示。常用的有增益、输入阻抗、输出阻抗、频率响应和带宽,以及非线性失真等。

当转盘旋转时,每当转到高反射的反光材料处,光电探测器就输出一个脉冲信号,通过交流放大,将该脉冲信号放大到一定幅度。因此可选用低噪声、高速运放作为前置放大器。

3. 整形电路

最简单的信号整形电路就是一个单门限电压比较器,输入信号每通过一次,零时触发器的输出就要产生一次突然的变化。当输入正弦波时,每经过一次零点,比较器的输出端将产生一次电压跳变,它的正负向幅度均受到供电电源的限制,因此输出电压波形是具有正负极性的方波,这样就完成了电压波形的整形工作。但该信号整形电路抗干扰能力差:由于干扰信号的存在,将导致信号在过零点时会产生多次触发的现象,从而影响本系统计数,使单片机无法计算出正确的数值。

为了避免过零点时多次触发的现象,使用施密特触发器(迟滞比较器)组成的整形电路。施密特触发器在单门限电压比较器的基础上引入了正反馈网络,由于正反馈的作用,它的门限电压随着输出电压的变化而改变,大大提高了抗干扰能力。在输入信号增加和减少时,施密特触发器有不同的阈值电压,正向阈值电压和负向阈值电压,它们的电压差称为回差电压。施密特触发器的这种回差电压特性,能将边沿变化缓慢的电压波形整形为边沿陡峭的矩形脉冲。

光电探测器输出的脉冲信号波形边沿较差,通过整形电路就可以对这些信号进行整形输出较为规则的矩形脉冲。

4. 计数电路

转盘转动产生的一串电脉冲信号,接收某个探测器输出电信号,信号经放大电路和整形电路处理后送入计数电路,计算出单位时间内接收到的脉冲个数,即转盘单位时间内的转数。基于脉冲个数的转盘转速测量如图 5-45 所示。其中,定时是一个确定的时间间隔,即 1s;被测脉冲计数 N 是光电探测器得到的脉冲数,即在 1s 内转盘转了多少转,这可以由一个计数器来统计得出;时间基准脉冲是由一振荡器发出的脉冲,在这里它起着细分整数的作用。当第一个光电计数脉冲来到时,打开计时电路,同时打开振荡器,电路中的两个计数器分别记录光电脉冲和振荡脉冲。

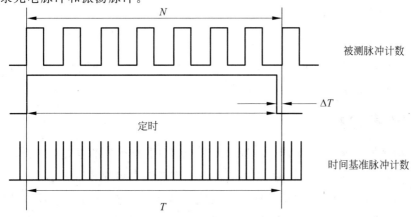

图 5-45 基于脉冲个数的转盘转速测量

【实验仪器】

（1）实验设备有示波器、直流电源、频率计、信号发生器、万用表等。

（2）实验器件有红外发送接收对管、发光二极管、硫化镉光敏电阻、光电耦合器、放大器、计数器芯片、三极管、单芯硬导线等。

【设计要求】

（1）光学信号变换：发光光谱选择；发光强度设计调整；反光材料的选择；反射面及边缘的处理；探测器的接收角度及接收距离的调整。

（2）光电信号变换：探测器光谱选择；探测器的外形结构选择；探测器偏置电路的设计与调试。

（3）电学信号变换：光电转换放大电路及抗干扰的设计与调试；波形整形及抗干扰电路的设计与调试；方向判别电路的设计；计数电路的设计及显示电路的调试。

（4）总体调试：①测量电动机转速：数码管显示转速正常；②判别电动机转动方向：电动机正/反转切换时，指示红/绿发光二极管指示灯切换，同时数码管显示转速正常。

【实验内容】

（1）设计基于单片机控制的转盘转速和转向。

（2）设计光电发送接收电路。使用单光束红外光电传感器作为光电探测器件，探测经转盘反光材料反射的红外脉冲信号。调试探测器时，应使探测器垂直探测，尽量靠近转盘。

（3）设计和调试探测器输出信号的放大、整形和计数电路，完成单位时间内脉冲数的检测，转盘转速的测量，并能用现有频率计测量出频率（转速）。

（4）设计和调试数码管驱动电路，实现转盘转速显示数码。

（5）方向判别电路设计。完成方向判别的指示，用两个不同颜色的 LED 指示转盘正、反方向。

【实验数据处理】

（1）测量电动机转速：数码管显示转速正常。

（2）判别电动机转动方向：电动机正/反转切换时，指示红/绿发光二极管指示灯切换，同时数码管显示转速正常。

【预习思考题】

对脉冲信号的频率测量，采用了在固定时间内测量脉冲个数的方案。然而，对于较低频率脉冲信号，例如，转速小于一转时，存在着测量的实时性与测量准确度之间的矛盾，要想提高测量的准确度，必须增加测量脉冲的个数，但这会导致测量时间过长，不能应用于实际测量过程。这种情况下怎么解决转盘转速的实时性？

5.9 PSD 信号处理开发实验

【引言】

位置敏感探测器(PSD)具有位置分辨率高、响应速度快、光谱响应范围宽、可靠性高、无死区和可同时检测位置和光强等性能,能获得目标位置连续变化的信号,在位置、位移、距离、角度及其相关量的测量中获得越来越广泛的应用。而传感器的信号处理是其应用的基础,并且需要从精确度、可靠性和经济性的角度考虑,合理设计信号检测电路,从系统的设计、制作、调试和软件技术等方面来综合提高系统的精度和抗干扰性,并降低生产成本。

【实验目的】

(1) 熟练掌握 PSD 的性能、参数和设计应用。
(2) 综合运用光电技术、模拟电路、数字电路和微控制器知识。
(3) 熟练掌握光电信号处理系统的调试技术。

【实验原理】

实验原理可参考本书 2.10 节实验"位置敏感探测器实验"和 4.4 节实验"基于单片机的 PSD 信号采集系统设计实验"。

【实验仪器】

实验仪器有 1 台 WHUTPSD-Ⅱ型综合实验仪、1 套一维机械调节支架、1 根电源线、1 根 7 芯航空插头连接线、若干连接导线、1 根 USB 连接线、1 台计算机。

【设计要求】

(1) 复习 2.10 节实验和 4.4 节实验,深入理解 PSD 的工作原理和信号处理方法。
(2) 二次开发模块所提供的元器件:LF353 运算放大器 3 片,10kΩ 滑动变阻器 2 个,500kΩ 滑动变阻器 2 个,10pF 电容 2 个,0.1μF 电容 2 个,100kΩ 固定电阻 15 个,10kΩ 固定电阻 2 个,1kΩ 固定电阻 3 个。
(3) 综合运用实验仪面板上的二次开发模块所提供的元器件和数据采集及显示模块,设计 PSD 信号处理系统。

【实验内容】

(1) 利用二次开发模块设计光电信号转换与放大处理电路,适当调节增益,最终实现输出电压为 0~5V。
(2) 以 51 单片机为核心对模拟电路输出信号进行 A/D 转换,在单片机控制程序中对采集到的数据进行处理,得到 PSD 光敏面上光斑中心的位置值,并控制 LCD1602 字符型液晶显示模型进行直观显示。
(3) 将编写的程序烧写进 51 单片机,并进行系统调试,主要调试任务有模拟信号处理电路的调试,单片机系统的运行调试,ADC 模块的调试和 LCD 显示调试。

（4）数据记录与分析。

（5）关闭激光器电源，关闭实验仪总电源，清理器件，整理航空插头连接线、导线和 USB 连接线。

【实验数据处理】

（1）写出实验总结报告，说明主要芯片的基本工作原理。

（2）说明硬件电路工作原理。

（3）数据处理，分析误差。

（4）总结整个系统实验中的主要收获。

【预习思考题】

（1）查阅 LF353、ADS7886、STC89C52RC 和 LCD1602 的技术手册。

（2）结合 ADS7886 的电压输入范围，分析如何调整模拟信号处理部分的放大倍数，以便进行后续数据处理。

（3）由于背景光和暗电流对有用信号的影响是变化缓慢甚至基本不变的，思考如何在软件中消除背景光和暗电流。

5.10 基于单片机的 QPD 信号采集系统设计

【引言】

单片微型计算机简称单片机，是典型的嵌入式微控制器，现代人类生活中所用的每件电子和机械产品中几乎都会有集成单片机。单片机技术的发展十分迅速，时至今日，单片机技术已经发展得相当完善，它已成为计算机技术的一个独特而又重要的分支。对单片机的了解是电子、信息、计算机等相关专业学生所必须掌握的知识。51 单片机是基础入门的一个单片机，还是应用最广泛的一种，在小到中型应用场合很常见，已成为单片机领域的实际标准，掌握 51 单片机是入门单片机的最佳选择。

【实验目的】

（1）掌握四象限探测器的信号处理方法。

（2）熟悉 51 单片机的使用。

（3）熟悉模数转换芯片 ADS7886 的使用及其 51 单片机控制。

（4）熟悉 51 单片机的 LCD1602 字符型液晶显示及其 4 位数据控制方法。

（5）掌握 USB 通信实现实时数据采集的方法。

（6）掌握 USB 通信芯片 CH372 的使用及其 51 单片机的控制。

（7）掌握四象限探测器上位机软件的使用和编写方法。

【实验原理】

1. 四象限探测器信号处理模块

四象限探测器信号处理系统主要包括 I/V 变换、运放加减法、模数转换和 MCU 控制、

LCD1602字符型液晶显示和上位机数据处理与显示模块,其原理图如图5-46所示。

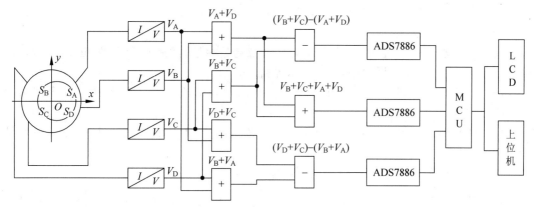

图5-46　四象限探测器信号处理系统原理图

在整个信号处理的过程中,考虑信号的稳定性,激光器的驱动方式选择"直流驱动",当激光光斑照射到四象限探测器的光敏面上时,四块硅光电池将光信号转换成电信号,利用运算放大器将四象限探测器输出的微小电流信号转换成电压信号,然后利用运算放大器对四路电压信号进行加减运算,得到与位置偏移信号有关的电压信号。由于现在的信号仍然是模拟信号,所以需要使用模数转换芯片将其转换成数字信号,然后送入微控制器进行处理,最后使用液晶和上位机两种显示方式。

2. 硬件部分与上位机

实验硬件部分与上位机说明参考本书2.10节实验"位置敏感探测器实验"的实验原理部分。

【设计要求】

(1) LCD模块能够显示光斑中心位置。

(2) USB通信模块能够正常工作。

(3) 上位机能够显示电压值及光斑中心位置。

【实验内容】

1. 软件编写

(1) 将实验所需软件安装到计算机上。

(2) 在了解整个系统电路结构的基础上编写51单片机AD控制及数据采集程序。

(3) 利用3.7节实验计算出的误差曲线做数据处理,计算出的位置值用LCD1602字符型液晶显示。

(4) 将编译通过的程序下载到51单片机中。

2. 系统调试

(1) 将机械部分和实验箱通过7芯航空插座连接线连接,将连接线带有红色标记的一端接到实验箱上,接插部分有卡槽对应。

(2) 打开实验箱电源,将激光器驱动开关拨动到"直流驱动"位置,调整升降台使激光器和四象限探测器高度在同一水平线上,调节一维手动平移台使激光光斑位置落在四象限探测器中心。

（3）调节激光器组件前端螺母，使激光器输出光点的直径为 2~3mm。

（4）改变激光光斑在探测器探测面上的位置，对比 LCD1602 字符型液晶显示的位置值和千分尺读数的误差。

（5）关闭电源开关，通过串口线将实验仪与电脑相连，然后打开电源，运行"HY1315 Sample Software.exe"应用程序，进入显示界面。

（6）在 Type No. 栏中选择"QP36"，在上位机界面中填入 3.7 节实验所得比例系数 K_x、K_y。

（7）单击 Link 按钮，连接设备；单击 Start 按钮，开始接收数据，检查 USB 通信模块是否能正常运行。

（8）关闭电源，拆掉所有连线，完成实验。

【预习思考题】

（1）试分析整个四象限探测器系统信号处理过程。

（2）试分析 51 单片机的基本机构。

5.11　基于热电堆红外探测器的非接触人体表面温度测量系统设计

【引言】

为了在边关、机场、火车站、船码头、商场、影院、学校等地快速、准确地检测由于病毒引起的人体体温的变化，避免病毒的快速扩散传染非常重要。传统的水银体温计存在测量温度时间长、读数不便等特点。而且，玻璃制的水银温度计，不仅因为易碎会使有毒的水银外泄，还可能由于使用时消毒不彻底导致交叉感染。而新型的体温计，如电子体温计，通过热敏电阻测定体温，同样存在测温时间长等问题。比起传统的测温方法，基于热电堆的红外体温计有着响应时间快、使用安全及使用寿命长等优点，非常适合在人群集中地快速、准确、没有交叉感染地测定人体体温。

【实验目的】

（1）掌握热探测器的工作原理。

（2）了解热电堆的光电特性和工作原理。

（3）掌握简单的滤波方法。

（4）熟练掌握测温电路的工作原理及调试过程。

（5）掌握温度计的标定原理并对所设计的温度计进行标定。

【实验原理】

在自然界中的任何物体，只要温度高于绝对零度（-273.15℃），由于分子的热运动，都会向外辐射电磁波，其辐射能量密度与物体本身的温度的关系符合普朗克定律。如果将某个物体加热，我们将观测到单位时间发出辐射能的多少及辐射能波长的分布，都与物体温度有关，把这种辐射称为热辐射。人体的温度约为 310K，在此温度下，辐射的电磁波主要为波长在 $9\sim10\mu m$ 的红外线，由于该波长范围内的红外线不被空气所吸收，因而利用人体自身辐射的红外能量能够精确地测量人体表面温度。

通常,辐射能的测量误差是很大的。误差较大的原因是辐射能是扩散的,这种扩散与位置、方向、波长、时间和偏振态五个参量有关。测量仪器参量和环境参量,如温度、湿度、磁场等,也会影响测量结果。但是,由于该波长范围内的电磁波被空气吸收的较少,这就排除了一个最大的外界干扰因素。而且,合理的设计辅助电路和设定适当的元器件参数,可以将误差有效降低至5%以下。人体的红外辐射特性与人们的表面温度有十分紧密的关系,因此,通过对人体自身辐射的红外能量的测量,便能准确地测定人体表面温度。红外温度测量技术的最大优点是测试速度快,1s以内就可测试完毕。由于它只接收人体对外发射的红外辐射,没有任何其他物理和化学因素作用于人体,所以对人体无任何害处。

1. 系统设计原理

系统的硬件由单片机模块、TP337A温度传感器模块、LM358电压信号放大模块、A/D转换模块、LCD数码管显示模块组成。硬件设计的流程是TP337A红外温度传感器将红外信号转换为电压信号。由于输出的电压信号很微弱,所以需要用由LM358组成的运算放大电路进行前置放大,然后将放大的电压信号送至由PCF8591组成的A/D转换电路,再将转换后得到的数字信号送至单片机进行处理,最后将处理的结果送至LED数码管显示屏进行实时测量温度的显示。其整体方案图如图5-47所示。

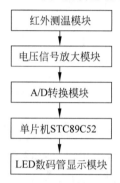

图5-47　系统硬件设计整体方案图

1) 红外测温模块

红外温度传感器利用热电偶原理,测量目标物与传感器或者物体与环境温度之间的差值。热电偶的原理是两种不同的金属A和B构成一个闭合回路,当两个接触端温度不同时($T>T_0$),回路中产生热电势,其中T称为热端、工作端或测量端,T_0称为冷端、自由端或参比端。A和B称为热电极。热电势的大小由接触电势(也叫伯尔贴电势)和温差电势(也叫汤姆逊电势)决定。

红外温度传感器是实现非接触式红外测温的关键器件,选用型号为TP337A的红外热电堆温度传感器,其实物如图5-48(a)所示。该热电堆传感器包括116个热电偶,形成直径为545μm的敏感区。传感器使用TO-5金属封装,并带有一个滤光片,允许的测量光谱范围大于5μm。TP337A引脚分配图如图5-48(b)所示:1为热电堆输出引脚(+);3为热电堆输出引脚(-);2和4为热敏电阻两端的引脚,起温度补偿作用,4脚接GND。

(a) 实物图　　　　(b) 引脚分配图

图5-48　TP337A红外热电堆温度传感器

热电堆利用红外线辐射热效应,多数情况下是通过赛贝克效应来探测辐射,将辐射转换为电压后进行测量。该电压的变化为mV级。热敏电阻用于感知环境的温度变化即背景温度,可通过分压,将电阻的变化转变为电压的变化。两个测量电压通过计算即可获得实测

温度。设输出电压为 V_0，电压与温度的函数关系为

$$V_0 = C(\varepsilon T^4 - \varepsilon_0 T_0^4) \tag{5-21}$$

其中，T 为被测物体温度，单位为 K；T_0 为传感器温度，单位为 K；ε 和 ε_0 分别为被测物体和传感器的发射系数；C 为与传感器结构有关的常数。

由式(5-21)可以看出，当环境温度一定，红外传感器的输出电压与被测物体的绝对温度的 4 次方呈线性关系。传感器的输出量与被测物体的温度一一对应，由此可以通过测量传感器的输出来确定被测物体的温度。由于环境温度是可变的，所以还要进行环境温度补偿。

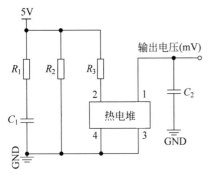

图 5-49　红外测温模块的电路图

按照图 5-49 连接好红外测温模块的电路图。在连接电路的过程中要注意热电堆引脚的识别。

2）电压信号放大模块

由热电堆直接测量产生的电压为几毫伏到几十毫伏，因此无法由 A/D 转换芯片 PCF8591P 直接处理，需要经过放大处理之后再进行数模转换。由于是由模拟信号向数字信号的转换，在放大的过程中要加入滤波功能，使得到的电压信号稳定。

在放大的过程中，需要将电压信号放大 1000 倍，如果采用一级放大的方式，会产生零点漂移等一系列问题，且放大后的信号会产生很强的干扰，使得最终 LCD 数码管显示的温度不稳定。采用两级放大模式可以有效地避免上述问题，并且得到稳定的信号。LM358 芯片包含两个放大器，符合设计的要求。

按照图 5-50 所示的电路图连接好电压放大模块的实物图。

3）A/D 转换模块

对于该温度测量系统，放大处理后的模拟电压信号需要经过模数转换得到相应的数字电压信号提供给核心控制芯片进行处理。在设计中，如果使用外接的 A/D 转换模块，由于干扰的影响会使得到的信号不稳定，而使用开发板包含的 A/D 转换模块，可以使设计更加简单，使信号稳定性好。开发板 A/D 转换芯片选用的是恩智浦 NXP 半导体公司的 PCF8591P，其引脚封装图如图 5-51 所示。

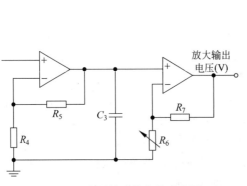

图 5-50　电压放大模块的电路图

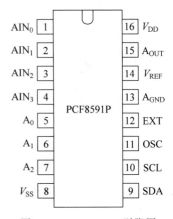

图 5-51　PCF8591P 引脚图

PCF8591P 各引脚功能如下：$AIN_0 \sim AIN_3$：模拟信号输入端（A/D 转换）；$A_0 \sim A_2$：模拟通道选择；V_{SS}、V_{DD}：电源端；A_{OUT}：D/A 转换输出端；V_{REF}：基准电压段；A_{GND}：模拟信号地；EXT：内部、外部时钟选择线，使用内部时钟时 EXT 接地；OSC：外部时钟输入端，内部时钟输出端；SDA、SCL：I^2C 总线的数据线、时钟线。

4）单片机控制与显示模块

单片机使用 STC89C52，该模块的主要功能有：控制驱动 PCF8591P 芯片并采集模数转换后的数字信号，对采集的数字信号进行处理，控制 LED 显示系统检测得到的人体温度值。

2. 定标原理及方法

在 TP337A 内集成了热敏电阻，用于测量环境温度。输出阻抗与环境温度呈一定的函数关系，通过对 $R(T)$ 的测量就可以确定当前的环境温度。数据手册中已给出热敏电阻的阻值与温度 $R(T)$ 的关系：

$$R(T) = R_{25} e^{B\left(\frac{1}{T} - \frac{1}{T_{25}}\right)} \qquad (5-22)$$

式中，T 和 T_{25} 的单位为 K，B 为热敏电阻的材料常数。

式（5-21）的计算相当复杂，单片机很难完成，当环境温度一定时，红外传感器的输出电压与被测物体的绝对温度的 4 次方呈线性关系。人体正常温度范围为 $36.4 \sim 37.3℃$，温度范围比较小。在该温度范围内可以不按照上述复杂公式计算，近似处理为与被测物体绝对温度的 4 次方呈线性关系，同时将人体和传感器都视为理想黑体。可将公式简化为

$$V_0 = \alpha T^4 + A \qquad (5-23)$$

通过实验不同温度范围取几次样品可以确定常数 α，A 为与环境温度有关的常数。这样通过热敏电阻得出的环境温度与热电堆的电压信号联合计算，就可以求出目标物体的温度。以上是近似计算的方法，为了得到更高的计算精度，可以在不同的环境温度范围内通过实验得到不同的常数 α。系统测量温度的精确程度决定于通过实验对常数 α 的选取。

【实验要求】

设计一个非接触人体表面温度测量系统，要求：

（1）通过热电堆 TP337A 来探测人体表面的温度。

（2）由 LED 数码管显示测量的温度，要求显示温度精度能够达到 $0.1℃$。

（3）可以连续测量人体表面或环境温度。

【实验内容】

（1）利用热电堆 TP337A 设计信号采集与处理电路，探测人体表面或者环境的红外脉冲信号。主要进行信号放大，使用 LM358 作为放大芯片，使得电压信号由毫伏级放大到伏级电压。

（2）以 51 单片机为核心对输出电压信号进行 A/D 转换，在单片机控制程序中对采集到的数据进行一定的处理，最后通过 LED 数码管显示人体温度测量结果。

（3）联调：①信号放大电路的调试；②模数转换电路的调试；③数码管显示电路的调试。

（4）热电堆 TP337A 输出电压与人体温度的定标。

【预习思考题】

(1) 查询 TP337A、LM358、PCF8591P 技术手册，了解器件的使用方法、外围电路。

(2) 如何将实现毫安级的模拟电压转化为安培级的数字电压？

(3) 如何确定 PCF8591P 的输出电压与测量温度的关系？

5.12 太阳能电池的制备与光电性能测试实验

【引言】

随着世界经济的迅猛发展，人类对能源的需求日益增加，能源短缺和环境污染已成为人类生存面临的重大威胁。因此，开发和利用环境友好、清洁、可再生的绿色能源成为各国可持续发展的重大战略。目前，可再生的绿色能源有生物能、风能、太阳能、水能等，其中太阳能因具有资源丰富、普遍存在、成本低廉等特点，备受关注。而作为利用太阳能的染料敏化太阳能电池和钙钛矿结构太阳能电池因其成本低廉、制备技术简单、相对高的光电转换效率而备受关注。

【实验目的】

(1) 理解染料敏化太阳能电池和钙钛矿结构太阳能电池基本结构，掌握其工作原理。

(2) 制作染料敏化太阳能电池和钙钛矿结构太阳能电池。

(3) 测试染料敏化太阳能电池和钙钛矿结构太阳能电池的光电性能并进行分析。

【实验原理】

1. 染料敏化太阳能电池的基本结构

染料敏化太阳能电池的结构如图 5-52 所示，其结构主要包括以下几部分。

(1) 透明导电玻璃：透明导电玻璃一般厚度为 $2\sim3$mm，表面上镀一层 $0.5\sim0.7\mu m$ 厚的掺氟(F)的 SnO_2 膜(FTO)或掺铟(In)的 SnO_2 膜(ITO)。一般要求导电玻璃的方块电阻在 $1\sim20\Omega/cm^2$，透光率在 85% 以上，它起到传输和收集正、负电极电子的作用。为防止高温烧结过程中普通玻璃上的 K^+、Na^+ 等离子扩散到 SnO_2 膜中，需经特殊处理，如在 SnO_2 膜和玻璃之间扩散一层约为 $0.1\mu m$ 厚的 SiO_2。

(2) 表面吸附了染料分子的 TiO_2 薄膜，也叫光阳极，是 DSSCs 的核心部件。由于 TiO_2 为宽禁带半导体，在可见光范围不能被激发，因此需要在纳米管 TiO_2 表面吸附一层对可见光吸收性能良好的染料敏化剂，吸附的染料可以拓宽纳米管 TiO_2 的光响应范围到可见光区。TiO_2 薄膜的主要作用是承载染料和接受并传输电子，因此薄膜的比表面积越大，吸附的染料越多，越有利于电池效率的提高。

(3) 电解质：电解质一般是由碘化锂、碘化钾等低挥发性盐的有机溶液组成，常见的有机溶剂有乙氰、碳酸丙烯酯等。I^-/I_3^- 是主要的氧化还原电对，其主要作用是传输离子和使染料再生，完成电子的循环过程。

(4) 对电极，也叫阴极，是在 FTO 上镀一层薄薄的 Pt 构成的，主要起催化剂的作用，因此,对电极一般要求具有较高的电化学活性。同时,它还可以充当反光镜,将入射光线反射回来多次供染料吸收,提高了光阳极的光捕获效率。有研究表明:利用多孔碳或者石墨烯电极代替成本较高的 Pt 作为对电极,同样可以取得类似的效果。

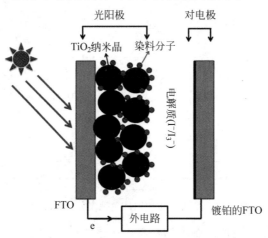

图 5-52 染料敏化太阳能电池的结构示意图

2. 染料敏化太阳能电池的工作原理

染料敏化太阳能电池作为第三代新型太阳能电池,与传统的 PN 结太阳能电池相比,电池的工作原理有明显的不同,染料敏化太阳能电池工作原理示意图如图 5-53 所示。在光照条件下,染料敏化剂将吸收一定频率的可见光由基态跃迁到激发态,由于染料分子激发态的不稳定性,通过与 TiO_2 表面的相互作用,处于激发态的染料敏化分子将电子注入半导体的导带,自身变为氧化态,而电子则被导电玻璃收集,然后通过外回路产生光电流。被氧化了的染料敏化剂分子在 TiO_2 光阳极处被电解质中的 I^- 离子还原为基态,使染料重生,本身变成 I_3^-。电解质中的 I_3^- 从染料敏化太阳能电池对电极获得电子还原成 I^-,从而完成整个光电化学反应的工作循环,整个电子的产生过程可简化成以下几个方程式:

(1) 光照时,染料 S 被激发由基态跃迁到激发态(S^*)

$$S + h\nu \rightarrow S^* \tag{5-24}$$

(2) 激发态染料分子不稳定,将电子注入半导体 TiO_2 导带后自身转变成氧化态(S^+)

$$S^* \rightarrow S^+ + e^- \tag{5-25}$$

(3) I^- 离子将 S^+ 还原成基态

$$3I^- + 2S^+ \rightarrow I_3^- + 2S \tag{5-26}$$

(4) 导带中的电子与氧化态染料敏化剂之间的复合

$$S^+ + e^- \rightarrow S \tag{5-27}$$

(5) 导带中的电子在 TiO_2 薄膜内传输过程中与进入 TiO_2 膜孔中的 I_3^- 离子复合

$$I_3^- + 2e^- \rightarrow 3I^- \tag{5-28}$$

(6) I_3^- 离子扩散到对电极上得到电子使 I^- 离子再生

$$I_3^- + 2e^- \rightarrow 3I^- \tag{5-29}$$

反应式(5-24)、式(5-25)、式(5-26)、式(5-29)为期望进行的正常光电化学反应。反应式(5-27)、式(5-28)是暗电流。式(5-27)的反应速率越慢,则电子复合率越低,从而电子注入效率就越高。反应式(5-28)进行得越快,则电子损失越多,因而应尽可能降低反应式(5-28)的反应速率。因此,要想获得高效率的 DSSCs,就应该想办法促进反应式(5-24)、式(5-25)、式(5-26)、式(5-29)或者抑制反应式(5-27)、式(5-28)。

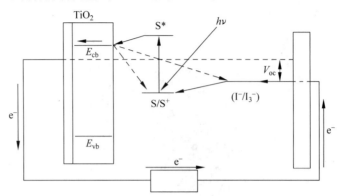

图 5-53　染料敏化太阳能电池工作原理示意图

3. 钙钛矿结构太阳能电池的基本结构与工作原理

钙钛矿是指具有 ABX_3 构型的晶体材料。目前,应用于太阳能电池的钙钛矿分子中 A、

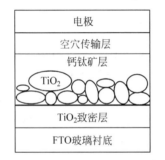

图 5-54　典型的 n-i-p 型介孔钙钛矿太阳能电池结构图

B 和 X 分别代表一价有机阳离子($CH_3NH_3^+$、$HN=CH(NH_3)^+$)、二价金属阳离子(Pb^{2+},Sn^{2+})和卤素阴离子(Cl^-,Br^-,I^-)。近年来,钙钛矿结构太阳能电池发展出了多种器件结构,一般分为介孔结构(Mesoscopic Structure)和平面异质结构(Planer Heterojunction)两类,每类都有对应的正置结构和倒置结构。以介孔结构为例,目前有 n-i-p、p-i-n、n-i 三种结构,典型的 n-i-p 型介孔钙钛矿结构太阳能电池的结构如图 5-54 所示,包含了 FTO 玻璃衬底、TiO_2 致密层、TiO_2(介孔层)、钙钛矿层、空穴传输层和电极。

钙钛矿材料 ABX_3 在光照下吸收光子,其价带电子跃迁到导带,接着将导带电子注入 TiO_2 的导带,再传输到 FTO,同时,空穴传输至空穴传输层,产生电子-空穴对,当接通外电路时,电子与空穴的移动将会产生电流。其中,致密层的主要作用是收集来自钙钛矿层注入的电子,从而导致钙钛矿吸收层电子-空穴对的分离,该层厚度一般为 50nm～100nm。钙钛矿层的主要作用是吸收太阳光产生电子-空穴对,能高效传输电子、空穴至相应的致密层和空穴传输层。空穴传输层的主要作用是收集与传输来自钙钛矿层注入的空穴,并与 n 型致密层一起共同促进钙钛矿层电子-空穴对的分离。尽管钙钛矿结构太阳能电池从 2012 年开始就受到各国科学家极大的关注,但是关于电池内部电子传递机理依然没有明确的结论。

钙钛矿结构太阳能电池是一类新兴的太阳能电池,其有关材料设计与制备、器件结构的设计与优化和机理分析的研究仍在进行并在不断完善中。

【实验装置】

染料敏化太阳能电池主要是由光阳极、电解质、对电极构成的三明治型结构,实验主要是制作染料敏化太阳能电池的光阳极结构。实验中需要用到较多的实验仪器。

超声波清洗器：用于二氧化钛浆料的混匀，FTO 导电玻璃、玻璃器皿的清洗。

电泳仪电源（如图 5-55 所示）：直流稳压电源，通过阳极氧化法制备二氧化钛纳米管阵列薄膜，可改变光阳极的形貌。

电热鼓风干燥箱（如图 5-56 所示）：干燥清洗过的玻璃器具及实验样品（可调节温度并具有定时功能）。

图 5-55　电泳仪电源

图 5-56　电热鼓风干燥箱

马弗炉：用来煅烧制作好的光阳极，通过不同阶段温度的设定，改变光阳极中二氧化钛的晶型，提高光电转换效率。

电化学分析仪（如图 5-57 所示）：用来测试组装好的光电池的光电性能，包括光电流密度-光电压特性曲线（C-V 曲线），电化学阻抗谱（Electrochemical Impedance Spectroscopy，EIS）图。

紫外-可见光度计（如图 5-58 所示）：用来测试光阳极对光的吸收、反射率、透射率，以及染料的吸附值。

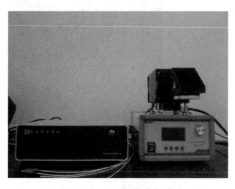

图 5-57　电化学分析仪

图 5-58　紫外-可见光度计

以结构最简单的 n-i 型介孔钙钛矿太阳能电池为例，主要由 FTO 玻璃衬底、TiO_2 致密层、TiO_2 介孔层、钙钛矿层和电极组成。实验中所使用的主要仪器，除了上述超声波清洗器、电热鼓风干燥箱、马弗炉、电化学分析仪和紫外-可见光度计，还需要以下实验仪器。

匀胶机（如图 5-59 所示）：用于旋涂 TiO_2 致密层、TiO_2 介孔层和钙钛矿层，使其均匀的涂覆在 FTO 玻璃衬底上。

丝网印刷套件（如图 5-60 所示）：用于制作面积大小相同、厚度均匀的电极，通过改变刮涂次数来制作不同厚度的电极。

图 5-59　匀胶机

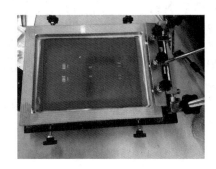

图 5-60　丝网印刷套件

真空干燥箱（如图 5-61 所示）：用于干燥清洗过的玻璃器皿和烧制电极。（具有定时、调节温度和控制气压的功能）

平板加热台（如图 5-62 所示）：温度可调，用于加热化学试剂及烧制钙钛矿层。

图 5-61　真空干燥箱

图 5-62　平板加热台

【实验内容】

1. 染料敏化太阳能电池实验内容

（1）用镊子取一块导电玻璃，通过超声波清洗器清洗 10min。

（2）清洗刮刀片，并将之前洗好的导电玻璃放在电热鼓风干燥箱中（50℃）干燥。

（3）取出导电玻璃，用万用表测试其导电面，导电面朝上放置，待其冷却后，将导电玻璃两边贴上两层的隐形胶带(每层厚度为 $5\mu m$),中间留出一条约 0.5cm 的空隙。

(4)在空隙的一头涂上二氧化钛 P25 浆料,用刮刀片从上到下,均匀用力刮 $4\sim5$ 下,尽量使浆料均匀平铺在导电玻璃上。

(5)将制作好的样品放在马弗炉中煅烧,炉子温度由程序设定,首先升温 $2℃/min$,直到 $450℃$,保温 30min,再用 30min 上升到 $500℃$,保温 30min,然后自然冷却。

(6)取出样品后在导电玻璃上贴 3 层隐形胶带,再次涂一层 P25 浆料,烧结,马弗炉程序与之前设置的一样。

(7)取出烧结后的样品,将长条形的 P25 纳米颗粒薄膜切成方形小块,用无水乙醇冲洗干净,烘干,即可得到 P25 纳米颗粒薄光阳极。

(8)将做好的光阳极,避光浸泡在 N719 染料中 24h。

(9)取出光阳极,组装成太阳能电池,进行光电性能测试。

2.钙钛矿结构太阳能电池实验内容

(1)FTO 刻蚀玻璃分别用丙酮、异丙醇、乙醇超声 20min。

(2)将清洗好的刻蚀玻璃进行干燥,干燥后将导电面与刻蚀部分平行的一端贴上一条宽度约为 2mm 隐形胶带。

(3)取 1.16mL $C_{16}H_{28}O_6Ti$ 与 20mL 的正丁醇配制 0.15M 的致密层溶液;取 2.647mL $C_{16}H_{28}O_6Ti$ 与 20mL 的正丁醇配制 0.3M 的致密层溶液。

(4)在刻蚀玻璃上旋涂 $15\mu L$ 0.15M 致密层溶液,旋涂条件为 Time Ⅰ:9s,1000rpm;Time Ⅱ:30s,3000rpm,旋涂完后在鼓风箱中 125℃加热 5min,放到干燥器中冷却至室温。同上,将 0.3M 的致密层溶液旋涂 4 次。

(5)将制作好致密层的玻璃片样品撕掉隐形胶带后放入马弗炉中高温烧结,烧结条件设置为:450min 升温至 500℃,保温 15min。

(6)取出刻蚀玻璃并在同一地方贴上隐形胶带,将 TiO_2 浆料滴在玻璃片正中后旋涂,旋涂条件为 Time Ⅰ:9s,1000rpm;Time Ⅱ:1min,5000rpm。旋涂完后 80℃加热 30min,放入干燥器内冷却至室温。

(7)撕掉隐形胶带,将旋涂好 TiO_2 浆料的玻璃片放入马弗炉中高温烧结,烧结条件设置为:500min 升温至 550℃,保温 60min。

(8)取 2mL DMF 溶液、924mg PbI_2 粉末配制成浓度为 1mol/L 的 PbI_2 溶液,70℃加热溶解。取 0.25g CH_3NH_3I 固体、25mL 异丙醇配制成溶液。

(9)旋涂 $15\mu L$ 的 PbI_2 溶液,旋涂条件为:Time Ⅰ:9s,1000rpm;Time Ⅱ:60s,4000rpm。旋涂完后将样品放在平板加热台上 70℃加热 10min,放入干燥器冷却至室温。

(10)在配制好的 CH_3NH_3I 溶液中放入样品避光浸泡 5min,取出后用异丙醇冲洗,放在平板加热台上 70℃加热 10min。

(11)在样品的刻蚀部分均匀地刮涂碳电极,放入真空干燥箱 100℃加热 30min,冷却至室温,此时一块钙钛矿结构太阳能电池便组装好了,可以进行光电性能测试。

【实验数据处理】

太阳能电池在工作时存在极限输出功率密度和最大输出功率密度,极限输出功率密度是短路电流密度和开路电压的乘积。填充因子(FF)被定义为染料敏化太阳能电池具有最大输出功率密度（P_{opt}）时的电流密度（J_{opt}）和电压（V_{opt}）的乘积与极限输出功率密度的比值。填充因子越大，输出功率密度越接近极限功率密度。填充因子的大小反映了染料化太阳能电池伏安特性曲线的优劣。

$$FF = P_{opt}/(J_{sc} \times V_{oc}) = (J_{opt} \times V_{opt})/(J_{sc} \times V_{oc}) \tag{5-30}$$

太阳能电池光能-电能转换效率（η）被定义为太阳能电池将光能转换成电能的效率，简称光电转化效率。在数值上等于最大输出功率密度（P_{opt}）与入射光强密度的比值，而最大输出功率密度为开路电压、短路电流密度和填充因子的乘积，因此光电转化效率可以表示为

$$\eta = P_{opt}/P_{in} = (FF \times J_{sc} \times V_{oc})/P_{in} \tag{5-31}$$

通过电化学分析仪测试得到 C-V 曲线，通过光电流密度-光电压特性曲线（C-V 曲线）可以直接读出电池的短路电流和开路电压，进一步可算出电池的 J_{sc}、FF 和 η 等。

通过电化学分析仪测试得到 EIS 电化学阻抗谱图，包括 Nyquist 图谱和 Bode 图谱，通过 Nyquist 图谱可以计算得到光电池的传输电阻和接触电阻，TiO_2 多孔膜电极中光生电子的寿命（τ）可以通过下面关系式计算求出 $\tau = \dfrac{1}{\omega_{max}} = \dfrac{1}{2\pi f_{max}}$。

从 Bode 图谱可以读出 f_{max}，从而计算出电子寿命。

【预习思考题】

（1）本实验中，如何保证涂刮的二氧化钛 P25 浆料的厚度一致？

（2）实验中，填充因子的大小能说明什么？

（3）若要提高太阳能电池的效率，应如何改进？

<table>
<tr><td>第 6 章
CHAPTER 6</td><td></td></tr>
</table>

光电器件制备及性能测试虚拟仿真实验

6.1 APD 光敏二极管的制备及性能测试虚拟仿真实验

【引言】

雪崩光敏二极管(Avalanche Photodiode,APD)是一种高灵敏度、高响应速度的光伏探测器。通常硅(Si)和锗(Ge)雪崩光敏二极管的电流增益可达 $10^2 \sim 10^4$,且响应速度极快,带宽可达 100GHz。由于其具有探测灵敏度高、带宽高、低噪声等特点,被广泛运用于微弱光信号检测、激光测距、长距离光纤通信及光纤传感等领域中,是一种非常理想的光电探测器件。实际上,雪崩光敏二极管的制造工艺耗时较长,工艺设备价格昂贵,工艺环境的条件要求苛刻,工艺过程涉及强酸、强碱、多种危险性气体和材料,且工艺运转与维护的难度和费用都很大。因此,为了使学生能够更形象、更直观地理解雪崩光敏二极管的制作工艺,分析制备雪崩光敏二极管的关键工艺和结构参数对器件光电特性的影响,理解雪崩光敏二极管的工作机理,本实验教学项目采用虚拟的半导体器件制造工厂对雪崩光敏二极管的制备工艺、光电特性进行虚拟仿真实验,以作为真实实验的有效补充,从而激发学生的创新思维与学习兴趣,增强学生对 APD 工艺原理和工作机理的理解、吸收,提高学生的虚拟仿真实践动手能力,为培养高水平、高素质、强能力的光电人才奠定基础。

第 33 集
微课视频

第 34 集
微课视频

【实验目的】

(1)掌握虚拟仿真雪崩光敏二极管设计的结构模型。

(2)掌握虚拟仿真雪崩光敏二极管的封装耦合,并掌握 APD 核心部分的生成过程、整体封装的内部结构、完整的工艺制备流程和关键技术。

(3)掌握雪崩光敏二极管的光电性能的仿真测试。

【实验原理】

本虚拟仿真实验以 APD 结构形成模块、TO APD 器件的制作与测试模块、ROSA 的制作与测试模块为基础,构成完整的虚拟实验仿真平台,如图 6-1 所示。

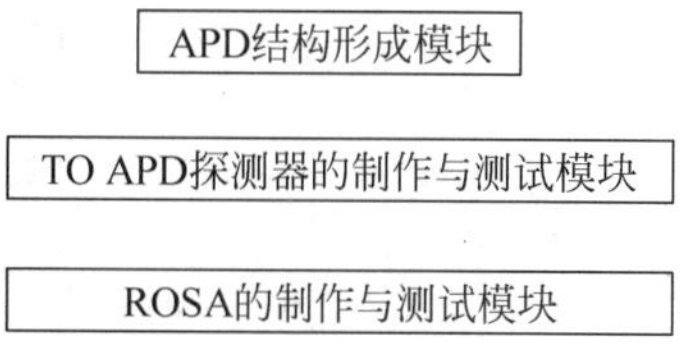

在实际操作时,该实验提供"演示模式"和"操作模式"两种模式选择。根据模块的组合情况,可分别选择"单一

> APD结构形成模块
>
> TO APD探测器的制作与测试模块
>
> ROSA的制作与测试模块

图 6-1 光电器件制备与测试虚拟仿真平台 1

演示模式""连续演示模式"和"单一操作模式""连续操作模式"。在单一模式中,每个模块可分别单独被演示或进行操作考核;而在连续模式中,从初始器件的核心部件生成、组装到最后完整组件的制备都会被完整呈现或进行完整的操作考核。其模式选择如图 6-2 所示。

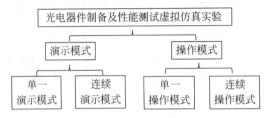

图 6-2　虚拟仿真实验模式选择

1. APD 工作基本原理

在光探测系统的实际应用中,大多数是对微弱光信号进行探测,具有内增益的光探测器有助于对微弱光信号进行探测,APD 就是一种具有内增益的光伏探测器,它利用光生载流子在高电场区内的雪崩效应获得光电流增益,具有响应快、灵敏度高等优点。根据雪崩效应的要求,APD 要选用高纯度、高电阻率且均匀性非常好的硅(Si)或锗(Ge)单晶材料进行制备。Ge-APD 的结构如图 6-3 所示,当入射光照射在 APD 的光敏面上时,由于受激吸收原理会产生电子-空穴对(一次电子-空穴对),这些光生载流子经过特殊设计的高场区时被加速,从而获得足够的能量。它们在高速运动中与晶体的原子相碰撞,使晶体中的原子电离释放出新的电子-空穴对(二次电子-空穴对),此过程称为碰撞电离。新产生的电子-空穴对在高场区中向相反方向运动时又被加速,继续和其他原子进行碰撞,产生新的电子-空穴对,通过如此反复碰撞电离,载流子数会迅速增加,反向电流快速增长,形成雪崩倍增效应。

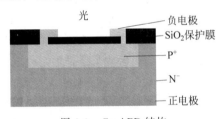

图 6-3　Ge-APD 结构

2. APD 器件封装设计

APD 器件封装设计是实现光电器件高性能最关键的一步,封装设计失败将导致器件性能大幅下降,使得芯片研制的努力白费。TO(Transistor Outline,晶体管外形)封装技术是工业生产中最成熟、最常见的一种封装形式,具有体积小、成本低、寄生电容小、工艺简单等特点,被广泛应用于光电器件中,本实验项目采用 TO 封装设计。TO 光电探测器的封装结构如图 6-4 所示。

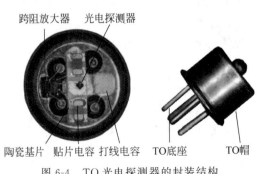

图 6-4　TO 光电探测器的封装结构

完成 TO 光电探测器的制作后,以此为基础制作 ROSA(Receiver Optical Subassembly,光接收次组件),其封装结构如图 6-5 所示。

图 6-5 ROSA 封装结构

【实验仪器】

(1) 虚拟仿真使用仪器:四探针电阻测试仪,感应耦合等离子体(ICP)刻蚀设备,全自动 RCA 清洗机,湿法氧化设备,电子束蒸发镀膜机,电子枪控制器,水箱,气泵,镊子,氮气气瓶,硅片,托盘,油脂,毛刷,样品器件,光电性能检测仪器。

(2) 虚拟仿真的主要大型仪器见图 6-6～图 6-11。

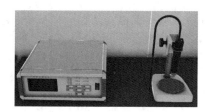

图 6-6 四探针电阻测试仪

图 6-7 感应耦合等离子体刻蚀设备(ICP)

图 6-8 全自动 RCA 清洗机

图 6-9 电子束蒸发镀膜机

图 6-10　电子枪控制器　　　　　　图 6-11　湿法氧化设备

【实验内容】

1. 判断器件结构

通过从 UI(用户界面)拖拽 N^- 型层、光敏层以及 P^+ 型层到模型的相应的位置,来判断 APD 器件结构。

2. RCA 清洗流程

配置氢氟酸溶液(1∶20,本次 100mL∶2000mL)、3♯溶液(硫酸∶H_2O_2=3∶1,本次 660mL∶220mL)、1♯溶液(氨水∶H_2O_2∶H_2O=1∶1∶5～1∶1∶7)、2♯溶液(HCl∶H_2O_2∶H_2O=1∶1∶5,本次 240mL∶240mL∶1200mL),分别用配置的溶液对样品硅片进行清洗。

3. 电子束蒸发镀膜流程

电子束蒸发镀膜是指对清洗完成的样品硅片进行蒸发镀膜。

4. 四探针电阻测试仪测试流程

测试样品硅片的电阻率和载流子浓度。

5. ICP 刻蚀操作流程

将样品硅片放入刻蚀机中进行刻蚀。可观察 ICP 刻蚀的原理动画(通过粒子特效制作)。

6. 晶体硅片湿法氧化工艺

用 HF 溶液(由 HF 酸、HNO_3 酸和 H_2SO_4 酸组成的刻蚀溶液),碱溶液和氧化化学溶液分别对晶体硅片进行浸泡清洗。最后对晶体硅片干燥处理。

7. 光电性能测试

通过使用 270nm 光源照射样品,检测样品的光电性能。

【虚拟仿真实验操作】

1. 判断器件结构

通过从 UI 拖拽 N⁻ 型层、光敏层(I 型层)以及 P⁺ 型层到模型的相应的位置,判断器件结构。

2. RCA 清洗流程

(1) 配置氢氟酸溶液(1:20,本次 100mL:2000mL)。

(2) 配置 3♯溶液,将硅片支架移动到盛放 3♯溶液的水槽中浸泡清洗 15min 后,将硅片支架移出。后将硅片支架移动至热水槽中进行冲水。

(3) 配置 1♯溶液,将硅片支架移动到盛放 1♯溶液的水槽中浸泡清洗 15min 后,将硅片支架移出。后将硅片支架移动至热水槽中进行冲水。

(4) 配置 2♯溶液,将硅片支架移动到盛放 2♯溶液的水槽中浸泡清洗 15min 后,将硅片支架移出。后将硅片支架移动至热水槽中进行冲水。

(5) 将硅片支架移动到盛放氢氟酸溶液的水槽中浸泡清洗 10s 后,将硅片支架移出。后将硅片支架移动至纯水槽中进行冲水。

3. 电子束蒸发镀膜流程

(1) 打开水箱电源。

(2) 打开电子束蒸发镀膜机总电源、分子泵电源。

(3) 将待镀膜的硅片样品放置到托盘上。

(4) 打开舱门:单击氮气气瓶阀门,打开氮气气瓶。单击高亮的气泵阀门,打开气泵,通入氮气至气压为 10^5 Pa 后,依次关闭气泵、氮气气瓶。打开舱门。

(5) 放入样品:单击高亮的"自动/手动"切换按钮,手动指示灯亮起。单击高亮的样品托盘,样品托盘移动到舱里面。

(6) 放入靶材:单击高亮的镊子,镊子移动到坩埚处,坩埚内出现靶材颗粒,靶材颗粒铺满且不溢出坩埚。

(7) 关闭舱门:场景页面弹出一个弹窗,显示"检查密封圈是否正常,检查晶振片频率是否正常,检查所有挡板是否关闭",一段时间后,弹窗文字变为"检查完毕"。舱门关闭。

(8) 真空准备:打开气泵,打开高阀。待真空计示数达到 3Pa 以下后开启分子泵,待真空度达到 3×10^{-4} Pa 以后,表示真空准备完成。

(9) 单击分子泵驱动控制器"运行"按钮,打开膜厚监测仪开关,同时弹出一个弹窗,弹窗上显示"已选取靶材",下面显示一个比例因子输入框,输入比例因子(0.5nm/s)。单击"确定"按钮,弹窗消失,参数设置完毕。

(10) 开电子枪:打开电子枪挡板。打开扫描仪总电源,显示仪表示数均为 0。将电子枪手操器取下,单击手操器上的"复位"按钮。单击电子枪面板上的高压允许按钮,选择工作模式 3。移动光斑至坩埚中心。

(11) 开始镀膜:在膜厚监测仪(简称膜厚仪)上单击"开始监测"按钮,观察成膜速率。调节电子束流大小调节速率为一较小值。单击样品挡板,挡板移出。在镀膜机的显示屏上设置转速为 10r/min,单击"开始旋转"按钮。清零膜厚仪。

(12) 镀膜完成:单击电子枪手操器上的"复位"按钮。关闭高压允许。单击样品挡板,挡板移回原位置。关闭电子枪扫描控制器总电源。关闭电子枪挡板。

（13）停止抽真空：将真空计上的电离单元切换，关闭分子泵，待分子泵转速降低至 0
以后依次关闭分子泵电源和高阀气泵。

（14）打开舱门：打开氮气瓶阀门，通入氮气至气压为 10^5 Pa 后关闭氮气气瓶阀门，打
开舱门。

（15）取出样品：在镀膜机中间显示屏页面单击"手动回原点"，单击托盘，取出样品，关
闭舱门。

（16）抽真空：关机前需要抽真空，依次打开气泵和高阀至 10Pa 左右。

（17）关闭仪器：依次关闭气泵、高阀、膜厚仪、镀膜机总电源、水箱。

4．四探针电阻测试仪测试流程

（1）将硅片放置在样品测试平台上，调节探头探针使探头探针正好压在样品表面。

（2）打开四探针测试仪电源开关，设置参数，读取样品电阻率和载流子浓度。

5．ICP 刻蚀操作流程

（1）打开显示器左上角刻蚀软件，在 Pump 界面单击 Stop 按钮，切换至 Vent，120s 后
打开刻蚀机。

（2）放置样品硅片：在托盘上涂抹一层油脂，将硅片放置在托盘上，托盘放入刻蚀机内
并关闭刻蚀机。

（3）刻蚀：在 Pump 界面单击 Pump 图标开启小机械泵，抽真空，当真空度达到 0.01Pa
时进入 Chamber 页面进行参数设置，设置好参数后，单击"确定"按钮，开始刻蚀硅片。

（4）刻蚀完毕后，单击 Pump 界面的 Stop 按钮，切换至 Vent，120s 后打开刻蚀机。取
出盛有硅片的托盘。将硅片放置到去油试剂中去除其表面的油脂。

6．晶体硅片湿法氧化工艺

（1）将晶体硅片浸泡在 HF 溶液中，去除晶体硅两面及各边的磷硅玻璃。然后用纯水
进行喷洗。

（2）将晶体硅片浸泡在由 HF 酸、HNO_3 酸和 H_2SO_4 酸组成的刻蚀溶液中进行边缘刻
蚀。然后用纯水进行喷洗。

（3）将晶体硅片浸泡在碱溶液中，去多孔硅，中和酸，然后用纯水进行喷洗。

（4）将晶体硅片浸泡在氧化化学溶液中进行氧化处理，然后用纯水进行喷洗。

（5）干燥：去除晶体硅片表面的水分。

7．光电性能测试

将样品器件放置到样品检测平台上，打开光源开关，270nm 光源照射在样品器件上。
打开光电子器件测量仪器电源开关，显示 I-V 特性示意图。

6.2　PIN 光敏二极管制备及性能测试虚拟仿真实验

【引言】

普通的 PN 结光敏二极管在光电检测中有两个主要缺点。一是 RC 时间常数的限制。
由于 PN 结耗尽层的容量不是足够小，使得 PN 结光敏二极管无法对高频调制信号进行光

电检测。二是 PN 结耗尽层宽度至多几微米,入射的长波长光子穿透深度远大于耗尽层的宽度,大多数光子被耗尽层外的中性区域吸收而产生光电子-空穴对。这些电子-空穴对仅有扩散运动而不能在内建电场作用下发生漂移运动。因而对长波长光子入射到 PN 结光敏二极管而言,其量子效率低,响应速度慢。PIN 光敏二极管通过选择适当的耗尽层的厚度可以获得较大的输出电流、较高的灵敏度和较好的频率特性,频率带宽可达 10GHz,适用于高频调制光信号探测场合。实际 PIN 光敏二极管的制造工艺耗时较长,工艺设备价格昂贵,工艺环境条件要求苛刻,工艺过程涉及强酸、强碱、多种危险性气体和材料,且工艺运转与维护的难度很大,费用很高。因此,为了使学生能够更形象、更直观地理解 PIN 光敏二极管的制作工艺,分析 PIN 光敏二极管的关键工艺和结构参数对器件光电特性的影响及其规律,理解 PIN 光敏二极管的工作机理,本实验教学项目采用虚拟的半导体器件制造工厂对 PIN 光敏二极管的制备工艺和光电特性进行虚拟仿真实验,以此作为真实实验的有效补充,从而激发学生的创新思维与学习兴趣,加深学生对 PIN 的工艺原理和工作机理理解、吸收和拓展应用,增强学生的虚拟仿真实践动手能力,为培养高水平、高素质、强能力的光电人才奠定基础。

【实验目的】

(1) 掌握虚拟仿真 PIN 光敏二极管设计的结构模型。

(2) 掌握虚拟仿真 PIN 器件的封装耦合、器件核心部分的生成过程、整体封装的内部结构、完整的工艺制备流程和关键技术。

(3) 掌握 PIN 光敏二极管的光电性能的仿真测试。

【实验原理】

本虚拟仿真实验以 PIN 结构形成模块、TO PIN 器件的制作与测试模块、ROSA 的制作与测试模块为基础,其虚拟仿真平台如图 6-12 所示。

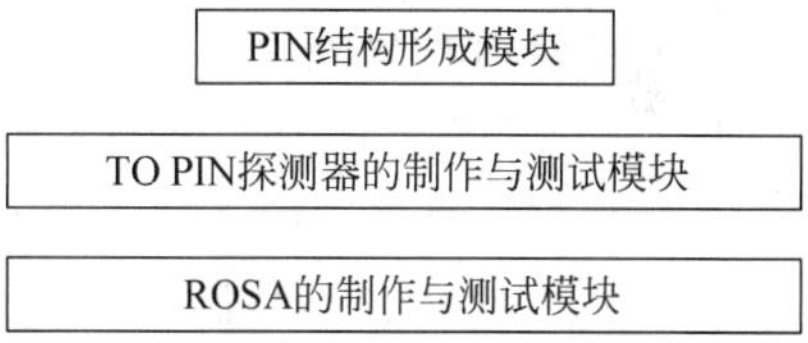

> PIN结构形成模块
>
> TO PIN探测器的制作与测试模块
>
> ROSA的制作与测试模块

图 6-12 光电器件制备与测试虚拟仿真平台 2

在实际进行操作时,提供"演示模式"和"操作模式"两种模式选择。根据模块的组合情况,又可分别选择"单一演示模式""连续演示模式"和"单一操作模式""连续操作模式"。其模式选择如图 6-2 所示。

1. PIN 光敏二极管工作原理

光敏二极管是以光导模式工作的结型光伏型探测器,它在微弱、快速光信号探测方面有着非常重要的作用,光通信系统中常用 PIN 光敏二极管。PIN 光敏二极管的结构如图 6-13

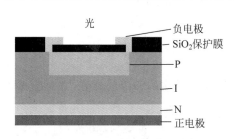

图 6-13 PIN 光敏二极管的结构

所示,其特点是在空穴型半导体材料(P 区)和电子半导体材料(N 区)间加入了一层本征半导体材料层(I 层),用以改善频率响应特性,因此 PIN 光敏二极管具有较高的光电转换效率和响应速度。其工作原理是在反向偏压下,当光照射到 PIN 光敏二极管的光敏面上时,会在整个耗尽区及耗尽区附近产生受激吸收现象,产生电子-空穴对,然后这种光生载流子在外加电场的作用下运动到电极,使外部电路中产生电流,完成光电的转换过程。

2. 器件封装设计

器件封装设计是实现电光器件高性能最关键的一步,封装设计如果失败,则将导致器件性能大幅下降,使得芯片研制的努力白费。TO 封装技术是工业生产中最成熟、最常见的一种封装形式,本实验项目采用 TO 封装形式。TO 光电探测器的封装结构同图 6-4。

完成 TO 光电探测器的制作后,以此为基础制作 ROSA,其封装结构同图 6-5。

【实验仪器】

(1) 虚拟仿真使用仪器:四探针电阻测试仪,感应耦合等离子体刻蚀设备,全自动 RCA 清洗机,湿法氧化设备,电子束蒸发镀膜机,电子枪控制器,水箱,气泵,镊子,氮气气瓶,硅片,托盘,油脂,毛刷,样品器件,光电性能检测仪器。

(2) 虚拟仿真的主要大型仪器见图 6-6~图 6-11。

【实验内容】

1. 判断器件结构

通过从 UI 拖拽 N 型层、光敏 I 层以及 P 型层到模型的相应的位置,来判断 PIN 器件结构。

2. RCA 清洗流程

配置溶液并清洗硅片,具体可参考 6.1 节实验内容"RCA 清洗流程"。

3. 电子束蒸发镀膜流程

该流程对清洗完成的样品硅片进行蒸发镀膜操作。

4. 四探针电阻测试仪测试流程

该流程测试样品硅片的电阻率和载流子浓度。

5. ICP 刻蚀操作流程

将样品硅片放入刻蚀机中进行刻蚀操作。可观察 ICP 刻蚀的原理动画(通过粒子特效制作)。

6. 晶体硅片湿法氧化工艺

用 HF 溶液(由 HF 酸、HNO_3 酸和 H_2SO_4 酸组成的刻蚀溶液),碱溶液和氧化化学溶液分别对晶体硅片进行浸泡清洗。最后对晶体硅进行干燥处理。

7. 光电性能测试

通过使用 270nm 光源照射样品器件,检测样品器件的光电性能。

【虚拟仿真实验操作】

1. 判断器件结构

通过从 UI 拖拽 N 型层、光敏层(I 型层)以及 P 型层到模型的相应的位置,来判断器件结构。

2. RCA 清洗流程

可参考 6.1 节实验内容"RCA 清洗流程"。

3. 电子束蒸发镀膜流程

可参考 6.1 节实验内容"电子束蒸发镀膜流程"。

4. 四探针电阻测试仪测试流程

（1）将硅片放置在样品测试平台上，调节探头探针使探头探针正好压在样品表面。

（2）打开四探针电阻测试仪电源开关，设置参数，读取样品电阻率和载流子浓度。

5. ICP 刻蚀操作流程

可参考 6.1 节实验内容"ICP 刻蚀操作流程"。

6. 晶体硅片湿法氧化工艺

可参考 6.1 节实验内容"晶体硅片湿法氧化工艺"。

7. 光电性能测试

将样品器件放置到样品检测平台上，打开光源开关，用 270nm 光源照射在样品器件上。打开光电子器件测量仪器电源开关，显示 I-V 特性示意图。

6.3　半导体激光器的制备及性能测试虚拟仿真实验

【引言】

半导体激光器是用半导体材料作为工作物质的激光器。由于物质结构存在差异，不同种类产生激光的具体过程比较特殊。常用工作物质有砷化镓（GaAs）、硫化镉（CdS）、磷化铟（InP）、硫化锌（ZnS）等。激励方式有电注入、电子束激励和光泵浦三种形式。半导体激光器件，可分为同质结、单异质结、双异质结等几种。同质结激光器和单异质结激光器在室温时多为脉冲器件，而双异质结激光器室温时可实现连续工作。半导体激光器在激光通信、光存储、光陀螺、激光打印、测距以及雷达等方面得到了广泛的应用。实际半导体激光器的制造工艺耗时较长，工艺设备价格昂贵，工艺环境条件要求苛刻，工艺过程涉及强酸、强碱、多种危险性气体和材料，且工艺运转与维护的难度和费用都很大。因此，为了使学生能够更形象、更直观地理解半导体激光器的制作工艺，分析半导体激光器的关键工艺和结构参数对器件光电特性的影响和规律，理解半导体激光器的工作机理，本实验教学项目采用虚拟的半导体器件制造工厂对半导体激光器制备工艺和光电特性进行虚拟仿真实验，以作为真实实验的有效补充，从而激发学生的创新思维与学习兴趣，增强学生对器件工艺原理和工作机理的理解、吸收，并提高学生的虚拟仿真实践动手能力，为培养高水平、高素质、强能力的光电人才培养奠定基础。

【实验目的】

（1）掌握虚拟仿真半导体激光器设计的结构模型。

（2）掌握虚拟仿真半导体激光器的封装耦合、器件核心部分的生成过程、整体封装的内部结构、完整的工艺制备流程和关键技术。

（3）掌握半导体激光器的光电性能的仿真测试。

【实验原理】

本虚拟仿真实验以半导体激光器结构形成模块、TO 半导体激光器的制作与测试模块、

TOSA 的制作与测试模块为基础，其虚拟仿真平台如图 6-14 所示。

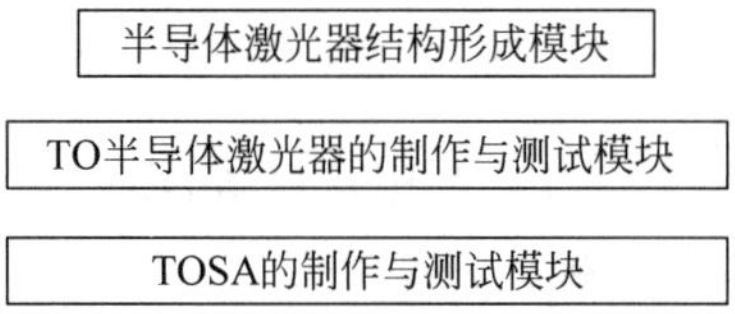

半导体激光器结构形成模块

TO半导体激光器的制作与测试模块

TOSA的制作与测试模块

图 6-14　光电器件制备与测试虚拟
仿真平台 3

在实际操作时提供"演示模式"和"操作模式"两种模式选择。根据模块的组合情况，又可分别选择"单一演示模式""连续演示模式"和"单一操作模式""连续操作模式"。其模式选择如图 6-2 所示。

1. 半导体激光器工作原理

半导体激光器是现代光通信系统中最常用的光源，它是以半导体材料作为激光工作物质的一类激光器，其结构主要激励源、工作物质和谐振腔三部分构成。激励源的主要作用是使工作物质形成粒子数反转分布状态，为受激放大提供条件，半导体激光器采用的是激励方式；工作物质的主要作用是提供合适的能带结构，以便使激光器在要求的波长发光；而谐振腔主要是为激光器提供正反馈功能，产生足够强度的激光输出。半导体激光器的结构如图 6-15 所示，其核心是 PN 结（结构如图 6-15(b)所示）。与一般的半导体 PN 结相比，半导体激光器的 PN 结是高掺杂的，即 P 型半导体中的空穴极多，N 型半导体中的电子极多，因此半导体激光器的 PN 结中的自建电场很强，PN 结两边产生的电位差势垒很大。当外加正向电压时，P 区空穴和 N 区电子大量扩散并向结区注入，在 PN 结的空间电荷层附近，导带与价带之间形成电子数反转分布区域，称为激活区（如图 6-15(c)所示）。此时将首先发生自发辐射现象，然后传播方向与谐振腔高反射率界面垂直的自发辐射光子会在有源层内部发生受激辐射放大，并在高反射率界面被反射回有源层向反方向传播同时继续产生受激辐射放大，如此反复直到激光形成。

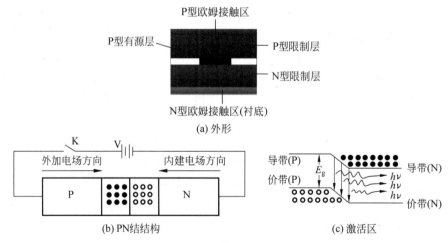

图 6-15　半导体激光器的结构

2. 器件封装设计

器件封装设计是实现光电器件高性能最关键的一步，封装设计失败将导致器件特性大大下降，使得芯片研制的努力白费。TO 封装技术是工业生产中最成熟、最常见的一种封装形式，本实验项目采用 TO 封装形式。TO 光电探测器的封装结构如图 6-16 所示。

完成 TO 光电探测器的制作后，以此为基础制作 TOSA，其封装结构分别如图 6-17 所示。

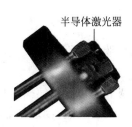

TO底座 TO帽   半导体激光器

图 6-16   TO 光电探测器的封装结构   图 6-17   TOSA 封装结构

【实验仪器】

（1）虚拟仿真使用仪器：四探针电阻测试仪，感应耦合等离子体刻蚀设备，全自动 RCA 清洗机，湿法氧化设备，电子束蒸发镀膜机，电子枪控制器，水箱，气泵，镊子，氮气气瓶，硅片，托盘，油脂，毛刷，样品器件，光电性能检测仪器。

（2）虚拟仿真的主要大型仪器见图 6-6～图 6-11。

【实验内容】

1．判断器件结构

通过从 UI 拖拽 N 型限制层、P 型限制层及 P 型有源层到模型的相应的位置，来判断半导体激光器结构。

2．RCA 清洗流程

配置不同的溶液，清洗硅片，具体可参考 6.1 节实验内容“RCA 清洗流程”。

3．电子束蒸发镀膜流程

该流程对清洗完成的样品硅片进行蒸发镀膜操作。

4．四探针电阻测试仪测试流程

该流程测试样品硅片的电阻率和载流子浓度。

5．ICP 刻蚀操作流程

将硅片样品放入刻蚀机中进行刻蚀操作。可观察 ICP 刻蚀的原理动画（通过粒子特效制作）。

6．晶体硅片湿法氧化工艺

用 HF 溶液（由 HF 酸、HNO_3 酸和 H_2SO_4 酸组成的刻蚀溶液），碱溶液，氧化化学溶液分别对晶体硅片进行浸泡清洗。最后对晶体硅进行干燥处理。

7．光电性能测试

通过使用 270nm 光源照射样品器件，检测样品器件的光电性能。

【虚拟仿真实验操作】

1．判断器件结构

通过从 UI 拖拽 N 型限制层、P 型限制层及 P 型有源层到模型的相应的位置，来判断半导体激光器结构。

2. RCA 清洗步骤

可参考 6.1 节实验内容"RCA 清洗流程"。

3. 电子束蒸发镀膜流程

可参考 6.1 节实验内容"电子束蒸发镀膜流程"。

4. 四探针电阻测试仪测试流程

（1）将硅片放置在样品测试平台上，调节探头探针使探头探针正好压在样品表面。

（2）打开四探针电阻测试仪电源开关，设置参数，读取样品电阻率和载流子浓度。

5. ICP 刻蚀操作流程

可参考 6.1 节实验内容"ICP 刻蚀操作流程"。

6. 晶体硅片湿法氧化工艺

可参考 6.1 节实验内容"晶体硅片湿法氧化工艺"。

7. 光电性能测试

将样品器件放置到样品检测平台上，打开光源开关，用 270nm 光源照射在样品器件上。打开光电子器件测量仪器电源开关，显示 I-V 特性示意图。

参考文献

[1] 杨应平.光电技术[M].北京：清华大学出版社,2023.

[2] 江文杰,曾学文,施建华.光电技术[M].北京：科学出版社,2008.

[3] 王庆有.光电技术[M].北京：电子工业出版社,2006.

[4] 何兆湘.光电信号处理[M].武汉：华中科技大学出版社,2008.

[5] 江月松.光电技术与实验[M].北京：北京理工大学出版社,2007.

[6] 常大定,曾延安,张南洋生,等.光电信息技术基础实验[M].武汉：华中科技大学出版社,2008.

[7] 杨应平,贾信庭,陈梦苇.光电技术实验[M].北京：北京邮电大学出版社,2012.

[8] Chen Mengwei, Yang Yingping, Jia Xinting, et al. Investigation of positioning algorithm and method for increasing the linear measurement range for four-quadrant detector[J]. Optik,2013,124(24):6806-6809.

[9] Chen Mengwei, Yang Yingping, Jia Xinting, et al. Analyses of center location algorithm for laser spot [J]. Information Optoelectronics, Nanofabrication and Testing (IONT), OSA Technical Digest,2012:IF4A,23.

[10] Texas Advanced Optoelectronic Solutions. TCS3200, TCS3210 programmable color light-to-frequency converter [EB/OL]. [2011-8]. http://pdf-html. ic37. com/pdf_file_B/20200531/pdf_pdf/pdf6/AMSCO/TCS3200_datasheet_1159588/188011/TCS320_datasheet. pdf.

[11] 陈梦苇,杨应平,贾信庭,等.四象限探测器光斑中心定位算法的分析与研究[J].武汉理工大学学报（交通科学与工程版）,2013,37(5):1124-1127.

[12] 张菁,杨应平,章金敏,等.基于 TCS3200D 的颜色再现与分类[J].武汉大学学报(工学版),2013,46(2):257-260.

[13] 杨应平,陈梦苇,贾信庭.四象限光电探测器实验装置的研究与应用[J].物理实验,2014,34(5):29-32,39.

[14] 杨应平,陈梦苇,贾信庭,等.位置敏感探测器综合实验仪的研制[J].物理实验,2014,34(6):15-18,21.

[15] 张艳香,陈梦苇,万小强.基于 AD500-9 激光测距系统的设计[J].吉林大学学报(理学版),2015,53(4):773-778.

[16] 杨应平,陈梦苇,胡昌奎,等.四象限光电探测器综合实验仪：中国,ZL201420272777.9[P].2014-10-01.

[17] 杨应平,陈梦苇,胡昌奎,等.位置敏感探测器综合实验仪：中国,ZL201420272793.8[P].2014-10-01.

[18] 杨应平,张菁,陈梦苇,等.色敏探测器教学实验仪：中国,ZL201420219197.3[P].2014-10-01.

[19] Leng Fen, Yang Yingping, Yu Yanan, et al. The design of preamplifier and ADC circuit base on weak e-optical signal[J]. Journal of Physics: Conference Series,2011,276:012121.

[20] 夏泽飞,杨应平,石城,等.基于线阵图像传感器的测径系统设计[J].武汉理工大学学报,2008,30(2):119-121,132.

[21] 石城,李振华,夏泽飞,等.基于 VHDL 的线阵图像传感器的驱动电路设计[J].武汉理工大学学报：信息与管理工程版,2006,28(6):27-29.

[22] 杨应平,石城,李振华.基于 CH372 接口芯片的 USB 高速数据采集系统[J].武汉理工大学学报：信息与管理工程版,2006,28(8):9-11.

[23] 蒋爱湘,杨应平,赵志刚.基于 CY7C68013 的面阵 CCD 图像传输系统设计[J].武汉理工大学学报, 2009,31(1)：101-109.

[24] 李志强,杨应平,冷芬.高速 DSP 图像处理平台 HPI 通信接口设计[J].电子测量技术,2011,34(5)：53-56.

[25] 戴权,杨应平,贾信庭,等.基于 DSP 和 FPGA 的实时图像采集处理系统的设计[J].微型机与应用, 2013,32(11)：45-48.

[26] 周韦琴,马宏.炮管直线度测量仪的研制[J].计算机测量与控制,2006,14(7)：929-958.

[27] 黄宇红.单光子计数实验系统及其应用[J].实验科学与技术,2006(1)：19-22.

[28] 钱建强,薛敏.红外光电转速测量仪[J].计量测试,2003(6)：33-35.